现代锂多金属矿选矿

孟庆波　高玉德　著

北　京

冶金工业出版社

2025

内 容 提 要

本书全面介绍了锂矿石类型、主要锂矿物工艺矿物学特性和选矿新工艺新技术,系统叙述了锂辉石、锂云母的浮选及浮选原理,简述了磷锂铝石浮选与透锂长石重介质选别过程,有用矿物钽铌铁(锰)矿、锡石、铯榴石、绿柱石、石英、长石等的综合回收,锂多金属矿选矿工艺研究实例及锂矿的选矿厂实例。该书对锂多金属资源的开采利用具有重要的学术价值和应用价值。

本书可供选矿行业及相关专业的科技人员、管理人员、矿山企业工程技术人员及大专院校师生参考。

图书在版编目(CIP)数据

现代锂多金属矿选矿 / 孟庆波,高玉德著. -- 北京:
冶金工业出版社,2025. 6. -- ISBN 978-7-5240-0236-9

Ⅰ. TD955

中国国家版本馆 CIP 数据核字第 20254QN277 号

现代锂多金属矿选矿

出版发行	冶金工业出版社	电　话	(010)64027926
地　址	北京市东城区嵩祝院北巷 39 号	邮　编	100009
网　址	www. mip1953. com	电子信箱	service@ mip1953. com

责任编辑　王悦青　美术编辑　吕欣童　版式设计　郑小利
责任校对　王永欣　责任印制　禹　蕊
三河市双峰印刷装订有限公司印刷
2025 年 6 月第 1 版,2025 年 6 月第 1 次印刷
710mm×1000mm　1/16;13.5 印张;262 千字;205 页
定价 86.00 元

投稿电话　(010)64027932　投稿信箱　tougao@cnmip. com. cn
营销中心电话　(010)64044283
冶金工业出版社天猫旗舰店　yjgycbs. tmall. com
(本书如有印装质量问题,本社营销中心负责退换)

前　言

　　矿产资源是人类生存和发展的物质基础。我国是矿产资源消费大国，随着科技和新兴产业的发展，对锂、钽铌、钛锆等关键金属的需求将迅猛增长，供需矛盾日益突出。

　　锂的应用贯穿了战略性新兴产业中的新一代信息技术、高端装备制造、新材料、新能源等领域，被誉为 21 世纪能源金属，锂资源的获取及安全供给至关重要。

　　全球锂矿资源分布主要集中在南美洲"锂三角"（玻利维亚、阿根廷、智利）、美国、澳大利亚及中国等国家中，其中"锂三角"地区已探明锂资源总量为 5700 万吨，占全球已探明锂资源总量的 49.50%。中国锂矿储量为 680 万吨，占全球储量的 5.91%。

　　锂矿主要分为卤水型、硬岩型和黏土型三种，分别占全球锂矿资源的 64%、26% 和 10%；其中卤水型可进一步分为盐湖型与地下卤水型；硬岩型可细分为三种，即伟晶岩型、花岗岩型与隐爆角砾岩型。当前开采利用的锂矿资源主要为盐湖型、伟晶岩型和花岗岩型锂矿。硬岩型锂矿的锂资源量不及盐湖型锂矿，但目前全球锂供给以硬岩型锂矿为主。

　　硬岩型锂矿中，有经济价值的锂矿物主要是锂辉石、锂云母、透锂长石和磷锂铝石，其中锂辉石和锂云母是工业提锂的主要矿石类型。除锂矿物外，硬岩型锂矿多共伴生钽铌矿物、铍矿物、铷铯矿物等，属锂多金属矿。

　　本书作者所在团队从 20 世纪 60 年代开始，长期从事锂及其共伴生铍、铷铯、钽、铌、钨、锡、稀土等稀有金属资源综合利用开发研究工作，在稀有金属矿物特征及选矿工艺研究方面积累了丰富经验。借助现代先进的检测设备对锂多金属矿进行了深入的工艺矿物学研究，揭示了锂多金属矿的矿物组成、嵌布状态、赋存状态等特性。根据不同锂矿物及其共伴生矿物的工艺矿物学特性，结合锂市场价格和市场对锂精矿产品质量要求，开发出多项锂多金属矿选矿工艺，形成了成套锂多金属资源高效回收技术。

《现代锂多金属矿选矿》是继《现代钨矿选矿》《现代钽铌矿选矿》《现代钛锆矿选矿》之后，又一稀有金属矿选矿专著，该书可供科研院所选矿行业及相关专业的科技人员、管理人员、矿山企业工程技术人员及大专院校师生参考。

本书编写过程中得到了苗泽坤、梁冬云、李美荣、徐晓衣、曹苗的大力支持和帮助，邱显扬、唐仁衡、刘牡丹、王成行、曹洪杨给予充分的支持；徐晓萍、董天颂、王国生、王洪岭、李双棵、张辉、吴迪、李波、余利红、孔德浩等也给予了支持和帮助；华南理工大学汪晓军教授给予了支持和帮助，在此作者一并表示衷心的感谢！

本书编写过程中还参考了其他同行的一些研究成果和数据，在此对他们一并表示感谢。由于作者水平所限，书中若有不足之处，恳请广大读者批评指正。

作　者
2024 年 11 月

目　　录

1　绪　　论

1.1　概　　述

1.1.1　锂的发展简史

1800 年巴西化学家 Jose de Andrada 在瑞典乌托岛上发现了第一块锂矿石——透锂长石，1817 年瑞典化学家阿尔费特森（Arfvedson）最先在分析透锂长石时发现了锂元素，命名为 Lithium，来源于希腊文 Lithos（意为石头），汉语根据其首字节的发音，将其命名为"锂"[1-2]。1821 年汤姆斯布兰德（Willian Thomas Brande）使用化学家戴维（Davy）发明的电解法电解出微量的锂，1855 年德国化学家本森（Robert Bunsen）和英国化学家马奇森（Augustus Matthiessen）通过电解氯化锂制备了大量的金属锂单质[2]。1869 年，俄国科学家门捷列夫（Дми́трий Ива́нович Менделе́ев）将锂元素定位于元素周期表中碱金属的首位，与钠元素相邻。

1893 年根莎提出工业化制锂，1923 年德国 Metallgesellschaft AG 公司采用电解氯化锂和氯化钾的混合液工艺正式开始了锂的商业化生产。1940 年，第二次世界大战期间，锂基润滑脂由于高熔点和耐腐蚀性强等特点而被应用于航空发动机中，成为第一个被大规模工业应用的锂化合物[3]，同时，锂也开始作为氢气源，以便飞行落水后救生衣的快速充气。1948 年，澳大利亚的精神疾病专家凯德（John Cade）将碳酸锂用于治疗双相情感障碍疾病，锂开始进入医疗药物领域[4]。20 世纪 50—60 年代，"冷战"期间，高浓缩的 Li-6 成为生产超重氢的唯一工艺原料，因此被广泛应用于核能武器的生产。但核能武器生产原料需求量较小，1970 年，锂作为助熔剂能够显著降低玻璃的熔化温度并提升氧化铝的熔化行为，锂的需求量开始迅速提高[5]。同年，日本 Sanyo 公司利用二氧化锰作为正极材料，制造出第一块商品锂电池，1973 年松下开始量产氟化炭材料作正极的锂原电池，1976 年以碘为正极的锂碘原电池问世[6-7]。20 世纪 80 年代以后，锂的开采成本大幅度降低，开启锂电池商业化时代[8]。1985 年，日本旭化成株式会社（Asahi Kasei）的吉野彰（Akira Yoshino）使用碳材料，锂离子可插入其中作为电极，而空气中稳定的钴酸锂作为另一极，安全性大大提高，钴酸锂可工业化规模生产，标志着锂离子电池的正式诞生[9]。1991 年索尼公司（SONY）和旭化成株式会社（Asahi Kasei）推出可充电锂电池，大大减少了手机、平板、笔记本电脑等便携式电子设备的体积和重量，1995 年索尼公司又研制了电解质为聚合物的聚合物锂电池，1999 年，聚合物电池开始商品化[10]。直至今天，广泛使用的锂电池分为锂离子电池（Li-ion）和锂聚合物电池（Li-Po）两种[11]。进入21 世纪后，锂离子电池在数码设备和汽车领域的储能技术飞速发展，至今已成为锂最主要且需求量最大的应用领域[12]。

1.1.2　我国锂矿业发展史

我国锂矿业的发展与军工和新能源行业的发展紧密关联，锂矿业的早期发展受军工行业需求的拉动[13]。1950 年对可可托海 3 号矿脉地质勘探后，建立了新疆锂矿开采基地和锂盐厂，采用苏联的石灰法生产氢氧化锂。1966 年依托宜春市的锂云母矿创建江西锂厂（也称 805 厂），隶属于江西省冶金集团公司，1977年建成投入生产。

1978 年以后，我国锂矿业进入稳定发展阶段，开始探索锂在民用工业领域的应用，向玻璃、陶瓷等领域拓展[14]。20 世纪 90 年代，我国有五家开采生产锂精矿的选厂，分别是江西宜春钽铌矿、新疆可可托海选矿厂、新疆克里木特选矿厂、四川金川选矿厂及马尔康选矿厂。1992 年，四川射洪县联合阿坝州金川县投建碳酸锂工程。90 年代后期，新疆锂盐厂采用锂辉石-硫酸法生产碳酸锂，占我国锂产品产量的 70%左右，其次是江西锂厂，采用锂云母-石灰石焙烧法生产氢氧化锂，占国内产量的 30%[15]。

21 世纪以来，锂电池技术逐渐成熟，受新能源汽车及储能相关利好政策影响，中国锂矿业开启高速发展模式，天齐锂业、赣锋锂业、雅化集团、中矿资源、盛新锂能等锂盐企业加速布局海内外锂矿及锂盐项目，宁德时代、比亚迪、紫金矿业等头部企业进入锂矿行业，完善上游供应链[13]。

1.2　锂的性质及用途

锂原子序数为 3，居元素周期表中ⅠA 族碱金属首位，是自然界中已知质量最轻的金属，密度仅为 0.543 g/cm³，是非气态单质中最小的[16]。锂的原子半径很小，晶格坚固，在碱金属中压缩性最小，硬度最大，熔点最高，熔点为 180.54 ℃，沸点为 1342 ℃，莫氏硬度为 0.6。

锂的化学性质活泼，其原子的 3 个电子其中两个分布在 K 层，另一个在 L 层。因为锂的电荷密度很大并且有稳定的氦型双电子层，使得锂容易极化其他的分子或离子，自己本身却不容易极化。这一点就影响到它和它的化合物的稳定性。锂能与氢、氧、氮、氯、硫等物质强烈反应，在空气中易被氧化，须贮存于固体石蜡或惰性气体中。

锂的工业应用广泛且历史悠久，目前主要应用于电池材料、玻璃生产、陶瓷烧结、润滑脂、冶金添加剂、尖端国防材料及其他工业场景。

锂电池储存能量密度高，是铅酸蓄电池的 6~7 倍，同时，锂电池具有质量轻、体积小、寿命长、性能好、无污染等优点，锂在电池领域的应用增长最快，每年的锂资源需求已经从 1997 年的 7% 上升到 2022 年的 65%，电池领域已经成为全球锂的最大消费领域。

在制造玻璃时，锂精矿或锂化物作为助熔剂使用，能显著降低熔化温度及其熔融体的黏度，改善玻璃的成型性能，提高成品质量。在玻璃中添加锂化合物还能降低玻璃的热膨胀系数，改善玻璃的密度和光洁度，提高制品的强度、延性、耐蚀性及耐热急变性能[17]。

陶瓷烧结过程中，加入少量锂辉石能够降低其烧结温度，同时一定程度上缩短烧结时间，显著提高成品陶瓷的强度、折射率、耐酸碱、耐极端温度及耐磨等性能，被广泛应用于低热膨胀陶瓷或低热膨胀釉料等高端陶瓷产品的生产中[18]。

锂基润滑脂的机械安定性、抗水性、防锈性、防腐蚀性、防盐雾性、耐蒸汽性、耐灰尘、氧化安定性和抗极压性较传统的润滑脂都有显著提高，被广泛应用于航空航天和汽车传动的润滑领域，近年来，由于该润滑脂在潮湿环境、极端温度环境、高转速环境及高荷载环境的优良性能，其应用范围进一步扩展至矿山、冶金、化工机械等行业[19]。

在冶金材料领域，锂作为轻合金、超轻合金、耐磨合金及其他有色合金的组成部分，能大大改善合金性能。例如，锂镁合金是高强度轻质合金，不仅具有良好的导热、导电、延展性，还具有耐腐蚀、耐磨损、抗冲击性能好、抗高速粒子穿透性能强等特点，被誉为"明天的宇航合金"，被广泛应用到航空航天、国防军工等领域[20]。随着当今世界对结构材料轻量化、减重节能、环保及可持续发展要求的日益提高，锂镁合金也将被应用到需要轻量化结构材料的交通、电子、医疗产品等领域。

锂燃烧能释放大量的热，是火箭的最佳燃料之一，使用锂或锂化合物制备而成的固体燃料作为火箭、飞船和导弹的推进剂，具有燃速高、能量高等优点[21]。Li-6 是核聚变中氚的唯一工业原料，Li-6 还能控制核反应速度，用于可控核聚变[22]。

在其他工业场景中，锂及其衍生物也有较为广泛的应用，如溴化锂作为空气湿度调节剂，广泛用于空调制冷系统、空气净化和除湿领域；锂盐肥料能够用于西红柿腐烂和小麦锈穗病的防治；正丁基锂在轮胎生产中能够将橡胶轮胎的使用寿命提高 4 倍；碳酸锂能够用于双相情感障碍等精神疾病的治疗[23]。

1.3 锂资源现状

锂在地壳中的丰度约为 0.0065%，居第 27 位，在自然界的存在相对普遍；但适合经济开采的高浓度锂资源在全球分布不均匀。全球锂矿资源分布主要集中在玻利维亚、阿根廷、智利、美国、澳大利亚及中国等国家，六国已探明锂矿资源总量为 9170 万吨，占世界总量的 79.64%[24-26]。其中，南美洲"锂三角"地区（玻利维亚、阿根廷和智利），三国已探明锂资源总量为 5700 万吨，占全球已探明锂资源总量的 49.50%[25]。中国锂矿储量 680 万吨，占全球储量的 5.91%。2024 年世界主要国家锂资源量情况统计见表 1-1[26]。

表 1-1 2024 年世界主要国家锂资源情况统计　　　　　　（万吨）

国家	玻利维亚	阿根廷	美国	智利	澳大利亚	中国	加拿大	德国	刚果（金）
探明资源量	2300	2300	1900	1100	890	680	570	400	300
国家	墨西哥	捷克	巴西	塞尔维亚	马里	俄罗斯	秘鲁	津巴布韦	西班牙
探明资源量	170	130	130	120	120	100	100	86	32
国家	葡萄牙	纳米比亚	加纳	奥地利	芬兰	哈萨克斯坦	世界合计		
探明资源量	27	23	20	6	5.5	4.5	11514		

按照锂存在形式，锂矿可分为三种，即卤水型、硬岩型和黏土型，分别占全球锂矿资源的 64%、26% 和 10%；其中卤水型可进一步分为盐湖型与地下卤水型；硬岩型可细分为三种，即伟晶岩型、花岗岩型与隐爆角砾岩型。

当前开采利用的锂矿资源主要为盐湖型、伟晶岩型锂矿和花岗岩型锂矿。盐湖型锂矿分布比较集中，大多分布于干旱地区，集中在南美洲的安第斯高原、我国青藏高原及美国西海岸地区，全球主要盐湖锂矿的成分与储量情况见表 1-2[27-33]。伟晶岩型锂矿的分布较广泛，主要分布于澳大利亚、加拿大、中国、津巴布韦和刚果（金）等。开采利用的花岗岩型锂矿则主要集中在我国江西、湖南、内蒙古地区。全球主要伟晶岩型锂矿和花岗岩型锂矿的成分与储量情况见表 1-3[31-32,34-35]。

表 1-2 全球主要盐湖锂矿的成分与储量情况

盐湖	国家	Li^+ 浓度/%	Mg^{2+}/Li^+	储量/万吨	类型
乌尤尼	玻利维亚	0.05	8.4	1020	硫酸盐型
阿塔卡玛	智利	0.15	6.4	630	硫酸盐型
马里昆加	智利	0.1117	—	38.9	硫酸盐型
霍姆布雷托	阿根廷	0.062	1.37	80	硫酸盐型
里肯	阿根廷	0.033	8.61	110	硫酸盐型

盐湖	国家	Li⁺浓度/%	Mg²⁺/Li⁺	储量/万吨	类型
奥拉罗兹	阿根廷	0.0796	2.88	1984.4	硫酸盐型
银峰	美国	0.023	1.43	30	碳酸盐型
大盐湖	美国	0.04	2.50	50	硫酸盐型
瑟尔斯湖	美国	0.026	0.18	32	氯化物型
克莱顿峡谷	美国	0.023	1.43	81.6	硫酸盐型
扎不耶	中国西藏	0.12	0.008	150	碳酸岩型
当雄措	中国西藏	0.0211	1.45	17	碳酸盐型
麻米错	中国西藏	0.0091	4.11	41	硫酸盐型
察尔汗	中国青海	0.031	1577.4	163	氯化物型
东台吉乃尔	中国青海	0.03	40.23	46	硫酸盐型
西台吉乃尔	中国青海	0.02	61	44.1	硫酸盐型

表 1-3 全球主要的伟晶岩型和花岗岩型锂矿

国家	矿区	规模	Li₂O 品位/%	其他
中国	康定甲基卡	超大型	1.20~1.52	在产
	阿坝李家沟	超大型	1.0~1.5	在建
	马尔康党坝	超大型	1.34	在建
	大红柳滩	超大型	1.5	试产
	化山矿区	大型	0.39	在产/花岗岩型/锂云母
	鸡脚山通天庙矿段	超大型	0.268	在建/花岗岩型/铁锂云母
	维拉斯托锡锂多金属矿	大型	1.28	隐爆角砾岩/锂云母
澳大利亚	格林布什	超大型	2.4	在产
	Wodigna	超大型	1.21	在产
	Pilgangoora Pibara	大型	1.25	在产
	Mount Marion	超大型	1.37	在产
加拿大	James Bay	超大型	1.4	在建
	Quebec lithium	超大型	1.2	在产
	Whabouchi	超大型	1.4	在产
	Tanco	超大型	2.44	在产
	Rose	超大型	0.92	在产
马里	Goulamina	超大型	1.37	在产
刚果（金）	马诺诺	超大型	1.65	—

续表 1-3

国家	矿区	规模	Li$_2$O 品位/%	其他
津巴布韦	萨比星	大型	>1.3	在产
	Kamativi	超大型	>1.0	在产
	Bikita	超大型	1.03	在产
	Arcadia	超大型	1.06	在产

　　尽管伟晶岩型锂矿的锂资源量不及盐湖型锂矿，但目前全球锂供给以伟晶岩型锂矿为主。全球正在开采的伟晶岩型锂矿主要分布在澳大利亚（Greenbushes、Mt Marion、Mt Catlin、Pilgangoora、Earl Grey、Finniss、BaldHill 等）、加拿大（Tanco）、巴西（Mibra、Sigma）、津巴布韦（Bikita、Arcadia、Kamativi、Sabi Star）、马里（Goulamina），尼日利亚也有一些正在开采的锂矿，矿体规模为中型—超大型。随着锂盐价格变化，中国江西宜春地区的花岗岩锂云母矿成为 2021—2023 年主要提锂原料增量之一，目前仍然在产的矿山有永兴材料旗下的宜丰县花桥乡白市化山瓷石矿和九岭锂业旗下的宜丰县花桥大港瓷土矿。

　　近些年世界各国陆续开始关注沉积岩型锂黏土矿床的勘探和开发，随着找矿工作的不断开展，美国、南美国家、欧洲和中国等地均有黏土锂矿床发现，如美国 Thacker Pass 地区和 Mc Dermitt 地区，秘鲁 Khukh Del 地区，墨西哥 Sonora 地区，塞尔维亚 Jadar 地区，中国云南滇中地区、贵州普安地区和晴隆地区、大竹园地区等。目前，黏土型锂矿提取尚处在小试阶段，我国的黏土型锂矿资源不具备独立工业开采价值，属于锂资源新动向，有望在未来提供巨量锂资源。

1.4　锂矿床一般工业要求

　　参考《矿产地质勘查规范　稀有金属类》（DZ/T 0203—2020），锂矿床一般工业要求见表 1-4[46]。

表 1-4　锂矿床一般工业要求

矿床类型	边界品位/%		最低工业品位/%		最小可采厚度/m	夹石剔除厚度/m
	机选 Li$_2$O	手选锂辉石	机选 Li$_2$O	手选锂辉石		
花岗伟晶岩型矿床	0.4~0.6		0.8~1.1	5.0~8.0	1.0	≥2.0
碱性长石花岗岩型矿床	0.5~0.7		0.9~1.2		1.0~2.0	≥4.0
盐类矿（固体、露采）	≥0.06		≥0.02		0.5	0.5
盐类矿（卤水）	150 mg/L		300 mg/L			

　　依据该标准，伴生锂综合回收工业指标为：伟晶岩型矿床 Li$_2$O≥0.2%，花

岗岩型矿床 $Li_2O \geq 0.3\%$。伴生铍锂钽铌综合评价参考指标见表1-5[47]。

表 1-5　伴生铍锂钽铌综合评价参考指标

矿床类型	铍（BeO）/%	锂（Li₂O）/%	铌、钽/%	
			$(Ta,Nb)_2O_5$，且 $\dfrac{w(Ta_2O_5)}{w(Nb_2O_5)} > 0.4$	Ta_2O_5
花岗伟晶岩型矿床与气成–热液型矿床	0.04	0.2	0.007	0.003
碱性长石花岗岩型矿床	0.04	0.3	0.01	0.005

1.5　锂精矿质量标准

1.5.1　锂辉石精矿质量标准

参考《锂辉石精矿》（YS/T 261—2011），锂辉石精矿质量标准见表1-6[48]。该标准适用于采用各种选矿方法富集而获得的锂辉石精矿，广泛应用于玻璃陶瓷行业和生产锂的各种化工产品，按应用范围和化学成分分为六个品级，锂辉石精矿水分不大于8%，粒度大小由供需双方商定，产品中不得混入目视可见外来夹杂物。

表 1-6　锂辉石精矿质量标准

品级	Li₂O 质量分数/%	杂质质量分数/%					推荐性用途
		Fe_2O_3	MnO	MgO	K_2O+Na_2O	P_2O_5	
微晶级-1	≥7.50	≤0.15	≤0.10	—	≤1.0	≤0.5	主要用于生产微晶玻璃和高档陶瓷釉料
微晶级-2	≥7.00	≤0.30	≤0.15	—	≤1.5	≤0.5	
陶瓷级	≥6.50	≤0.60	≤0.25	—	≤1.8	≤0.5	主要用于生产陶瓷
化工级-1	≥6.00	≤2.50	≤0.40	≤0.20	≤2.00	≤0.5	主要用于生产锂的其他化工产品
化工级-2	≥5.50	≤2.80	≤0.50	≤0.30	≤3.00	≤0.5	
玻璃级	≥5.00	≤0.25	≤0.15	—	≤3.00	≤0.5	主要用于生产玻璃

参考《矿产地质勘查规范　稀有金属类》（DZ/T 0203—2020），低铁锂辉石精矿质量标准见表1-7。

表 1-7　低铁锂辉石质量标准

品级	化学成分（质量分数）/%			杂质成分（质量分数）/%		
	Li₂O	SiO₂	Al₂O₃	Fe₂O₃+MnO	P₂O₅	K₂O+Na₂O
微晶玻璃级锂辉石精矿	≥6	≥65	≥22	≤0.2	≤0.2	≤1.0
陶瓷级锂辉石精矿	≥6	≥65	≥22	0.4~0.8	≤0.2	≤1.5

2015 年 1 月至 2024 年 6 月，多数锂辉石精矿品质是低于标准的；部分锂盐厂家依据锂辉石精矿对应的锂渣做浸出试验，相应增加部分有害元素的限定和检测要求。

1.5.2　锂云母精矿质量标准

参考《锂云母精矿》（YS/T 236—2009），锂云母精矿质量标准见表 1-8[49]。该标准适用于经选矿富集而获得的锂云母精矿产品，可供提取锂元素及其化合物提取、玻璃和陶瓷工业等行业使用。产品按化学成分分为四个品级，锂云母精矿的水分不大于 5%，粒度不大于 2 mm，产品中不得混入外来夹杂物。

表 1-8　锂云母精矿质量标准

品级	化学成分（质量分数）/%			
	Li_2O	K_2O+Na_2O	Fe_2O_3	Al_2O_3
一级品	≥4.4	≥9.5	≤0.25	≥23.0
二级品	≥4.0	≥9.0	≤0.25	≥22.0
三级品	≥3.5	≥8.0	≤0.25	≥21.0
四级品	≥2.5	≥7.0	≤0.25	≥19.0

参考《锂长石》（YS/T 722—2009），锂长石精矿质量标准见表 1-9[50]。该标准适用于选矿获得的锂长石，供玻璃、陶瓷工业使用。产品按化学成分分为一级、二级和三级三个品级，粒度不大于 1 mm，产品中不得混入外来夹杂物。

表 1-9　锂长石精矿质量标准

品级	化学成分（质量分数）/%			
	Li_2O	K_2O+Na_2O	Fe_2O_3	Al_2O_3
一级品	≥0.7	≥7.5	≤0.10	≥15.0
二级品	≥0.5	≥6.5	≤0.12	≥14.5
三级品	≥0.2	≥6.0	≤0.15	≥14.0

目前，我国宜春地区生产的云母精矿供企业自身使用，云母精矿氧化锂含量多低于 2.5%。

2 锂矿物的存在形式和种类

2.1 锂在地壳中的存在形式和种类

2.1.1 锂在地壳中的存在形式

锂位于元素周期表的第二周期ⅠA族，是最轻的碱金属元素，原子序数为3，相对原子质量为6.941，单质为银白色质软金属，也是密度最小的金属。其熔点为180.5 ℃，沸点为1342 ℃，比热容为3.58 kJ/(kg·K)，可溶于硝酸、液氨等溶液。锂原子的价电子层结构为$2s^1$，常呈+1或0氧化态，与其他碱金属不同，锂因具有很高的电荷密度和稳定的氦型双电子层，表现出独特的化学行为：容易极化其他的分子或离子，自身却不容易受到极化。这种特殊的电子构型导致锂及其化合物在稳定性方面与其他碱金属存在显著差异。

地壳中锂元素丰度约为0.0065%，居第27位，其克拉克值比钾和钠低得多，且分布得更为分散。锂的赋存形式以硅酸盐为主，磷酸盐次之，极少数以碳酸盐形式存在，在主要类型岩浆岩和主要类型沉积岩中均有不同程度的分布，其中在花岗岩中含量较高，平均含量达$40×10^{-6}$。

在盐湖锂矿中，锂主要赋存于地表卤水和地下晶间与孔隙卤水中，并伴生有极其丰富的硼、钾、镁、钠等有益元素。

2.1.2 锂矿床类型

按照矿床成因，锂矿床可分为内生型锂矿床和外生型锂矿床。

2.1.2.1 内生锂矿床

（1）花岗伟晶岩锂辉石-透锂长石矿床。花岗伟晶岩化学成分与花岗岩相当，锂辉石等稀有金属矿物多赋存于具有较强交代作用的复合伟晶岩中，其特征为岩石具有较粗粒的结构，并在空间上具有较完整且明确的带状构造，一般分为：

1）边缘带：矿物结晶较细，有时为细晶岩，有时为石英和钠长石集合体，有时为白云母带；

2）过渡带：常是文象伟晶岩带，但向中心逐渐变为块状晶体带；

3）块状晶体带：文象结构消失，代之以各种长石及其他矿物的大块晶体（微斜长石、更长石、锂辉石、透锂长石等块状晶体）；

4）中心带：主要是石英及大量交代生成的矿物，包括钠长石、云母、石英、绿柱石、锰铝榴石、钽铌矿物、锡石、铯榴石等。

（2）蚀变花岗岩锂云母-含锂白云母矿床。该类型矿床以花岗岩为成矿母岩，其岩石化学成分特点是：贫铁、钛，富铝、钾、钠，氟较高，稀土低，钽铌含量较高。锂、钽、铌等稀有元素在地球化学的演化发展过程中，具有一定的方向性和顺序性，从下到上为粗粒黑云母花岗岩→中粒二云母花岗岩→细粒白云母花岗岩，钛、稀土、钍、锆等含量趋于减弱，而钽、铌、锂、铷、铯矿化逐渐增强，常在岩体顶部形成富钽矿体。锂的矿化与钠长石化相关，花岗岩体顶部或向围岩突出的岩枝是成矿的有利地段。

（3）云英岩化铁锂云母矿床。云英岩在化学成分上具有高 SiO_2、Al_2O_3、FeO，极低 Na_2O 的特征。成矿作用受 F 和不混溶作用制约，随 F 含量的增加，云英岩相由石英-钾长石-铁锂云母-黄玉云英岩过渡为黄玉-铁锂云母-石英云英岩，成矿元素 Li、Rb、Cs 含量升高而 Nb、Ta 含量降低。铁锂云母的产出与云英岩化交代（蚀变）作用相关，特别是黄玉和萤石被认为是一种典型热液成因矿物，热液交代过程产生锂、钨、锡等有价元素的转移和富集，形成矿化云英岩。

2.1.2.2　外生锂矿床

（1）盐湖卤水型锂矿床。盐湖卤水型锂矿是一种在含盐的地下水中溶解了大量的锂从而形成的矿床，其中锂以晶间卤水、孔隙卤水和表层卤水形式存在，其形成条件主要包括干旱的气候、有盐湖分布的封闭盆地、火山或地热活动、构造导致的沉陷、充足的锂来源、长期的浓缩富集。中国的盐湖卤水型锂矿资源主要分布在青藏高原地区，规定其最低工业品位 LiCl 300 mg/L，边界品位 LiCl 150 mg/L。盐湖锂卤水常与钠、钾、硼甚至铷铯溴共生。

（2）深部卤水型含锂矿床。地热卤水锂矿指的是富含锂、硼、钾等元素的温热卤水溶液，这些温热流体除了具有热能价值之外，还是潜在的锂来源之一。中国深层卤水锂矿资源主要分布于四川盆地、柴达木盆地、江汉盆地等沉积盆地，地下卤水对环境要求苛刻且各地产出环境不同，但产出途径大致可以分为原生卤水和次生卤水。油气田卤水是油田和天然气等物质的伴生卤水，含有油、气、水和其他杂质，富集多种微量元素，如锂、铷、铯等。国内的油田卤水多属于氯化钙型，镁锂比低，硼含量高，主要分布在柴达木盆地、四川盆地、江汉盆地等沉积盆地。

（3）黏土型锂矿床。黏土型锂矿一般被称为沉积型锂矿，具有分布广、储量大的特点，黏土矿物可能是通过两个途径富集锂：1）锂元素以吸附形式赋存于蒙脱石、伊利石和高岭石等黏土矿物层间；2）在成岩阶段，富锂流体与较早形成的黏土矿物发生反应，生成单矿物锂（如锂绿泥石）。为避免黏土型锂矿与其他沉积类型的盐湖型和地热型的含锂沉积相混淆，按照郑绵平等学者的建议，将黏土型锂矿划分为：1）火山碎屑风化黏土亚型，赋矿围岩主要以凝灰岩、沉凝灰岩等火山碎屑岩为主，火山碎屑来自中新世火山口，经风化淋溶后，在后期形成湖相含锂黏土沉积，成矿物质和成矿动力主要来源于火山作用；2）硅铝质黏土亚型，赋矿围岩主要以黏土岩、铝质黏土岩及铝土矿为主，少量为碎屑岩类（页岩、粉砂岩、细砂岩和粗砂岩），成矿物质和成矿动力与风化作用有关；3）煤系黏土亚型，当煤中锂含量超过一定品位时，可形成与煤（煤系）共伴生的锂资源。

2.1.3 锂矿物种类

目前在自然界中已发现锂矿物和含锂矿物有 150 多种，其中锂的独立矿物有 30 多种，大部分是硅酸盐（占 67%）和磷酸盐（占 21.2%）。制取锂的矿物原料主要是锂辉石（含 Li_2O 5.8%~8.07%）、锂云母（含 Li_2O 3.2%~7.0%）、（羟）磷锂铝石（含 Li_2O 7.1%~10.1%）、透锂长石（含 Li_2O 2.9%~4.9%）及铁锂云母（含 Li_2O 1.1%~5%），其中前 3 种矿物最为重要。常见锂矿物种类见表 2-1。

表 2-1 主要锂矿物类型和种类

矿物类型	矿物种类	化学式	Li_2O 含量/%
氧化物	锂硬锰矿	$(Li,Al)MnO_2(OH)$	0.18~3.30
硅酸盐	锂云母（鳞云母）	$K\{Li_{2-x}Al_{1+x}Al[Al_{2x}Si_{4-x}O_{10}]F_2\}$	3.2~7.0
	铁锂云母	$K\{LiFeAl[AlSi_3O_{10}]F_2\}$	1.1~5
	锰锂云母	$K\{Li_{1+x}(Mn^{2+},Fe^{2+})_{1-x}Al[Al_{1-x}Si_{3+x}O_{10}]F_{1+x}(OH)_{1-x}\}$	4.45
	锂皂石	$(Ca_{0.5},Na)_x(H_2O)_4\{Mg_{3-x}Li_x[Si_4O_{10}](OH,F)_2\}$	1.25
	镁锂闪石-铁锂闪石	$Li_2(Mg,Fe)_2(Al,Fe^{3+})_2[Si_8O_{22}](OH,F)_2$	3.56
	锂硼绿泥石	$Li_2Al_4[AlBSi_2O_{10}](OH)_8$	5.80
	锂绿泥石	$LiAl_2(OH)_6\{Al_2[AlSi_3O_{10}](OH)_4\}$	2.67~3.16
	锂霞石	$LiAl[SiO_4]$	11.79
	锂辉石	$LiAl[Si_2O_6]$	5.8~8.07
	硅锂石	$Li_xAl_x[Si_{3-x}O_6]$	4.93
	透锂铝石	$LiAl[Si_2O_6]\cdot H_2O$	6.55
	透锂长石	$Li[AlSi_4O_{10}]$	2.9~4.9
	锂铍石	$Li_2[BeSiO_4]$	22.80
	锂蒙脱石	$(Li,Ca,Na)_{1-x}(H_2O)_4\{(Al,Li,Mg)_{2+x}[(Si,Al)_4Si_3O_{10}](OH,F)_2\}$	4.7
	高铁锂大隅石	$Li_2Na_4Fe_3^{2+}Si_{12}O_{30}$	2.78

矿物类型	矿物种类	化学式	Li_2O 含量/%
硅酸盐	硅锰钠锂石	$LiNaMn_8Si_5O_{14}(OH)_2$	1.55
	硅锆钠锂石	$LiNa_2(Zr,Ti,Hf)Si_6O_{15}$	2.8
	锂白榍石	$Ca\{LiAl_2[BeAlSi_2O_{10}](OH)_2\}$	2.39
	锂冰晶石	$Na_3[Li_3Al_2F_{12}]$	5.35
	锂电气石	$NaLiAl_2Al_6[Si_6O_{18}][BO_3]_3[O,(OH)_3]$	1.52
磷酸盐	磷锂铝石	$Li\{Al[PO_4]F\}$	7.10~10.10
	羟磷锂铝石	$Li\{Al[PO_4](OH,F)\}$	9.2
	块磷锂矿	$Li_3[PO_4]$	38.67
	羟磷锂铁石	$Li\{Fe[PO_4]\}OH$	8.48
	铁磷锂矿	$LiFe[PO_4]$	9.47
	锰磷锂矿	$LiMn^{2+}[PO_4]$	9.46
	磷锂锰矿	$Li_{1-x}(Mn_{1-x},Fe_x^{3+})[PO_4]$	含量变化
	锂钙柱磷石	$Li_2CaAl_4[PO_4]_4(OH)_4$	4.87
	柱磷锶锂矿	$Li_2SrAl_4[PO_4]_4(OH)_4$	3.70
碳酸盐	扎布耶石	Li_2CO_3	40.21

2.2　主要锂矿物的晶体化学和物理化学性质

2.2.1　锂辉石 $LiAl[Si_2O_6]$

化学组成：锂辉石的化学组成较稳定，常有少量铁、锰、钠、钙、镁、铷、铯等元素的混入，理论化学成分为 Li_2O 8.02%、Al_2O_3 27.40%、SiO_2 64.58%。

晶体结构：锂辉石属辉石族矿物，为单链链状硅酸盐矿物，晶体结构的一般特点是硅氧四面体以两角顶相连成单链，平行于 c 轴延伸，中等阳离子铝组成的铝氧八面体和较大阳离子锂组成的锂氧八面体彼此共棱连接成链，也平行于 c 轴延伸。铝氧八面体的配位体氧全部为活性氧，而锂氧八面体的配位体中有部分惰性氧存在。在空间上，硅氧四面体单链和阳离子八面体链皆平行于（100）晶面左右横排成行，但在 a 方向两者呈相间排列（见图 2-1）。

物理性质：锂辉石（又称 α-锂辉石）常呈柱状晶体（见图 2-2），灰白色、无色、烟灰色、玫瑰色、淡紫色、灰绿色和黄色，成分中含锰的紫色锂辉石称为紫锂辉石。玻璃光泽，莫氏硬度为 6.5~7，密度为 3.03~3.22 g/cm^3。

光学特征：晶体多呈无色、灰白色、浅紫色、浅绿色、浅黄色，薄片中无色，正高突起，干涉色一级橙至二级绿，纵切面为斜消光，二轴晶正光性，光轴

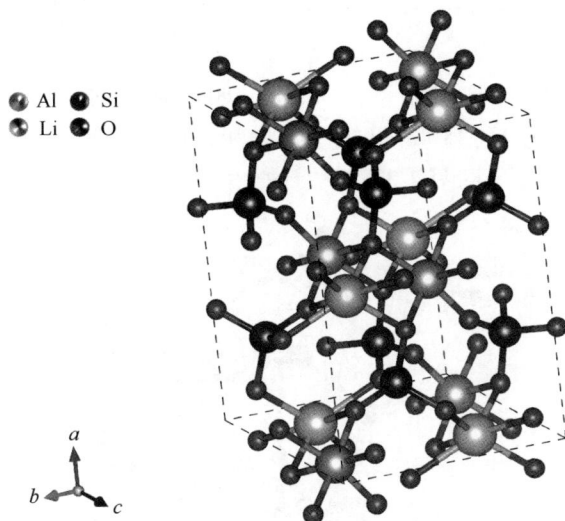

图 2-1 锂辉石晶体结构示意

图 2-2 锂辉石矿物晶体

角中等，双晶结合面为（100）和（001），常见简单和聚片双晶。

成因产状：锂辉石是富锂花岗伟晶岩的特征矿物，常与石英、微斜长石、钠长石、磷锂铝石及绿柱石共生，是提取稀有成品金属锂的最重要原料。锂辉石氧化蚀变后，锂元素已大量流失，转变为蒙脱石、多水高岭石、拜来石和石英等，仍保持锂辉石的假象，这种蚀变锂辉石也称腐锂辉石。

2.2.2 透锂长石

化学组成：透锂长石化学式为 Li[AlSi_4O_{10}]，理论化学成分为 Li_2O 4.90%，

Al_2O_3 16.70%，SiO_2 78.4%。化学组成中通常由少量的钾、钠、钙等代替锂，Fe^{3+} 代替 Al。

晶体结构：矿物属单斜晶系，$[SiO_4]$ 四面体构成 $[Si_4O_{10}]$ 层，层间为 $[AlO]$ 四面体连接成架，Li 原子位于其中，也为四次配位。Si—O 层内的键力大于 Al 四面体中的键力（见图 2-3）。

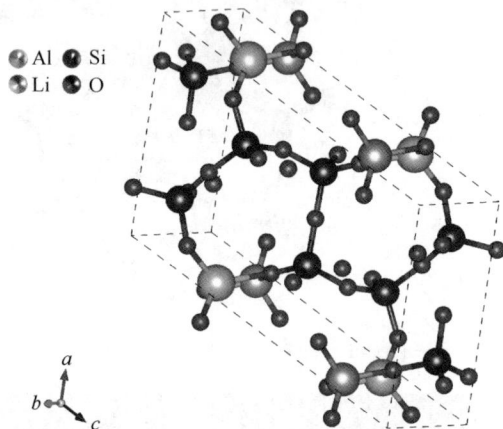

图 2-3　透锂长石晶体结构示意

物理性质：晶体呈块状、板状或针状产出，常呈块状或不规则的粒状集合体（见图 2-4），无色、白色、灰色或黄色，偶见粉色或绿色，透明至半透明，玻璃光泽，解理面上呈珍珠光泽，次贝壳状断口，性脆，莫氏硬度为 6~6.5，密度为 2.3~2.5 g/cm³。

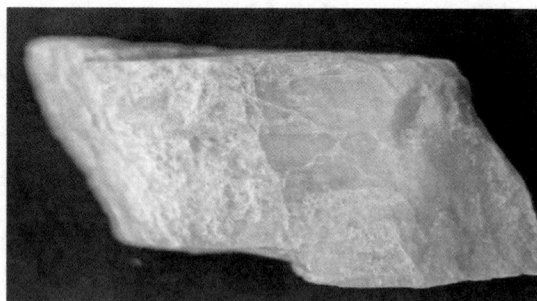

图 2-4　透锂长石矿物晶体

光学性质：晶体薄片中无色透明，负低突起，干涉色一级中部至顶部，呈一级白色至黄色，聚片双晶常见，负延性。

成因产状：透锂长石在自然界中较为稀少，产于花岗伟晶岩中，与锂辉石、锂云母、铯榴石、电气石、叶钠长石等锂铯矿物共生，在热液作用下，常变成各种沸石和锂绿泥石。钠长石化作用下变成钠长石和石英，表生作用下常生成锂高岭石和多水高岭石等。

2.2.3 （羟）磷锂铝石

化学组成：磷锂铝石-羟磷锂铝石化学式为 $Li\{Al[PO_4](OH,F)\}$，磷锂铝石理论化学组成为 Li_2O 10.10%，Al_2O_3 34.46%，P_2O_5 48.00%，F 12.85%，成分中 F 与 OH 可形成完全的类质同象，分为磷锂铝石和羟磷锂铝石两个亚种，锂可被钠代替，成分中通常还有 H_2O。

晶体结构：矿物属三斜晶系，晶体结构中 $Al(O,F,OH)_6$ 八面体以角顶相连形成沿 c 轴延长的链，链间以 $[PO_4]$ 四面体及 $Li(O,OH,F)_5$ 多面体连接。$[PO_4]$ 四面体与 $Al(O,F,OH)_6$ 胶体排列成链沿 c 轴延伸，构成架状基型（见图 2-5）。

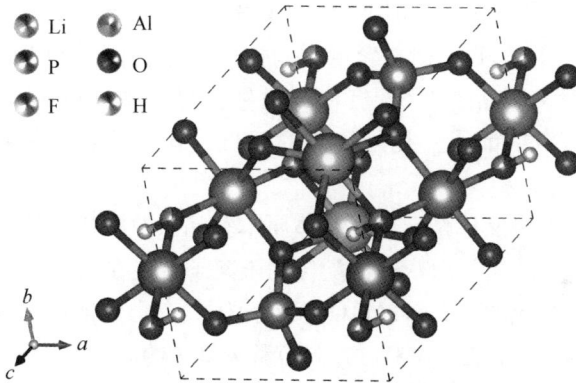

图 2-5 （羟）磷锂铝石晶体结构示意

物理性质：晶体呈短柱状，双晶多为聚片双晶，呈致密块状集合体（见图 2-6），颜色呈微带黄的灰白色，玻璃光泽，沿 $\{100\}$ 和 $\{110\}$ 完全解理，莫氏硬度为 5.5~6，密度为 2.92~3.15 g/cm^3。

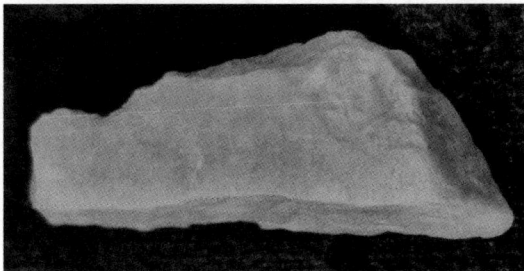

图 2-6 （羟）磷锂铝石矿物晶体

光学特征：薄片中无色透明，折射率随 OH 置换 F 量的增加而增大，双折射率也随之略有增大。正低至正中突起，干涉色为一级紫红、二级蓝至二级橙红，在较大的切面上可见简单双晶或聚片双晶。

成因产状：（羟）磷锂铝石产出于锂辉石伟晶岩或花岗伟晶岩中，与锂辉石、微斜长石、石英、锂云母、白云母、铯榴石、电气石、钠长石、绿柱石等矿物共生，主要产于伟晶岩的石英核心或长石石英块体带中，也见产于锡石石英脉及云英岩中，与锡石、黄玉、云母共生。

2.2.4　锂云母

化学组成：锂云母化学式为 $K\{Li_{2-x}Al_{1+x}Al[Al_{2x}Si_{4-x}O_{10}]F_2\}$，其中 $x = 0 \sim 0.5$，成分变化大，当 $x = 0$ 时，即阳离子中无铝代替硅，为无铝富硅的变种，称为多硅锂云母。此外，锂云母为 Al-Li 和 Fe-Li 两个类质同象系列中富 Li 一端的成员，其 Al-Li 系列为不完全类质同象，富铝贫锂即白云母，一般 Li_2O 含量高于3.5%时才归入锂云母，低于这一含量称为锂白云母；而 $Fe^{2+}-Li^+$ 系列则为完全类质同象，一般将锂含量高于1.5%者称为铁锂云母。锂云母中常有钠、铷、铯代替钾；大量的分析资料证明，凡是含锂的云母，均含一定数量的氟，含锂越高，氟的含量越高。

晶体结构：锂云母又称鳞云母，晶体属单斜晶系的层状硅酸盐矿物，是白云母的富锂亚种。其基本结构是由八面体配位的阳离子层夹在两个相同的 $[(Si,Al)O_4]$ 四面体层网之间而组成的。$[(Si,Al)O_4]$ 四面体共三个角顶相连成六方网层，四面体活性氧的指向相对，并沿 $[100]$ 方向位移 $a/3$（约0.17 nm），使两层的活性氧和 OH 呈最紧密堆积，称为云母结构层。根据云母结构层阳离子种类和填充数量，可将云母划分为二八面体型和三八面体型两种。锂云母属三八面体型（见图2-7）。

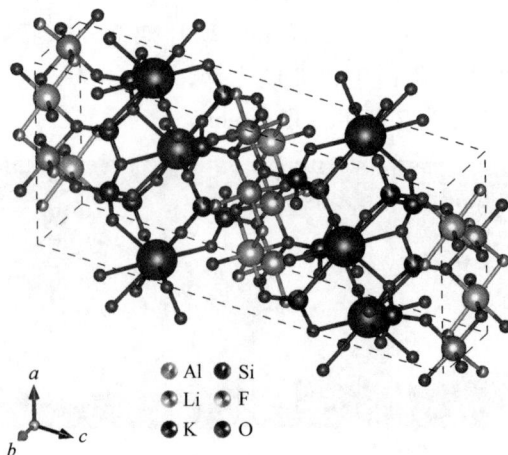

图2-7　锂云母晶体结构示意

物理性质：锂云母晶体呈假六方板状（见图2-8），但发育完整的晶体很少见，一般呈片状或鳞片状集合体。中国河南卢氏县产有球状的锂云母，是一种特殊形态。锂云母呈玫瑰色、浅紫色，有时为白色，风化后呈暗褐色。透明，玻璃光泽，解理面显珍珠光泽。莫氏硬度为 $2 \sim 3$，密度为 $2.8 \sim 2.9 \ g/cm^3$。薄片具弹性。

图 2-8 锂云母矿物晶体

光学特征：锂云母呈无色、白色、玫瑰红色和浅紫色，成分中含有锰时呈桃红色，风化后为暗褐色，薄片中无色，有时呈浅紫色和浅玫瑰色色调，具微弱的多色性，N_g（主轴最大折射率）$\approx N_m$（主轴中间折射率）时呈浅玫瑰红或浅紫，N_p（主轴最小折射率）方向为无色，吸收性为 $N_g \approx N_m > N_p$。正低突起，折射率随含铁、锰量的增加而增大，最高干涉色达二级顶部。长条形切面和解理方向近平行消光，正延性。二轴晶负光性，光轴角中等，但变化较大。

成因产状：锂云母一般只产在花岗伟晶岩中，与长石、石英、锂辉石、白云母、电气石等共生。它是提取稀有金属锂的主要原料之一。锂云母中常含有铷和铯，因此也是提取这些稀有金属的重要原料。

2.2.5 铁锂云母

化学组成：铁锂云母化学式为 $K\{LiFeAl[AlSi_3O_{10}]\}$，成分变化很大，钾能被钠、钡、铷、锶和少量的钙代替；在八面体位置的锂、铁、铝可被钛、锰及镁等代替，氟常为羟基所代替，有时 F：OH<1：1，矿物以硅铝比和铁含量较高为特征。

晶体结构：矿物属单斜晶系，晶体结构为三八面体型，多型有 1M、3T、2M，其中以 1M 最常见（见图2-9）。

物理性质：晶体呈假六方板状，集合体呈鳞片状，颜色常为灰褐色、黄褐

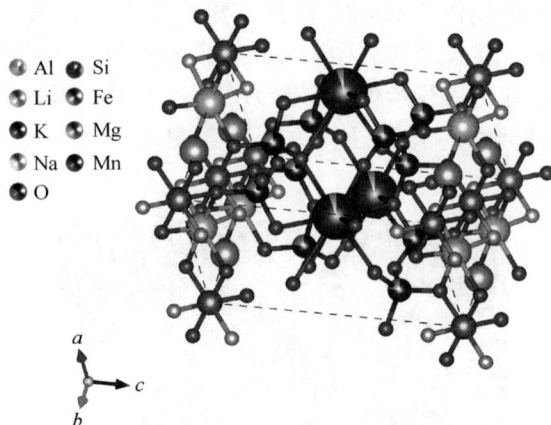

图 2-9　铁锂云母晶体结构示意

色，有时为暗绿色、浅绿色，半透明至不透明，玻璃光泽，解理面呈珍珠光泽，沿 {001} 解离极完全，莫氏硬度为 2~3，密度为 2.9~3.2 g/cm^3，具弱磁性。

光学特征：铁锂云母呈浅褐色、黄褐色、暗绿色、浅绿色和浅紫色，薄片中无色或浅灰褐色，多色性，$N_g \approx N_m$ 时呈浅灰褐色或灰褐色，N_p 方向为无色或淡黄色，吸收性为 $N_g \approx N_m > N_p$。正低-中突起，折射率随含铁、锰量的增加而增大，最高干涉色达二级顶部。沿解理缝近平行消光，正延性。二轴晶负光性，光轴角一般为中等。

成因产状：其成因与锂云母相似，常作为一种气成矿物产于含锡石及黄玉的伟晶岩内及云英岩中，与黑钨矿、锡石、黄玉、锂云母、石英等共生。

2.2.6　锂绿泥石

化学组成：锂绿泥石化学式为 $LiAl_2(OH)_6\{Al_2[AlSi_3O_{10}](OH)_2\}$，属二八面体型绿泥石。

晶体结构：晶体结构由滑石层（两层硅氧四面体中间形成八面体空隙层为 Mg、Fe、Al 所充填）及氢氧镁石层（锂绿泥石为氢氧铝石结构）作为基本结构层交替排列而成，层间借助氢键维系（见图 2-10）。

物理性质：矿物晶体呈假六方板状，常呈鳞片状集合体，白色、淡黄色、淡绿色至玫瑰红色。沿 {001} 解理极完全，解理片具挠性。莫氏硬度为 2.5，密度为 2.65~2.7 g/cm^3。

成因产状：锂绿泥石产于富锂的花岗伟晶岩中，与红色电气石、钠长石、微斜长石、石英、锂云母、锂辉石成组合。

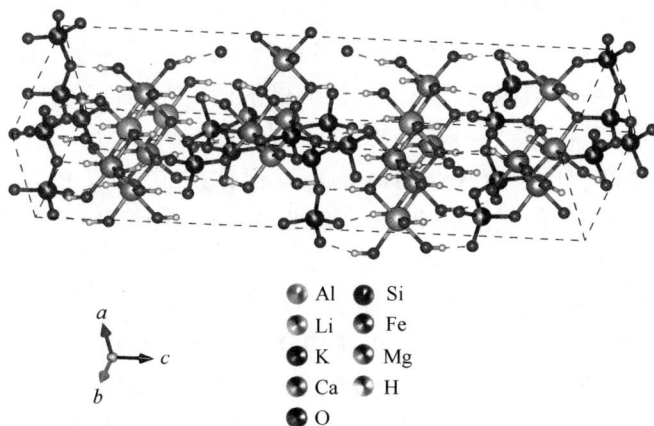

图 2-10　锂绿泥石晶体结构示意

2.2.7　扎不耶石

扎布耶石 Li_2CO_3（Zabuyelite）是中国学者 1987 年在西藏扎布耶湖中发现的新矿物，属锂的碳酸盐矿物，是现代盐湖中重要的锂矿资源。

扎布耶石属单斜晶系，为菱柱状晶体，无色、乳白色、淡橘黄色，透明，玻璃光泽。莫氏硬度为 3，密度为 2.09 g/cm^3。微溶于水，遇 HCl 剧烈起泡。

扎布耶石产于盐湖。在西藏扎布耶盐湖中可见扎布耶石（碳酸锂）与铷、铯等金属共生。

2.3　主要共伴生矿物的晶体化学和物理化学性质

2.3.1　钽铌矿物

2.3.1.1　钽铌锰矿

化学组成：钽铌铁矿类矿物属氧化物大类中的链状基型黑钨矿－铌钽铁矿族中的钽铌铁矿亚族，理论化学式为 $(Mn,Fe)(Nb,Ta)_2O_6$，Nb 与 Ta、Mn 与 Fe 为完全类质同象，构成一组连续变化的系列矿物，按照元素摩尔比可划分为不同亚种。铌锰矿－钽锰矿类质同象系列矿物中 $w(Ta_2O_5)<30\%$、$w(Nb_2O_5)>50\%$ 的称为铌锰矿，$w(Ta_2O_5)$ 为 30%～50%、$w(Nb_2O_5)>30\%$ 的称为钽铌锰矿，$w(Nb_2O_5)$ 为 15%～30%、$w(Ta_2O_5)>50\%$ 的称为铌钽锰矿，$w(Ta_2O_5)>65\%$、$w(Nb_2O_5)<15\%$ 的称为钽锰矿。

晶体结构：钽铌铁属斜方晶系，空间群 $Pbcn$，$a_0=1.438$ nm，$b_0=0.575$ nm，$c_0=0.511$ nm，$\alpha=\beta=\gamma=90°$。该矿物晶体结构中氧原子作近似最紧密堆积，铌、

钽、铁、锰离子位于八面体空隙，组成（Nb^{5+}，Ta^{5+}）O_6 和（Fe^{2+}，Mn^{2+}）O_6 两种不同的八面体氧化物，铌和钽、铁和锰之间可无限替代。每个八面体和另外三个八面体共棱联结，两个钽铌的八面体共棱形成平行 c 轴的锯齿状八面体链，并与相邻的铁锰八面体共棱联结，链与链之间形成平行于（100）晶面的网层。在 a 轴方向（Fe^{2+}，Mn^{2+}）O_6 和（Nb^{5+}，Ta^{5+}）O_6 八面体按照 1：2 的比例相互交替排列。晶体结构中钽铌的位置占有率 Ta：Nb 为 3：2，铁锰的位置以锰为主，少量为铁、钛和锡的替代。

物理性质：钽铌矿物单体颗粒呈板状、楔状、厚板状，晶面具条纹，颜色为褐黑色至褐色（见图 2-11），含钽高的铌钽锰矿呈褐红黑色，半金属光泽，半透明，暗红色内反射较明显；硬度和密度随钽含量增大而增大。莫氏硬度为 4.2～7，密度为 6.35～8.00 g/cm^3，具弱磁性，磁性随钽含量增加而略有减弱。

图 2-11　钽铌铁矿矿物晶体

光学特征：钽铌矿物反射色为灰白色微带褐色，不显多色性，内反射色为樱红色、褐红色，具有强非均质性（铌铁矿为绿黄灰色至暗蓝灰色，铌锰矿为略棕灰色至暗棕灰色），常呈板状、柱状、针状，或呈束状、粒状、放射状集合体。

成因产状：钽铌矿物主要产于花岗伟晶岩脉中，与石英、长石、白云母、锂云母、黄玉、锡石、独居石、细晶石、易解石等共生；其次产于钠长石化、云英岩化黑云母花岗岩中，共生矿物有石英、长石、铁锂云母、黑云母、锆石、独居石、锡石、钍石、细晶石、黄玉等；少量产于侵入到石灰岩内的细晶岩脉中，共生矿物有石英、正长石、钠长石、更长石、锡石、黑钨矿、黄玉、透辉石、透闪石、镁橄榄石等。

2.3.1.2　细晶石

化学组成：细晶石属氧化物大类中的配合基型烧绿石–黄锑华族烧绿石亚族，理想化学式为（Ca，Na）$_2$（Ta，Nb）$_2$$O_6$（O，OH，F），A 组阳离子中 U^{4+}、Sn^{4+} 代替

Ca^{2+}，而使结构产生缺席结构，B 组阳离子主要为 Ta^{5+} 和 Nb^{5+}，其中 Nb_2O_5 含量不超过 10%，阴离子为 F^-，OH 代替 O。

晶体结构：细晶石属于等轴晶系，空间群为 $F\overline{d}3m$，$a_0 = b_0 = c_0 = 1.048$ nm，$\alpha = \beta = \gamma = 90°$。细晶石的晶体结构类似萤石，但一半配位立方体为八面体所替代，A 组阳离子 Ca^{2+}、Na^+、U^{4+} 等位于立方体中心，B 组阳离子 Ta^{5+} 或 Nb^{5+} 位于八面体中心。立方体和八面体之间以棱联结，八面体之间以角顶相连。细晶石 A 组阳离子中广泛存在钙、钠、铀和锡的异价类质同象替代，使矿物产生缺席结构和电价不平衡，B 组阳离子中仅见少量铌的替代。

物理性质：细晶石单晶体常呈细小的八面体和菱形十二面体，或不规则细粒集合体；颜色从浅黄色到褐色，有时呈橄榄绿色（见图 2-12），含铀的细晶石颜色较深，具玻璃光泽或树脂光泽，半透明；性脆，断口呈贝壳状、不规则状及锯齿状。薄片中无色，正高突起，均质。莫氏硬度为 5~6，密度为 4.2~6.4 g/cm^3。基本无磁性。

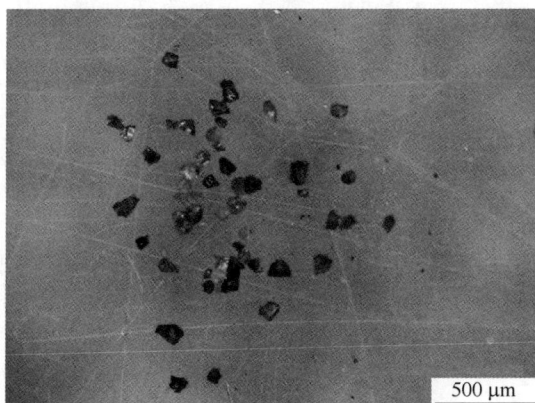

500 μm

图 2-12　细晶石矿物晶体

光学特征：细晶石薄片中呈无色或黄灰色、金黄色、浅绿色，透明，正极高突起，多显均质性，反射光下呈褐色、黄色或浅黄绿色。

成因产状：细晶石主要产于与酸性岩有关的矿床中，尤其与晚期交代作用有关。产于钠长石化花岗伟晶岩中，与锰钽矿、铌铁矿、绿柱石、富铪锆石、锡石、锰铝榴石、黄玉、石英等共生；产于云英岩化、钠长石化花岗岩中，与钠长石、锂云母、黄玉共生；产于钠长石化细晶岩中，与锰钽矿、电气石、黄玉等共生。

2.3.1.3　锡锰钽矿

化学组成：锡锰钽矿属氧化物大类链状基型黑钨矿-铌钽铁矿族锡钽锰矿亚族，化学式为 $MnSnTa_2O_8$，理想成分通式为 $MnX_1(X_2)_2O_8$，X_1 为阳离子，平均电价为 4，主要为 Sn^{4+}、$(Ta^{5+}, Ti^{3+})^{4+}$，X_2 为 5 价阳离子，主要为 Ta^{5+} 和 Nb^{5+}，此外，Mn 可部分被 Fe^{2+} 代替。

晶体结构：锡锰钽矿属于单斜晶系，空间群为 $C2/c$，$a_0 = 0.955$ nm，$b_0 = 1.150$ nm，$c_0 = 0.513$ nm，$\alpha = \gamma = 90°$，$\beta = 90.027°$。矿物晶胞中，八个钽原子有序地与分布在阳离子位置上的其他八个氧原子排列在同一位置上，形成具有一组八个相同位置和两组四个相对位置的阳离子空间群。以阳离子钽、锡、锰为中心形成八面体，八面体之间以角顶连接。结构中存在广泛的类质同象置换，可见铁取代锰，铌取代钽，钛、钽取代锡等。

物理性质：锡锰钽矿晶体呈楔形或不规则粒状、板状；颜色为红褐色、暗褐色至黑色，半金属光泽。莫氏硬度为 5.5~6，密度为 7.19 g/cm^3。磁性弱于铌钽锰矿。

光学特征：锡锰钽矿反射色为青灰色，内反射为带棕色的橙红色，双反色微弱，非均质性较明显。

2.3.2　锡石

化学组成：锡石化学式为 SnO_2，常含混入物铁、铌、钽，理论化学成分含 Sn 78.80%、O 21.20%。

晶体结构：锡石属四方晶系，晶体结构属金红石型。氧离子近似呈六方最紧密堆积，而锡位于八面体空隙中，构成 $Sn-O_6$ 八面体的配位。$Sn-O_6$ 八面体沿 c 轴呈链状排列，并与上下的 $Sn-O_6$ 八面体各有一条棱共用。

物理性质：锡石晶体呈四方双锥、四方柱形成的双锥柱状或双锥状聚形，常见锡状双晶，有时呈长柱状或针状，晶体细小，集合体呈不规则粒状（见图 2-13）；颜色一般呈褐色至黑色，无色者较为少见，金刚光泽，断口油脂光泽，透明度随颜色的深浅变化，为半透明至不透明；莫氏硬度为 6~7，密度为 6.8~7.0 g/cm^3，性脆，贝状断口。

图 2-13　锡石矿物晶体

光学特征：锡石反射色为灰色带褐色，显双反射（浅灰色至带棕灰色），内反射颜色浓厚，呈浅黄色、黄棕色，具有显著非均质性（灰色至暗灰色）；常呈粗粒、细粒集合体，可见具环带，双晶常见，偶见解理，多裂纹。

成因产状：锡石在花岗伟晶岩脉中，锡石与石英、微斜长石、钠长石、白云母等共生，有时与黄玉、锂辉石、电气石等共生。

2.3.3 绿柱石

化学组成：绿柱石化学式为 $Be_3Al_2[Si_6O_{18}]$，常含锂、钠、钾、铷、铯等碱金属，有时可有少量铁、镁代替铝，并往往含有一定数量的水。

晶体结构：绿柱石属六方晶系，晶体结构为硅氧四面体组成的六方环，环面垂直 c 轴平行排列，环与环之间借 Be^{2+}、Al^{3+} 相连，Be^{2+} 作四次配位，形成扭曲了的 $Be\text{-}O_4$ 四面体。在环中心平行 c 轴有宽阔的孔道，可以容纳离子半径较大的 K^+、Na^+、Cs^+、Rb^+ 等离子及水分子。

物理性质：单晶体多呈长柱状，富含碱金属的晶体则呈短柱状或板状，柱面上具细纵纹，集合体呈散染状或晶簇状，偶见柱状集合体（见图2-14）；一般呈不同色调的绿色，也有白色、浅蓝色、深绿色、玫瑰色或无色透明，玻璃光泽；莫氏硬度为7.5~8，密度为2.66~2.83 g/cm^3。

图2-14　绿柱石矿物晶体

光学特征：绿柱石薄片中无色，较厚的切片可显弱多色性（绿色者为绿色至浅绿色；蓝色者为蓝色至蓝绿色或无色等），正低-正中凸起，常含气、液和其他矿物的包裹体，最高干涉色为一级灰至白，平行消光，负延性。

成因产状：绿柱石主要产于伟晶岩、云英岩及高温热液矿脉中，伟晶岩中绿柱石常与石英、方解石、微斜长石、白云母、白钨矿等矿物共生。

2.3.4　铯榴石

化学组成：铯榴石化学式为 $Cs[AlSi_2O_6] \cdot nH_2O$，当 $n=0.3$ 时，理论化学成分为 Cs_2O 42.53%，Al_2O_3 15.39%，SiO_2 40.27%，H_2O 1.36%。成分中常含有钠、铷、钾、锂等，形成铯榴石与方沸石之间有限的类质同象代替，可以用铯榴石-方沸石的一般式 $Cs_{16-x}Na_x[Al_{16}Si_{32}O_{96}] \cdot xH_2O$ 表示。

晶体结构：铯榴石属等轴晶系，晶体结构中［SiO_4］与［AlO_4］四面体组成四方环与六方环，两者彼此连接构成结构构架 Cs 充填于六方环形成的大空隙中心，与 O^{2-} 配位，四方环附近还有较小的空缺空洞，可有水的存在。

物理性质：铯榴石常见呈细粒状或块状（见图 2-15）；颜色为无色、白色或灰色，有时微带浅红色、浅蓝色或浅紫色，玻璃光泽，断口油脂光泽，透明，无解理，断口呈贝壳状；性脆，莫氏硬度为 6.5~7，密度为 2.70~2.80 g/cm³。

图 2-15　铯榴石矿物晶体

光学特征：铯榴石薄片中无色透明，具负低凸起，折射率随铯含量的减少和含水量的增加而降低，糙面不显著，均质，正交偏光下全黑，$n=1.520~1.527$。易风化，表面和裂隙中常含有高岭石等分解物而区别于石英。

成因产状：铯榴石产于花岗伟晶岩中，比较少见，成因上与钠长石化、沸石化等岩浆期后的残余热液作用有关，与锂云母、透锂长石、锂辉石及石英等矿物共生。

2.3.5　含铷矿物

铷是典型的分散元素，目前世界上还未发现铷的独立矿物，常见与钾、锂、铯等矿物共生。铷资源主要包括锂云母、铯沸石、铯锂云母、天然光卤石、天河石（微斜长石的含铯变种）、地热水、盐湖卤水及海水等。

2.3.5.1　含铷云母

化学组成：云母族矿物一般化学式为 $MR_{2~3}[AlSi_3O_{10}](OH,F)_2$，其中 M 为两个单位层间的阳离子 K、Na、Ca，R 为八面体空隙中的三价阳离子 Al、Fe、Cr 或二价阳离子 Mg、Fe、Mn、Li 等。在元素周期表中，Rb、Cs 与 K 是同族等价元素，可发生晶体结构中的类质同象替代，导致白云母、黑云母、锂云母、铁锂云母等不同类型云母矿物中含数量不等的铷、铯。

晶体结构：云母族矿物具有层状结构，由两个（Si,Al)-O 四面体层和一个（Mg,Fe)-(O,OH) 八面体层组成。八面体层位于两个四面体层间，四面体层各个四面体的顶点均指向八面体，并以共占氧原子进行连接而构成一个结构单元层，在两个结构单元层间，有一层以钾为主的大半径阳离子，铷、铯可以类质同象代替钾的方式进入结构层间。

光学性质：含铷铯的云母在透射光下与云母的光学性质类似，有时可见呈玫瑰色或淡紫色调。

成因产状：含铷云母产于碱性花岗伟晶岩中，与长石、石英、锂辉石、电气石等矿物连生。

2.3.5.2　含铷长石

化学组成：含铷的长石主要为钾长石和天河石，钾长石包括透长石、正长石和微斜长石，为钾钠长石的端元组分。一般钾长石或多或少含有钠长石组分，铷、锶、铁、铯等元素常以类质同象替代钾的方式进入晶格。

晶体结构：长石矿物具有相似的晶体结构，其中 $T-O_4$（T 为 Si、Al 等）四面体通过角顶连接成架状空间，骨架中的大空隙被 K、Na、Ca、Ba、Rb 等阳离子所占据。钾长石骨架中的大空隙主要被 K 元素占据，每个 K-O 配位多面体共棱，相距较近。

物理性质：钾长石类矿物中以微斜长石较富铷，并以伟晶岩中的微斜长石含铷更高。微斜长石晶体结构与正长石类似，晶体呈短柱状、板状，通常呈半自形至他形粒状。颜色为浅玫瑰色、褐黄色、肉红色、浅红色等，玻璃光泽、解理面珍珠光泽。莫氏硬度为 6~6.5，密度为 2.54~2.5 g/cm^3。微斜长石的绿色变种为天河石，其成分中含铷，Rb_2O 含量可达 1.4%~3.3%。天河石的颜色呈不均匀的绿色。

光学性质：微斜长石薄片中无色，表面因蚀变而呈浑浊的浅红褐色，负低凸起，干涉色为一级灰色至灰白色，通常具有钠长石律与肖钠长石律构成的格子状双晶。

成因产状：含铷长石主要产于碱性花岗岩、花岗伟晶岩中，与云母、石英等矿物共生。

3 锂矿石类型及选矿工艺

3.1 磨矿的重要性

磨矿作为浮选前的准备作业,目的在于使矿石中的主要有价矿物与脉石矿物充分解离,达到单体解离粒度,以便进入浮选作业完成矿物分离过程。磨矿细度对锂矿的选别至关重要。

锂辉石选别过程中发现,不同粒度的锂辉石及其主要脉石矿物(长石、石英等)浮选性质差异也较大,过粗会导致矿物颗粒难以随气泡上浮,容易掉落降低锂回收率;细粒级锂辉石则会具有更强的润湿性和团聚性质,导致其浮选特性变差[51-52]。研究表明,在两性捕收剂的纯矿物浮选体系下,$-0.1+0.038$ mm 粒级的锂辉石浮选回收率明显高于 $-0.2+0.1$ mm 和 -0.038 mm 粒级的锂辉石,且 -0.038 mm 粒级的长石和石英等脉石矿物能对锂辉石的浮选回收率产生明显影响[53]。因此,在锂辉石类矿物磨矿的过程中,应控制磨矿产品中的锂辉石颗粒在 0.038 mm 到 0.1 mm 之间,最大程度上保证锂精矿的品位和回收率[54]。对国内某大型云母选厂流程考察后发现,$+0.3$ mm 粒级粗片云母或 $-0.3+0.1$ mm 叠片状厚云母粗选上浮后,在精选一尾矿掉落,循环一定次数后,进入云母浮选尾矿导致尾矿中的氧化锂损失量升高。

在欧美锂浮选厂生产流程中,注重设置脱泥和筛分作业,严格控制浮选作业的入选粒度,同时在较高浓度下调浆,保证了药剂与锂矿物的充分作用;国内天宜锂业、宜春钽铌矿、永诚锂业等锂选厂,也通过多层筛,控制粗粒级进入浮选作业,提升了锂选别指标。

随着选厂规模的不断扩大,在锂辉石或云母选别过程中,为了控制入选粒度构成,碎磨方式发生着改变。常规三段一闭路破碎后,一段球磨,两段球磨,一段钢球、二段钢段或者陶瓷球,半自磨后球磨,高压辊后球磨等不同的碎磨方式在不同锂矿选厂中使用,科学合理地优化碎磨流程和不同种类设备的搭配成为一种必然趋势。根据原矿的力学特性,开发节能碎磨技术是未来重点研究的方向。

3.2 锂辉石矿选矿工艺

浮选是锂辉石选矿最为常用的工艺。随着新能源行业的发展,锂盐企业对锂辉石精矿要求越发严格，为了低成本生产高品质的锂辉石精矿和综合回收共伴生有价金属，光电选、重介质选矿、磁选等工艺与浮选工艺联合，提高锂辉石与长石、石英、云母及其他脉石矿物的分离效率，不断丰富着锂辉石选矿方式[54-55]。

3.2.1 光电拣选

光电拣选是利用矿石中不同矿物的光学性质、磁性、导电性、放射性差异或对某种特定光（如紫外光、红外光）和特定射线（如 γ 射线、β 射线）的吸收特性差异，利用感应元件鉴定出有用矿物后通过分离设备实现有用矿物和脉石矿物分离的选矿方法。目前，随着光感材料、机器视觉、人工智能和大数据模型处理技术的迅速发展，越来越多的光电拣选设备开始应用于锰、磷、萤石、钨矿、石英等有色矿物的矿物加工过程中[56]。

刘广学等人采用重色浮联合选矿工艺开展某花岗岩型锂辉石矿的选矿试验，结果表明，在色选作业中，针对品位为 5.73% 的重介质精矿，采用 LS300 履带式色选机进行色选除杂，能够获得 Li_2O 品位为 6.18%、作业回收率为 89.23% 的高品质锂辉石精矿，对原矿产率为 44.11%，能够显著减轻浮选作业压力，展现出光电拣选设备在锂辉石选矿中的广阔应用前景[57]。

生产实践中，部分锂辉石矿难以通过采矿方式剥离角闪岩或变质玄武岩，采用色选抛除该部分暗色或绿色矿物，为锂辉石的选别创造了条件。加拿大北美锂业，在较粗粒度下（−75+20 mm），利用色选机预先抛除干扰锂辉石选别的闪石类深色矿物，提高了锂辉石浮选作业回收率和精矿品位。作者研究团队为津巴布韦某角闪石较多的锂辉石矿进行了暗色脉石矿物脱除研究，发现色选后，锂辉石精矿品质得到较大提升，相较于通过强磁选脱除锂辉石精矿中的闪石杂质，锂损失率较低。

3.2.2 重介质选矿

重介质选矿是指在密度大于水的重悬浮液或重液中使不同矿物因自身密度差异性而实现按密度大小进行有效分选的一种选矿方法，即通过沉降原理使不同密度的矿物在重介质流体中互相分离。从理论上讲，重介质选矿完全是按矿粒在介质中受到的静压力差进行。矿粒的粒度和形状对分选不再起作用，故应能分选密度差很小的矿物混合物，且粒度范围可以很宽。但是实际生产中，粒度很小，特别是与介质密度接近的颗粒，其沉降速度变得很低而使分层时间明显增长，设备处理能力随之降低。因此，在入选前仍需将细小颗粒筛除。目前，实现锂辉石的重介质分选采用的设备主要是重介质旋流器，其给矿下限粒度为 0.5 mm。给矿粒度上限多数情况是由原矿的粒度、嵌布特性和设备尺寸决定。对于锂辉石常见为 12 mm。

目前，重介质选矿行业常用的加重质为密度高、耐磨性好、易回收的硅铁粉，通常合格硅铁粉的要求为：磁性物含量≥99%、-0.045 mm 含量≥85%、真密度为 6.7~7.1 g/cm³、铁含量≥80%。在适当的容积浓度下，依据重液沉浮试验结果，配置成符合要求的悬浮液。重悬浮液与均质液体不同，它的密度和黏性可以根据重质的性质和含量不同而变化。此外，重悬浮液在静置时容易发生沉淀，因此还有一个稳定性的问题。

重悬浮液的密度、黏度和稳定性互有联系，其中密度是决定分离密度的关键性因素，但对实际的分离密度和稳定性均有影响的却是悬浮液的黏性。颗粒粒度、形状及含泥量等与加重质表面积有关的因素对悬浮液的黏度影响较大。实际运行过程中，加重质的颗粒粒度和形状初始时是固定的，矿泥影响悬浮液的结构化，必须严格地限制。此外，药剂对悬浮液的黏度也有较大影响，尤其是采用重介质—浮选联合工艺回收锂辉石，浮选及沉降作业使用的药剂均对悬浮液的黏度有一定影响。

目前，国内外研究人员采用重介质旋流器预先抛出低品位的脉石或预先富集得到高品位的锂辉石精矿，选后的矿石再与磨浮工艺联合使用。澳大利亚、巴西等国外的优质锂矿，多数情况下直接使用重介质即可获得锂辉石精矿。

海王旋流器对新疆某锂辉石矿原矿破碎筛分后，得到-8+0.6 mm 粒级和-0.6 mm 粒级。-0.8 mm 粒级经一段重介旋流器可获得 Li_2O 含量为 6.50% 的重介锂精矿，Li_2O 回收率为 51.60%，一段重介质尾矿再经二段重介旋流器对锂进行富集，富集的重矿物产品与原矿筛分的-0.6 mm 合并作为浮选给矿。二段重介质同时可抛掉产率为含 Li_2O 0.13% 的尾矿。预先抛除产率为 43% 的尾矿，能够大大减小破碎和磨矿成本。梁雪峰等人[58]依据前期小型试验结论，对某地锂辉石矿开展了重介质扩大连续试验，试验结果表明，给料压力（频率）为 35 Hz，原矿与重介质重量比为 1:8，两段重介质密度分别为 2.50 g/cm³ 和 2.25 g/cm³ 的条件下，经过两段闭路重介质选矿作业，能够获得 Li_2O 品位为 5.78%、回收率为 85.86% 的锂精矿，直接取消磨浮流程，大大降低了选厂的生产运营成本。陶家荣[59]针对四川某特大型锂辉石矿进行了 10 t/h 的重介质选矿试验，结果表明，在重介质密度为 2.95~3 kg/L、原矿入选粒度为-3+1 mm 时，使用一次粗选、一次精选的两段流程选别，能够获得 Li_2O 品位为 7.06%、回收率为 87.47% 的锂辉石精矿，通过锂辉石的重介质选矿工业试验进一步证明了重介质选矿在锂辉石选矿中的广阔应用前景。

目前，巴西 Sigma 锂矿、澳大利亚 Bald Hill 锂矿、中国新疆大红柳滩锂矿都已采用了锂辉石重介质选矿流程，得到了粗粒锂辉石精矿，丰富了锂辉石选矿的选别方式，降低选厂生产运营成本的同时又能显著提高锂精矿品位。

3.2.3　磁选

磁选是一种已被广泛应用于选矿领域的技术手段，能够使不同矿物在磁场中由于其本身的磁性差异实现分离[60]。在锂辉石选矿工艺中，磁选主要用来脱除矿石中的磁性脉石矿物，根据原则流程中磁选工艺的使用位置不同，可以分为磁选—浮选工艺、浮选—磁选工艺、重—磁—浮选联合工艺等。

（1）磁选—浮选工艺，主要是通过磁选工艺除去锂辉石矿石中的磁性矿物来实现预先除杂的目的，同时使锂辉石预先富集，能够减少后续浮选过程中磁性杂质矿物对浮选药剂的竞争吸附，提高药剂选择性，改善浮选指标。因此，当锂辉石矿石性质较为复杂，含铁量高，且 Li_2O 品位不高时，通过磁选预先除杂，虽然会损失部分 Li_2O，但能够显著提高后续浮选流程中药剂分子的选择性和捕收能力。戴艳萍等人[61]在进行某伟晶岩型锂辉石矿石高效回收试验时发现，该锂辉石矿石原矿 Fe_2O_3 和 Li_2O 品位分别为 1.35% 和 1.26%，且含有大量的绿泥石、角闪石和高岭石等易泥化矿物，采用脱泥—磁—浮联合工艺后，获得 Li_2O 品位为 6.05%、回收率为 79.77%、Fe_2O_3 含量为 0.83% 的合格锂精矿。同样地，张杰等人[62]针对四川金川某锂辉石矿进行了磁选—浮选试验，结果表明，该矿石原矿 Fe_2O_3 和 Li_2O 品位分别为 0.81% 和 1.24%，磁选预除杂后，再经过一次粗选、一次扫选、三次精选的闭路浮选流程处理，能够获得 Li_2O 品位为 6.10%、回收率为 85.49%、Fe_2O_3 含量为 0.56% 的合格锂精矿。

（2）当锂辉石原矿中 Fe_2O_3 和 Li_2O 品位都较高时，预先磁选除杂过程中磁性矿物会与高品位锂辉石相互夹杂，造成大量的 Li_2O 损失。因此，采用浮选—磁选工艺，直接对高铁锂辉石精矿进行除铁，能够获得更高的 Li_2O 回收率。杨金山等人[63]开展某锂辉石选矿试验研究时发现，该锂辉石原矿中 Fe_2O_3 和 Li_2O 品位分别为 2.80% 和 1.55%，经过一次粗选、两次扫选、三次精选的闭路流程选别后，得到的锂精矿品位和回收率分别为 5.10% 和 71.86%，且 Fe_2O_3 含量高达 7.85%，采用浮选—磁选流程后，全流程中锂精矿 Li_2O 品位和回收率分别为 5.93% 和 68.06%，不仅能够显著提高锂精矿品位，且 Li_2O 仅损失 3.80%。

（3）当锂辉石矿石中不仅含有大量的磁性矿物，同时伴生有钽铌等其他有价矿物时，采用磁—重—浮联合工艺不仅能够得到高品质的锂辉石精矿，同时能够获得钽铌精矿等其他精矿产品，更加高效地回收矿石中的各种有价元素。骆洪振等人[64]在开展西澳某伴生钽铌锂辉石矿选矿试验研究时发现，采用磁—重—浮联合工艺预先弱磁除去矿石中的强磁性（主要为铁）矿物，然后通过强磁选—重选复合工艺回收矿石中的钽铌矿物，最后通过浮选回收强磁尾矿中的锂辉石，在原矿 Li_2O 品位为 1.53% 时，最终得到 Li_2O 品位为 5.60%、回收率为 76.13% 的锂精矿及 Ta_2O_5 品位为 21.35%、回收率为 23.03% 的钽铌精矿，磁—

重—浮联合工艺在实现预先除杂效果的同时，又能够实现锂辉石矿中其他有价矿物的高效回收，大幅提高矿石的经济效益。

综上所述，随着高品质易选锂辉石矿的不断开采，锂辉石矿的矿石性质日趋复杂，磁选已成为锂辉石矿物加工过程中的重要工艺，其不仅能够减弱磁性矿物对浮选过程的影响，使锂精矿中的 Fe_2O_3 含量达到质量标准要求，而且能够高效回收锂辉石矿中伴生的其他有价元素，显著提高选厂的经济效益。

3.2.4　浮选

3.2.4.1　锂辉石的表面性质

锂辉石晶体的量子化学计算研究表明，O、Si、Al、Li 原子所带电荷分别为 $-1.17e$、$+2.11e$、$+1.67e$ 和 $+1.11e$，且键的 Mulliken 布居值计算结果表明，Si—O 键、Al—O 键和 Li—O 键的布居值分别为 $0.52 \sim 0.70$、$0.28 \sim 0.42$ 和 $-0.04 \sim 0.01$，且三者的平均键长分别为 0.1623 nm、0.1938 nm 和 0.2208 nm，表明在锂辉石破碎过程中最容易沿着 Li—O 键的方向断开，Li^+ 最容易暴露在锂辉石矿物表面，因此在电性的作用下阳离子捕收剂对锂辉石的捕收能力可能会略强于阴离子捕收剂。前线轨道理论的计算结果进一步显示，锂辉石与 NaOL 和十二胺作用的前线轨道能量分别为 3.301 eV 和 2.846 eV，表明阳离子捕收剂十二胺与锂辉石的作用强度大于阴离子捕收剂 NaOL[65-66]。且晶面断裂键密度分析结果表明，锂辉石的晶体（110）面、（001）面和（100）面分别有 2 个、1 个和 3 个断裂键，分别留下 2 个、1 个和 3 个 O 原子位点，因此（100）面即为锂辉石与药剂吸附的易吸附晶面，通过调控（100）面的暴露增加锂辉石的浮选性能具有重要的理论意义和现实意义，其晶面断裂键如图 3-1 所示[67-68]。

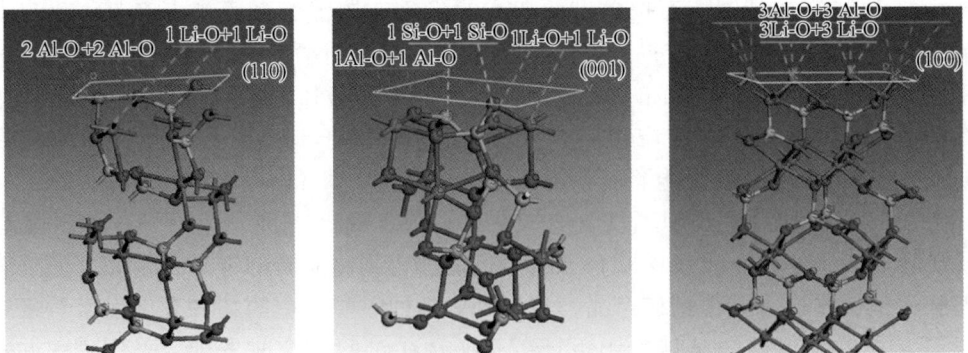

图 3-1　锂辉石晶面断裂键

括而言之，对锂辉石的表面性质开展更加全面系统的研究，丰富并完善锂辉石晶体的理论参数特征，将有助于从原子反应的角度揭示其在浮选过程中的物理化学性质变化，从本质上指导锂辉石选矿工艺的开发和改善，提高锂辉石矿的开发技术水平。

3.2.4.2 锂辉石和捕收剂的作用机理

目前锂辉石常用的捕收剂主要分为阳离子捕收剂、阴离子捕收剂、两性捕收剂、组合捕收剂等，其中组合捕收剂又主要包括阴-阳离子组合捕收剂、阴-阴离子组合捕收剂、阴离子-非离子组合捕收剂等[69]。

A 阴离子捕收剂

在锂辉石浮选领域中，阴离子捕收剂具有举足轻重的地位，常见的锂辉石阴离子捕收剂如油酸钠、环烷酸皂、氧化石蜡皂、塔尔油、羟肟酸类捕收剂等，一般能够通过特有官能团与锂辉石表面发生强烈的选择性化学吸附，达到分离锂辉石和脉石矿物的目的。为探究阴离子捕收剂与锂辉石矿物表面的深层作用机理，已有众多学者以油酸钠为代表对其浮选性能和捕收作用机理进行了探索研究。

研究结果表明，当锂辉石捕收剂为油酸钠（NaOL）时，其最佳浮选 pH 值为 8~9 的弱碱性矿浆环境中的 NaOL 分子和离子的非极性烃链发生缔合作用后形成了具有高反应活性的离子-分子缔合物，对锂辉石的浮选意义重大，此外，在弱碱性环境中，NaOL 在锂辉石矿物表面的不饱和 Al 位点主要发生化学吸附作用，且由于锂辉石晶体表面的不饱和 Al 位点的性质差异，NaOL 在锂辉石表面不同位点的吸附行为也表现为各向异性[70-71]。Rai 等人[72]采用分子动力学模拟计算的方法探究 NaOL 在锂辉石晶体不同晶面的吸附行为差异时发现，NaOL 分子在锂辉石（110）晶面的吸附作用能比在（001）晶面的吸附作用能（均为负数）更小，表明锂辉石晶体（001）面更有利于 NaOL 药剂分子的吸附。

与此同时，基于低碱度矿浆环境中油酸钠与锂辉石各表面吸附的各向异性，研究者们又探究了磨矿方式的改变对锂辉石浮选行为的影响，研究结果表明，当捕收剂为 NaOL 时，湿式磨矿锂辉石的浮选回收率远高于干式磨矿锂辉石的浮选回收率；X 射线和 XRD 测试结果表明，湿式磨矿锂辉石能够暴露出更多的（110）晶面和（001）晶面，更有助于 NaOL 在锂辉石矿物表面的化学吸附。因此，也有部分研究者认为低碱度矿浆环境中不同粒级锂辉石的可浮性差异与 NaOL 分子在锂辉石表面的吸附各向异性有关；另外，使用高浓度 NaOH 溶液（pH>12）对锂辉石进行预先搅拌后，能够使锂辉石表面发生选择性溶蚀作用，最后再使用超纯水对锂辉石样品进行反复冲洗直至中性后作为预处理锂辉石样品。在低碱度的矿浆环境中，NaOL 为捕收剂时，预处理后的锂辉石样品回收率明显高于未处理的锂辉石样品的回收率，这是因为经过高碱度的 NaOH 溶液搅拌能够使锂辉石矿物表面的 Al/Si（铝硅比）明显升高，通过增加锂辉石表面的 Al 不饱和位点促进 NaOL 药剂分子与锂辉石矿物表面的吸附作用[73-76]。

B 阳离子捕收剂

目前锂辉石浮选中常用的阳离子捕收剂主要为胺类捕收剂，如十六胺、十四胺、十二胺及其异构体、椰油胺等，相比于阴离子捕收剂，其通常具有更强的捕收能力，但胺类捕收剂的选择性较弱。由于锂辉石矿物表面的等电点为 2~3，且锂辉石的浮选 pH 值一般为弱碱性矿浆环境，因此锂辉石矿物表面在浮选过程中荷负电，而胺类捕收剂一般在溶液中能够释放荷正电的 RNH_3^+ 或 $RNH_2 \cdot RNH_3^+$ 基团，其主要通过静电力或范德华力作用与锂辉石矿物表面发生吸附作用，同时，胺类捕收剂在特定浓度下能够形成半胶束吸附，使电荷间的静电吸附力和烃链间的范德华作用力产生正向协同作用，增强药剂分子与锂辉石表面的作用强度，以十二胺为例，目前已有众多学者对锂辉石矿物表面、十二胺的吸附行为和作用机制进行了详细的研究[77-78]。

　　量子化学第一性原理模拟的研究结果表明，取锂辉石晶体的（110）面作为反应面，使用 Forcite 模块进行十二胺的药剂分子动力学分析后，十二胺与锂辉石表面作用后体系总能量为-11.1694 kcal/mol（1 kcal/mol ≈ 4.1868 kJ/mol），低于与油酸钠作用后的体系总能量（-8.8331 kcal/mol），表明阳离子型胺类捕收剂相比于阴离子型脂肪酸类捕收剂更容易与锂辉石表面发生相互作用，同时，锂辉石的纯矿石试验结果表明，最佳浮选条件下，在十二胺用量为 240 mg/L 时，锂辉石纯矿物回收率为 96.62%，而当 NaOL 用量为 160 mg/L 时，锂辉石纯矿物回收率仅为 42.09%，证明了胺类捕收剂对锂辉石具有更强的捕收能力，但由于其选择性较弱，在锂辉石的实际浮选实践中很少单独使用阳离子捕收剂[79-80]。

　　C　两性捕收剂

　　两性或螯合类捕收剂一般具有多种官能团，同时具备阴离子和阳离子官能团，如氨基-羧酸类、氨基-磺酸类、氨基-磷酸类、酰胺基-羧酸类等两性或螯合类基团，其较之普通捕收剂一般具有更优良的水溶性、抗硬水及低温性等性能，且具有更高的选择性。谢瑞琦等人[81]在 pH = 8.5（矿浆自然 pH 值）、两性螯合捕收剂 DRQ 用量为 0.05 g/L 的条件下，锂辉石精矿回收率为 94.50%，且 DRQ 能够通过活性基团 OH⁻ 与锂辉石矿物表面的 Al^{3+} 活性位点之间的键合反应而强烈吸附于锂辉石表面，最终在较低捕收剂用量下就能大大提高 Li_2O 的回收率。

　　D　组合捕收剂

　　不同种类的捕收剂组合使用时，能够发生疏水段增长或共吸附等相互作用，在不同的情况下带来改善浮选回收率、提高精矿品位、降低捕收剂用量或改善浮选的矿浆环境等增益效果，因此，在锂辉石浮选过程中，组合捕收剂往往具有更强的正向协同作用，能够显著改善捕收剂药剂分子在锂辉石表面的吸附行为和吸附强度，具有更强的捕收能力、选择性和普适性。目前，高效锂辉石组合捕收剂的研发和推广依然是最主要的研究方向，在锂辉石的浮选实践中，所用捕收剂也一般为两种或两种以上药剂组成的高效组合捕收剂，其根据基础药剂组成的不同能够分为阴离子型、阴离子-阳离子型，以及阴离子-非离子型组合捕收剂[82]。

（1）关于阴离子-阳离子型组合捕收剂与锂辉石矿物的作用机理，Xie 等人[83-84]发现 α-溴代十二烷酸（BDDA）和癸氧基酰胺（DPA）能够通过卤键效应形成超分子，进而在 α-BDDA：DPA＝1：1、组合捕收剂用量为 14.28 mg/L、pH 值为 4.8 的条件下实现了锂辉石和石英的选择性分离，此时组合捕收剂主要以静电吸附的形式选择吸附于锂辉石表面，而后在 α-BDDA：DD＝19：1、组合捕收剂用量为 5.0×10^{-4} mol/L、pH 值为 7.1 时，无抑制剂的中性条件下三元人工混合矿试验能够获得 Li_2O 品位和回收率分别为 6.40% 和 80.00% 的锂精矿，表明了阴阳离子组合捕收剂的高选择性。徐龙华等人[85]在开展某锂辉石选矿试验研究时发现，在组合捕收剂 SX（十二胺：氧化石蜡皂 ≈ 1：12，质量比）总用量为 2400 g/t 时，经过一次粗选、一次扫选、三次精选的浮选流程，能够获得 Li_2O 品位为 6.20%、回收率为 87.34% 的锂辉石精矿，选择性和捕收能力远高于单一捕收剂。

（2）阴离子-非离子型组合捕收剂由于非离子型捕收剂分子无法水解产生带电离子，因此二者无法形成新的复合药剂分子结构，但非离子型捕收剂能够起到类似增效剂的作用，通过范德华作用力或氢键间作用力改善浮选矿浆环境，降低组合捕收剂分子的临界胶团浓度以提高其浮选性能。关于此类组合捕收剂与锂辉石矿物的吸附机理，Xu 等人[86]的研究表明，十二烷基琥珀酰亚胺（DS）：油酸钠（NaOL）＝1：4、组合捕收剂用量为 4.0×10^{-4} mol/L、pH 值为 7 的条件下，DS-NaOL 组合捕收剂临界胶团浓度降低且选择性增强，长石和锂辉石人工混合矿试验中获得的锂精矿 Li_2O 品位和回收率分别为 6.53% 和 82.76%，且 Zeta 电位和红外光谱分析结果表明，DS 和 NaOL 能够共同吸附于锂辉石矿物表面，其中 DS 分子通过氢键作用在锂辉石矿物表面发生吸附，而 NaOL 分子通过化学吸附作用于锂辉石矿物表面，且 DS 分子与 NaOL 分子之间并未反应生成任何新的化合物。

（3）阴离子-阴离子型组合捕收剂一般通过对油酸钠、氧化石蜡皂、磺酸皂及各种脂肪酸或烷基酸类等阴离子捕收剂的组合，增强药剂间正向协同作用，提高捕收剂对锂辉石矿物的选择性。关于此类组合捕收剂与锂辉石矿物的吸附机理，刘若华等人[87]研究后发现，在脂肪酸甲酯磺酸钠（MES）：油酸钠（NaOL）＝1：5（摩尔比）、组合捕收剂用量为 200 mg/L 时，锂辉石纯矿物的回收率为 67.1%，明显优于单一的 MES 或 NaOL，且 Zeta 电位和红外光谱分析的结果表明，组合捕收剂与锂辉石表面作用后，MES 和 NaOL 能够共同吸附于锂辉石矿物表面，且 MES 分子和 NaOL 分子并未发生反应而生成任何新物质，其中 MES 主要通过静电作用与锂辉石表面的金属活性位点发生吸附，而 NaOL 主要通过化学作用与锂辉石表面发生吸附，二者在锂辉石表面不同位点的吸附，发挥了组合捕收剂的正向协同作用，从而提高了组合捕收剂的选择性和捕收能力。何桂春等人[88]在开展四川某低品位锂辉石选矿试验研究时发现，731 捕收剂：油酸：

磺化皂=6∶4∶3（质量比）、组合捕收剂总用量为 1650 g/t 时，经过一次粗选、一次扫选、两次精选的浮选闭路流程，能够获得 Li_2O 品位为 5.87%、回收率为 84.64% 的锂精矿。

由上述讨论可知，在锂辉石的浮选捕收剂中，单一的阴离子捕收剂一般需要更大的药剂用量及较大用量的调整剂或抑制剂才能得到合格的锂精矿产品；单一的阳离子捕收剂由于选择性问题，更是缺少成熟的锂辉石选矿实践案例；两性捕收剂虽然理论上具有优良的选别能力和抗低温性能，但由于成本问题，且相关的研究和推广应用案例较少，应用前景依然不甚明朗；组合捕收剂则能够显著提高药剂对锂辉石的选择性，减小药剂用量的同时优化药剂制度，是目前锂辉石捕收剂领域最具前景的研究方向，也是选矿厂在浮选实践中应用最为广泛的锂辉石捕收剂。

3.2.4.3　锂辉石和调整剂的作用机理

在锂辉石的常规浮选体系中，除捕收剂之外，根据矿石性质不同，也需要各种各样的调整剂活化锂辉石或抑制脉石及调节矿浆 pH 值，从而增大锂辉石和脉石矿物之间的可浮性差异，提高锂精矿的品质和回收率。

目前锂辉石浮选中较为常用的活化金属离子为 Mg^{2+} 或 Ca^{2+}，也已有诸多学者对其与锂辉石矿物表面之间的作用机理开展了大量的相关研究。锂辉石纯矿物的机理研究结果表明，钙离子的浓度高于 140 mg/L 且处于 pH 值大于 11.5 的浮选矿浆体系中时，才能发挥较好的活化效果，此时，Ca^{2+} 在溶液中水解形成 $Ca(OH)^+$ 和 $Ca(OH)_2$ 等物质，与锂辉石表面溶蚀后暴露出的 Al^{3+} 或 Li^+ 发生吸附，成为与捕收剂分子物理吸附或化学吸附的主要作用位点[32]。Mg^{2+} 与锂辉石矿物表面的作用机理与 Ca^{2+} 类似，同时，相关研究结果表明，浮选用水及锂辉石脉石矿物的水解或溶蚀也能释放部分 Ca^{2+} 和 Mg^{2+} 并与锂辉石表面发生相互作用，因此，在选择调活化剂种类及用量时，应充分考虑到水质及脉石矿物水解的影响。在锂辉石的浮选实践中，由于基础理论研究的缺失，难以从理论层面解释在不同锂辉石矿中 Ca^{2+} 和 Mg^{2+} 之间的活化性质差异，例如在津巴布韦某矿石研究中 Ca^{2+} 的活化性质远强于 Mg^{2+}，而在其附近矿区与其原矿性质接近的另一锂辉石矿中，Mg^{2+} 的活化性质则明显强于 Ca^{2+}。因此在实际锂辉石浮选实践中依然需要探索不同活化剂对某一锂辉石矿的浮选指标差异，而不是通过原矿性质直接得出相对应的活化剂。

关于锂辉石浮选的 pH 值调整剂[89-90]，目前最为常用的主要是 NaOH 和 Na_2CO_3，被称为锂辉石浮选的"两碱"。对于 NaOH 与锂辉石矿物表面之间的作用机理，有研究人员认为，锂辉石矿物表面经过 NaOH 处理后，能够对其表面产生擦洗作用，减少或消除杂质对其表面的污染，从而提高锂辉石的浮选指标。另外，也有研究结果表明，在含有 NaOH 的碱性矿浆体系中，锂辉石晶体表面的硅氧四面体会发生部分断裂，锂辉石表面的 Al/Si 显著提高，从而暴露出更多的金属离子反应位点与活化剂或捕收剂分子发生吸附，以实现对锂辉石的高效回收。关于碳酸钠与锂辉石矿物表面之间的作用机理研究较少，可能是多种因素共同作用的结果。作为 pH 值调整剂，Na_2CO_3 能够调节矿浆 pH 值同时沉淀部分矿浆中多余的 Ca^{2+} 和 Mg^{2+}，此外，Na_2CO_3 在浮选过程中也能够对脉石起到一定的抑制作用，已有研究表明，Na_2CO_3 在组合捕收剂-锂辉石浮选体系中能够对长石或石英灯脉石矿物产生选择性抑制，但李毓康等人的研究表明，Na_2CO_3 同样能够对锂辉石产生抑制作用。因此，锂辉石浮选中 Na_2CO_3 与不同矿物之间的作用机理尚不清楚，目前也缺乏相关研究对此进行深入探讨。

除以上常用的锂辉石浮选调整剂外，也有诸多学者探索了其他调整剂对锂辉石浮选的影响，具体见表 3-1。

表 3-1　锂辉石浮选体系中的调整剂

药剂	应　用
硫化钠	磨矿时加入，除去锂辉石表面杂质污染，并起到部分活化作用
Na_2F 改性磺酸盐	预处理时使用，起到活化作用
Fe^{2+}	在中性油酸钠浮选体系中，活化锂辉石浮选

3.2.5　脱泥对锂辉石浮选的影响

当锂辉石原矿见有细粒结构、文象结构和包晶结构；构造为块状构造和浸染状构造，且锂辉石在矿石中与石英、长石、云母等常见脉石矿物紧密镶嵌、相互交错时，对于此类矿物组成较为复杂易泥化的锂辉石原矿，在磨矿至矿物单体解离时会产生大量的细泥，在锂辉石浮选过程中会产生一系列不良影响：

（1）矿泥与精矿泡沫夹杂后一同上浮，降低精矿品位；

（2）矿泥的极细表面吸附大量浮选药剂，增大药剂用量；

（3）细泥罩盖于粗粒矿物表面，导致不同矿物的表面性质差异减小，影响粗粒矿物的选择性分离；

（4）大量的矿泥改变矿浆的流变特性，降低矿浆分散性，增加泡沫黏度，从而恶化浮选效果；

（5）矿泥在泥化过程中由于溶解作用会释放出大量的 Ca^{2+}、Mg^{2+}、Fe^{3+}、Al^{3+} 等金属离子，能够同时活化锂辉石与脉石矿物，增大浮选分离的难度。

故在处理此类锂辉石原矿时，一般需要进行预先脱泥，以提高锂辉石精矿的品位和回收率，目前在锂辉石选矿中常见的脱泥工艺有沉降脱泥、水力旋流器脱泥或浮选脱泥。

水力沉降脱泥是一种在矿石生产中较为常见的脱泥方式，也是目前锂辉石选矿中应用最广泛的脱泥方式，其工作原理简洁易懂，操作便捷，能够通过调节沉降时间控制脱除的矿泥含量，在矿石性质发生波动时可以及时调整设备以保证生产稳定[54]。朱加乾等人[91]在澳大利亚西部某辉石矿的选矿工艺研究中发现，粗选 NaOH、CaCl$_2$、Ty（捕收剂）的药剂用量分别为 1200 g/t、300 g/t、1600 g/t 时，直接浮选与水力沉降预先脱泥后浮选相比，锂辉石粗精矿 Li$_2$O 品位从 3.49% 升高至 3.69%，回收率从 31.92% 增加至 59.68%，水力沉降预先脱泥后浮选指标提升显著，证明了水力沉降脱泥在锂辉石浮选中的可行性。徐龙华等人[85]针对西甘孜州某伟晶岩锂辉石矿原矿性质复杂的特点，采用一段磨矿—沉降脱泥—浮选云母—锂辉石粗选—粗精矿再磨精选的原则流程，矿泥中 Li$_2$O 的回收率仅为 1.55%，大大减少了脱泥作业中 Li$_2$O 的损失，浮锂给矿经过一粗、三精、一扫的选别后能够获得 Li$_2$O 品位高达 6.20%、回收率为 87.34% 的锂辉石精矿，选矿指标显著提高。赵开乐等人[92]针对四川某大型锂辉石矿床矿石风化严重且矿石易泥化的特点，采用沉降预先脱泥后浮选的原则流程，配合添加混合捕收剂 YHZ 浮锂辉石，经过一粗、三精、两扫的浮选闭路试验后，锂辉石精矿中 Li$_2$O 品位为 6.12%，回收率从 66.00% 大幅增长至 86.01%。

水力旋流器目前也是加强细泥处理效果的重要设备，含矿泥矿浆靠压力沿给矿管切线进入水力旋流器，粗颗粒由于受到更大的离心力沿器壁附近运动一段时间后随着外螺旋流从沉沙口排出；细泥则由于受到的离心力小且沉降速度慢，随着内螺旋流从溢流口排出。且其一般采用渐开线式给料，有利于增大矿浆物料的离心力，提高脱泥效率。陈少学[93]进行某锂辉石选厂生产工艺流程改进时，针对矿石原矿泥化较为严重的特点，在原有流程的基础上，新增一段水力旋流器脱泥作业来脱除矿石中的原生矿泥和磨矿时带来的次生泥，锂辉石精矿 Li$_2$O 品位从 4.76% 提高至 5.0% 以上，回收率从 70.54% 提高到 73.00% 以上，浮选指标显著提高。

浮选脱泥一般使用少量的十二胺、十二烷基磺酸钠、油酸钠、椰油胺等捕收剂，或直接使用起泡剂（如 2 号油）将矿石中的易浮矿物和矿泥一并脱除，以此强化锂辉石的浮选效果。周贺鹏等人[94]针对某锂辉石矿泥化严重，且含有大量云母类脉石的特点，在十二胺用量为 80 g/t 的条件下预先脱除云母和原生矿泥后，经一粗、两精、两扫的闭路流程可获得 Li$_2$O 品位为 6.15%、回收率为 75.49% 的锂辉石精矿，浮选指标显著提升。何桂春等人[88]针对四川某锂辉石矿低品位且易泥化的特点，使用 2 号油预先脱除矿泥，然后采用优先碱法脱出云母再浮选锂辉石的原则流程，再使用 80 g/t 的椰油胺脱除云母和剩余矿泥，以组合捕收剂（731、油酸、磺化皂）总量 1300 g/t、NaOH 1000 g/t、Na$_2$CO$_3$ 1000 g/t 的药剂制度获得锂辉石精矿 Li$_2$O 品位为 5.87%、回收率为 84.64% 的优良指标，证明了直接使用起泡剂开展浮选法脱泥的可行性。

也有学者考察了不同脱泥方式对锂辉石浮选影响的差异性，在某澳大利亚矿石的应用研究中，于福顺等人[95]发现，分别使用水力沉降、松醇油（60 g/t）、MIBC（60 g/t）、十二烷基磺酸钠（60 g/t）、油酸钠（60 g/t）进行预先脱泥后浮选，浮选数据表明，十二烷基磺酸钠（60 g/t）的脱泥效果最佳，经过一粗、三扫的闭路流程后能够获得 Li_2O 品位和回收率分别为 4.72%、68.74%的锂辉石精矿；其次是水力沉降法，最终锂辉石精矿的 Li_2O 品位和回收率分别为 4.63% 和66.61%，表明浮选脱泥的效果虽然略优于水力沉降法，但并未展现出较大差异性。

在锂辉石生产工艺流程设计过程中，脱泥工艺的选择应综合考量不同矿山的处理规模、原生矿泥含量、原矿中云母类矿物含量、产品质量要求、磨矿细度各种因素的影响，根据实际生产需要和经济技术评价结果，选择适宜的预处理脱泥工艺，不同脱泥工艺的特点见表 3-2。

表 3-2 常见脱泥工艺的特点

项目	浮选脱泥	沉降脱泥	旋流器脱泥
工艺原理	在锂辉石浮选前，采用浮选药剂预先脱除矿泥或易浮矿物	采用脱泥斗、耙式浓缩机或倾斜板浓缩机作为脱泥设备，利用矿泥重力沉降速度慢而粗粒矿物沉降速度快的特性，将矿泥从溢流中脱除	采用水力旋流器作为脱泥设备，利用矿泥受到离心力小、沉降速度慢的特性，将矿泥从溢流中脱除
优点	通过调整药剂制度，将矿泥和易浮脉石矿物一并脱除，减少后续选别作业中脉石矿物的影响	能耗低，生产缓冲能力强，运行平稳可靠，应用广泛，底流作为浮选给矿浓度较高	处理能力大，分级过程有擦洗效果，可以多段旋流器联合脱泥，脱泥效率高，底流作为浮选给矿浓度较高
缺点	由于浮选泡沫上浮过程中夹带严重，脱泥时会损失大量的锂辉石	脱泥效率低，溢流中夹粗，底流中夹细，会造成锂辉石矿物的损失	给矿波动会影响分级效果，脱泥工艺较复杂

3.3 锂云母矿选矿工艺

3.3.1 浮选

3.3.1.1 锂云母的表面性质

锂云母晶体的能带结构和态密度结构分析结果表明，导带与价带间无交点，且能隙宽度为 5.85 eV，因此其属于绝缘体，且 O 2p、Si 3p 和 O 2p 构成了锂云母晶体费米能级附近的态密度，其中 Si 原子和 Si 原子活性较大，其主要反应面（001）面能带间隙为 3.2 eV，其中费米能级分界线由 O 2p 组成，表明硅氧四面体为该晶面的活性位点，不同原子对轨道对其能带贡献见表 3-3，锂云母晶体（001）面如图 3-2 所示[96-97]。

表 3-3　不同原子轨道对锂云母（001）面能带贡献结果

能带范围/eV	原子轨道
$-40.5 \sim 39.3$	Al 3s、Li 2s
$-27.4 \sim 26.4$	K 4s
$-22.6 \sim 21.6$	O 2s
$-20.3 \sim 15.1$	O 2s、O 2p、Si 3s、Si 3p、F 2s
$-11.3 \sim 0.6$	O 2s、O 2p、K 3p、Si 3s、Si 3p、F 2s
$2.9 \sim 10.0$	K 3p、K 4s、O 2s、O 2p、Si 3s、Si 3p

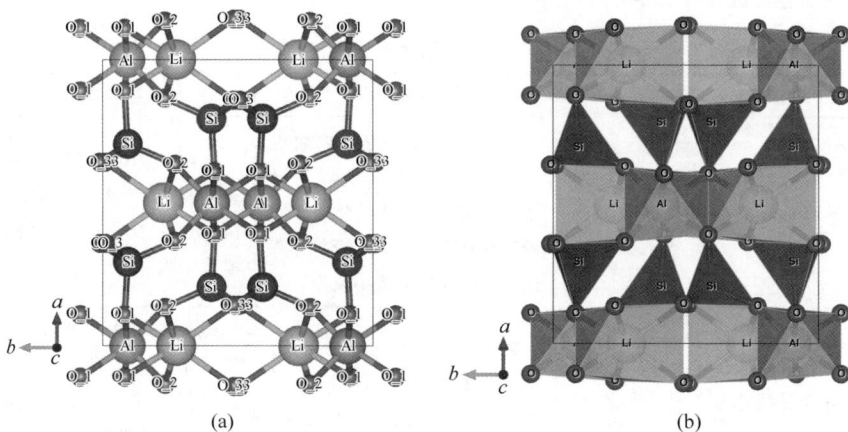

(a)　　　　　　　　　　　　(b)

图 3-2　锂云母的晶体（001）面结构

（a）球棍模型；（b）多面体模型

3.3.1.2　锂云母和捕收剂的作用机理

锂云母浮选过程中常用的捕收剂分为阳离子捕收剂、阴离子捕收剂和组合捕收剂，阳离子捕收剂主要以胺类捕收剂为主，如伯铵盐、仲铵盐、季铵盐、醚胺、Gemini 型胺类捕收剂等；阴离子捕收剂如磺酸类和油酸等捕收剂，但在锂云母的浮选实践中，阴离子捕收剂难以单独作为捕收剂用于工业生产；组合捕收剂主要以阴-阳离子型组合捕收剂为主，通过二者的正向协同作用，提高浮选指标，因此下文将对阳离子捕收剂和组合捕收剂与锂云母的作用机理进行探讨[98-99]。

A　阳离子捕收剂

由于锂云母晶体表面 Al 原子和 Si 原子的相互取代及 K^+ 的代偿作用，在矿浆中锂云母表面的 K^+ 溶解后导致其表面电位在常见的浮选 pH 值区间内均为负电性，因此阳离子捕收剂能够通过静电作用直接在锂云母表面发生吸附，实现其和脉石矿物的分离，常见的阳离子捕收剂有十二胺、牛脂胺、椰油胺、十八烷基三甲基氯化铵等传统胺类捕收剂及醚胺和 Gemini 胺等新型胺类捕收剂[100]。

以十二胺为例，Liu Zhen 等人[101]使用分子动力学模拟的方法研究了十二胺（DDA）与锂云母及其脉石矿物（长石、石英）的吸附差异，结果表明，DDA 分子的头部官能团与锂云母表面发生吸附，疏水端碳链则伸入真空板，且 DDA 分子与锂云母、石英和长石的吸附能分别为 -141.85 kJ/mol、-50.15 kJ/mol、-103.76 kJ/mol，表明 DDA 分子在锂云母及其脉石矿物之间具有明显的吸附差异性，能够用于锂云母的浮选过程，同时，刘跃龙等人[102]发现，DDA 在锂云母矿物表面发生吸附后，水分子向锂云母矿物表面的移动速度明显降低，接触角也明显增大，且 DDA 无法与石英和长石矿物表面发生明显吸附。关于传统阳离子捕收剂的相关浮选实践，秦伍等人[103]开展宜春某锂云母型钽铌矿试验研究时发现，在 DDA 和硫酸用量分别为 380 g/t 和 1900 g/t 的条件下，经过一次粗选、一次扫选、三次精选的闭路浮选流程选别，能够获得 Li_2O 品位和回收率分别为 $3.50\% \sim 3.80\%$ 和 $76.00\% \sim 86.00\%$ 的锂云母精矿，表明传统阳离子捕收剂在锂云母浮选过程中捕收能力强且具有一定的选择性。

同时，随着浮选药剂分子结构和性能等研究领域的不断发展，锂云母浮选的阳离子捕收剂种类也日益繁多，如在传统胺类阳离子捕收剂的基础上发展而出的十二胺聚氧乙烯醚、单醚胺、Gemini 双子星胺、酰基醚胺等各种多官能团搭配的阳离子胺类捕收剂。由于官能团种类不同，这些新型阳离子胺类捕收剂与锂云母的作用机理也各不相同，以 Gemini 双子星胺为例，Gemini 活性剂是一种药剂分子内具有两个疏水基团和 2 个亲水（或官能团）的表面活性剂，属于低聚表面活性剂，具有临界胶束浓度低、界面张力低、分散能力强等优点。Huang 等人[104]的研究中，锂云母原矿 Li_2O 品位为 1.18%，在矿浆 pH 值为 3.0 时，某新型 Gemini 胺类捕收剂己二基-α,ω-双（二甲基十二烷基溴化铵）即 HBDB 用量为 175 g/t，经过一次粗选、一次扫选、一次精选的闭路浮选流程选别后，能够获得 Li_2O 品位和回收率分别为 4.12% 和 71.15% 的锂云母精矿，当其他条件相同时，十二胺（DDA）增加至 350 g/t，却只能获得 Li_2O 品位和回收率分别为 4.05% 和 54.97% 的锂云母精矿，HBDB 对锂云母的捕收能力和选择能力均明显优于 DDA，Zeta 电位和接触角测量结果同样表明，HBDB 能够通过经典作用与锂云母矿物表面发生吸附并通过疏水碳链使锂云母表面接触角由 17.5° 变为 85.2°，最终实现锂云母与其脉石矿物的浮选分离[100]。新型胺类阳离子捕收剂虽然具有优异的选择性和捕收能力，能够显著提高锂云母矿物的浮选指标，但此类捕收剂分子结构也更为复杂，因此此类捕收剂的合成、制造及其在锂云母浮选领域的应用都依然处于实验室生产阶段，缺少成功应用的浮选实践案例。

B 组合捕收剂

传统锂云母矿的浮选工艺的研究结果表明，单一种类的捕收剂在锂云母的浮选过程中存在用量大、温度适应性差及捕收能力差等问题，导致锂云母矿石的浮选指标不理想，而组合捕收剂往往具有更强的捕收能力和更优异的选择性，因此，目前锂云母选矿实践中应用的捕收剂均为两种或两种以上不同捕收剂组成的组合捕收剂。然而，由于浮选体系的复杂性及组合捕收剂与锂云母矿物作用机理的多样性，其在锂云母浮选领域的应用多集中于工业生产，锂云母矿物的相互作用机理研究相对较少。目前，组合捕收剂与锂云母的作用机理主要分为以下几种：组合捕收剂具有更低的表面张力和临界胶束浓度，从而提高了捕收剂的反应活性；组合捕收剂与锂云母能够发生共吸附和疏水端碳链延长效应，对锂云母矿物表面具有更强的捕收能力[105]。

张慧婷[97]的组合捕收剂在锂云母矿物表面的吸附动力学模拟研究结果表明，十二胺（DDA）与油酸钠（NaOL）比例分别为 1∶5、1∶2、1∶1、2∶1、5∶1 时，组合捕收剂与锂云母（001）晶面作用能分别为 -13.82 kJ/mol、-12.95 kJ/mol、-22.91 kJ/mol、-18.15 kJ/mol、-17.83 kJ/mol，当 DDA 与 NaOL 比例为 1∶1 时组成新型捕收剂 DOL，二者正向协同作用最强，且 DOL、DDA、NaOL 的 Mulliken 布局值分别为 -0.91、-0.81 和 -0.63，表明组合捕收具有更强的官能团极性，更容易与锂辉石矿物表面发生相互作用，且纯矿物试验表明，组合捕收剂 DOL 不仅具有更强的捕收能力，回收率最高可达 77.41%，远高于单一的捕收剂，且最佳浮选矿浆 pH 值也从 2.0 变为接近中性，能够显著减轻酸性矿浆环境对浮选设备的腐蚀。何桂春等人则发明了一种阳离子胺类捕收剂和脂肪酸捕收剂组合使用浮选锂云母的方法，成分为十二胺、椰油胺、油酸钠和 731 的组合捕收剂，在与锂云母矿物表面发生吸附时，组合捕收剂中的阴阳离子捕收剂之间发生共吸附、电荷补偿和功能互补作用，且 NaOL 和 731 捕收剂能够增加胺类捕收剂在锂云母矿物表面的吸附量，最终组合捕收剂通过离子键合作用与锂云母矿物表面发生吸附，实际选矿试验结果表明，组合捕收剂用量为 490 g/t，经过一次粗选、一次扫选、两次精选的闭路浮选流程选别，能够获得 Li_2O 品位和回收率分别为 4.17% 和 71.23% 的锂云母精矿。

3.3.2　磁选、脱泥等工艺的应用

脱泥工艺一般作为锂云母矿选别的辅助工艺，与浮选、磁选等工艺联合使用，提高锂云母精矿的品位和回收率。

磁选多用于铁锂云母的选别和锂云母浮选尾矿长石提质。铁锂云母具有弱磁性，磁选是能够使其中的有价矿物和脉石矿物选择性分离的有效手段，可以实现锂的预先富集；此外，由于锂云母的浮选尾矿主要由长石和石英组成，当长石含量较高时，锂云母的浮选尾矿经过磁选除铁后，长石产品能够直接作为合格的精矿产品出售，增加矿山的综合经济效益[106-107]。

胡晖等人[108]在开展某锂云母矿回收试验研究时发现,针对该矿石易泥化且 Fe 含量较高的特点,采用脱泥—浮选锂云母—浮锂尾矿磁选除铁的原则流程,可获得 Li_2O 品位为 3.17%、回收率为 70.81% 的锂云母精矿,浮锂尾矿经过磁选后可获得 Fe_2O_3 含量为 0.12% 的长石石英混合料。

李宏等人[109]在开展某钽铌锂矿的选矿试验研究时发现,该矿石原矿中 Nb_2O_5、Ta_2O_5 和 Li_2O 品位分别为 184.0 g/t、42.2 g/t 和 0.086%,且 Li 元素主要富集在铁锂云母中,因此采用了弱磁除铁—强磁选预富集—磁性矿物重选回收钽铌—重选尾矿浮选回收铁锂云母的原则流程,可获得 Ta_2O_5 和 Nb_2O_5 品位分别为 11650 g/t 和 50400 g/t 的钽铌精矿,其中 Ta_2O_5 和 Nb_2O_5 回收率分别为 38.46% 和 38.11%,以及 Li_2O 品位为 1.84%、回收率为 66.96% 的铁锂云母精矿。

目前,在锂云母的选别过程中,磁选、脱泥和重选都是较为常见的工艺,但浮选是提高锂云母精矿品位和回收率最为有效的手段。当矿石中主要含锂矿物为铁锂云母时,虽然磁选能够显著提高精矿的品位和回收率,并能够在较粗的粒度范围下实现铁锂云母和脉石矿物的选择性分离,实现粗粒抛废,粗粒废石作为机制砂销售,但由于目前的锂云母矿嵌布粒度较细,粗粒下解离不完全,为了进一步提高铁锂云母精矿的品位,依然需要采用磁选—浮选联合工艺处理[110-112]。

3.4　其他锂矿物选矿工艺

随着新能源行业的发展,锂精矿短缺,越来越多的学者开始探索其他含锂矿物的选矿分离工艺,如透锂长石和磷锂铝石等。

3.4.1　透锂长石选矿工艺

3.4.1.1　浮选

目前透锂长石并没有成熟的浮选流程能够用于透锂长石精矿的工业生产中,但浮选法的高效分离、无害和低成本等众多优点在透锂长石精矿的工业制备中依然有着广阔的应用前景,目前已有学者对透锂长石与脉石矿物分离的浮选药剂分子结构和分离机制开展了研究探索工作。

Zhou 等人[113]使用改性醚胺作为捕收剂对透锂长石和石英的浮选性能及吸附机理进行了研究探索,试验结果表明,在 pH 值为 9.0、改性醚胺用量为 $4×10^{-4}$ mol/L 时,石英和透锂长石的回收率分别为 94.54% 和 10.43%,证明了改性醚胺用于浮选分离透锂长石和石英的可能性。在最佳浮选条件下,改性醚胺处理后石英的 Zeta 电位产生明显负移,而透锂长石的 Zeta 电位并无明显变化,辅以红外光谱和 XPS 检测分析后,最终分析结果表明,改性醚胺的仲氨基通过氢键作用吸附于石英表面，而几乎不与透锂长石表面发生任何吸附现象，改性醚胺在透锂长石和石英之间的选择性吸附作用能够实现两种矿物的浮选分离，丰富了浮选法分离透锂长石和脉石矿物的理论机制。

3.4.1.2　重介质选矿

由于透锂长石和脉石矿物的密度差异，目前选矿工业实践中主要通过重介质选矿实现透锂长石和脉石矿物的分离，最终获得合格的透锂长石精矿。

重介质旋流器主要通过金属粉末-水相体系构建密度高于水的重悬浮液，广泛应用于煤炭选别领域，透锂长石和其脉石矿物由于密度不同，也能够通过重介质旋流器实现分离，获得透锂长石精矿，但目前尚无相关文献进一步探索介质粉级配粒度、悬浮液流动性等相关因素对锂矿选别的影响[114]。

邓星星等人[115]开展非洲某含透锂长石伟晶岩型锂辉石矿综合回收试验研究时发现，该矿石中主要矿物如透锂长石、锂辉石、微斜长石、白云母、钙长石和石英的矿石密度分别为 2.3 ~ 2.5 g/cm³、3.1 ~ 3.2 g/cm³、2.54 ~ 2.57 g/cm³、2.8 ~ 3.1 g/cm³、2.6 ~ 2.75 g/cm³ 和 2.5 ~ 2.8 g/cm³，因此采用一段重介质旋流器+一粗、三精、一扫浮选流程原则流程选别后能够获得 Li_2O 品位和回收率分别为 4.22% 和 18.14% 的透锂长石精矿，以及 Li_2O 品位和回收率分别为 6.09% 和 65.27% 的锂辉石精矿，实现了该矿石中透锂长石和锂辉石矿物的综合高效回收。

目前中矿资源的 Bikata 矿山和华友钴业的 Arcadia 矿山等透锂长石矿山已经开始运营生产，透锂长石的重介质选矿工艺一定程度上能够大大减轻目前市场上锂资源短缺的困境，丰富并完善了矿石提锂的技术体系。

3.4.2　磷锂铝石选矿工艺

现阶段，由于羟磷锂铝石的探明储量相对较小，独立矿床很少，几乎没有在工业上开采，但在对不同地区锂辉石矿进行选矿试验开发研究的过程中，发现部分矿石中含有一定量的羟磷锂铝石，矿物中锂的占有率可达 10%。

羟磷锂铝石主要采用浮选工艺回收。羟磷锂铝石可浮性略好于锂辉石，可采用选择性较好的脂肪酸盐预先选出磷锂铝石精矿，也可采用锂辉石捕收剂浮选，与锂辉石同步浮选进入锂辉石精矿中。

4 锂辉石选矿工艺实例

2015年以前，国内锂辉石选厂主要集中在川西高海拔及新疆地区，多采用直接浮选或脱泥浮选工艺，国外锂辉石选厂，除浮选外，重介质选矿较为多见。随着新能源技术的推广应用，锂资源开发进入新的阶段，对锂辉石精矿品质要求多样化，工艺流程也随之改变。脱泥（或分级脱除部分粒级）、预先脱除云母、预先脱除磷锂铝石、磁选预先脱除磁性脉石、重介质预先脱除透锂长石、重介质预先回收粗粒嵌布锂辉石、预先抛除暗色弱磁性矿物等工艺，与锂辉石浮选联合使用，获得锂辉石精矿，满足了锂盐厂对杂质元素的需求。本章结合作者研究实践，以锂辉石浮选前的预处理工艺为分节依据，对锂辉石选别工艺进行了总结。

4.1 直接浮选工艺

4.1.1 高品质锂辉石直接浮选工艺

早期的锂辉石选矿实践中，当原矿矿物组成较为简单，磨矿后单体解离度较高时，一般采用较为简单的锂辉石直接浮选工艺，如南非、澳大利亚、津巴布韦和马里等地较高品质的锂辉石原矿，采用该工艺即可获得高品质锂辉石精矿和较高的回收指标。

4.1.1.1 工艺矿物学分析

A 原矿化学组成

某锂辉石原矿主要元素化学分析结果见表4-1。该原矿中主要有价元素为锂，有害元素主要为磷和铁，且含量都较低。

表 4-1 原矿主要元素化学分析结果

元素	Li_2O	Ta_2O_5	Nb_2O_5	S	Sn	Al_2O_3	SiO_2	Rb_2O
含量/%	1.45	0.007	0.007	0.005	0.0009	16.25	75.10	0.10
元素	Cs_2O	Na_2O	K_2O	CaO	MgO	Fe_2O_3	P_2O_5	S
含量/%	0.006	3.05	2.30	0.22	0.26	0.09	0.045	0.005

B 原矿矿物组成分析

采用MLA矿物自动定量检测系统测定原矿的矿物组成及含量见表4-2，原矿中锂矿物以锂辉石为主，几乎不含其他锂矿物；钽铌矿物主要为钽铌铁矿和细晶石，锡石极少。脉石矿物主要为石英、钠长石、微斜长石等常见的硅酸盐类脉石矿物。

表 4-2　原矿矿物组成及含量

矿物名称	含量/%	矿物名称	含量/%	矿物名称	含量/%
钽铌铁矿	0.0127	斜长石	0.5335	萤石	0.0076
细晶石	0.0006	微斜长石	11.9661	方解石	0.0265
锡石	0.0006	透辉石	0.008	黄玉	0.0036
锂辉石	18.6238	角闪石	0.0955	钍石	0.0013
绿柱石	0.348	直闪石	0.0732	磷灰石	0.0566
硅铍石	0.0157	橄榄石	0.017	锆石	0.0059
石英	31.8264	绿泥石	0.1653	其他	0.4409
钠长石	34.1379	高岭石	1.6333	合计	100.00

C　锂辉石的嵌布粒度

采用+10 mm 样品磨制薄片，显微镜下测定锂辉石的嵌布粒度，测定结果见表 4-3。该原矿中锂辉石嵌布粒度均匀，主要分布在 -0.64+0.04 mm 粒级，-0.04 mm 以下微细粒锂辉石数量仅占 3.62%。

表 4-3　锂辉石嵌布粒度分析结果

粒级	粒度分布/%	
	个别	累积
-1.28+0.64 mm	4.88	4.88
-0.64+0.32 mm	20.75	26.63
-0.32+0.16 mm	29.29	54.92
-0.16+0.08 mm	29.14	84.06
-0.08+0.04 mm	12.32	96.38
-0.04+0.02 mm	2.78	99.16
-0.02+0.01 mm	0.64	99.80
-0.01 mm	0.20	100.00
合计	100.00	—

D　主要有用矿物的嵌布状态

a　锂辉石

锂辉石 $LiAl[Si_2O_6]$ 理论化学成分为 Li_2O 8.02%、Al_2O_3 27.40%、SiO_2 64.58%。该原矿锂辉石化学成分能谱分析结果见表 4-4，锂辉石中含有少量钠、铷、铁、锰等杂质，其单矿物分析 Li_2O 含量为 7.58%。

表 4-4 锂辉石化学成分能谱 (平均元素含量) 分析结果

元素种类	Na_2O	Rb_2O	MnO	FeO	Al_2O_3	SiO_2
含量/%	0.09	0.03	0.03	0.19	29.82	69.84

注: 能谱无法检测到 Li_2O, 表中数值为除 Li_2O 之外其他元素相对含量。

该原矿中锂辉石结晶并不十分粗大, 多呈它形晶, 粒度大小较均匀, 主要有以下嵌布形式: (1) 锂辉石呈它形晶集合体与石英密切共生, 锂辉石粒间嵌布粗细不等的它形晶石英, 石英形成斑点状、花斑状构造, 此嵌布形式的锂辉石在矿石中较普遍, 锂辉石因石英分隔而致粒度细化; (2) 少数锂辉石浸染状分布于石英、长石中, 这部分锂辉石大多较分散, 且嵌布粒度相对较细。

b 微斜长石

该原矿中微斜长石 (K, Na)[$AlSi_3O_8$] 矿物平均含 K_2O 15.96%、Na_2O 0.36%, 同时有铷和铯替代钾, 并含极少量铁。微斜长石属三斜晶系, 单晶体呈柱状, 常见格子双晶; 呈灰白色、肉红色或浅黄色, 玻璃光泽, 莫氏硬度为 6, 密度为 2.54~2.57 g/cm^3。微斜长石为花岗伟晶岩的主要矿物之一, 多见格子双晶, 与石英共生。

c 钠长石

该原矿中钠长石 Na[$AlSi_3O_8$] 平均含 Na_2O 11.54%。钠长石颜色为白色或灰白色, 因混入杂质而呈现其他色调, 玻璃光泽; 莫氏硬度为 6~6.5, 密度为 2.61~2.76 g/cm^3。钠长石也是伟晶岩主要矿物之一, 是伟晶岩自结晶作用和钠质交代即钠长石化蚀变的产物, 在矿石中呈自形至半自形晶密集分布。

E 锂的赋存状态

根据原矿矿物定量检测结果和各矿物的含锂量, 进行锂的平衡计算, 结果见表 4-5。以锂辉石矿物形式存在的锂占原矿总氧化锂量的 96.24%, 分散于石英、长石中的氧化锂分别为 1.35% 和 2.41%。因此, 从原矿中回收锂辉石, 氧化锂的理论回收率为 96% 左右。

表 4-5 锂在原矿中的平衡分配表

矿物	矿物含量/%	矿物含 Li_2O/%	锂分配率/%
锂辉石	18.62	7.58	96.24
钽铌铁矿	0.01	—	—
细晶石	0.00	—	—
锡石	0.00	—	—
绿柱石	0.35	—	—
硅铍石	0.02	—	—
石英	31.83	0.06	1.35

矿物	矿物含量/%	矿物含 Li$_2$O/%	锂分配率/%
长石	46.64	0.08	2.41
其他	2.53	—	—
合计	100.00	1.47	100.00

4.1.1.2　选矿工艺分析

A　原则流程的确定

工艺矿物研究结果表明，该原矿主要有用矿物为锂辉石，且品质较高，脉石矿物主要为石英、钠长石、微斜长石等常见的硅酸盐类脉石矿物，不含云母类脉石矿物，且原矿中约96%的锂元素赋存于锂辉石中，对于该原矿，采用锂辉石直接浮选工艺即可获得较高品位和回收率的锂精矿。

B　磨矿细度条件试验

磨矿细度是浮选过程中最重要的数据之一，关系到选矿厂投资和运行成本等重大问题。合理的磨矿细度是保证有效回收有价矿物的必要条件，采用如图 4-1

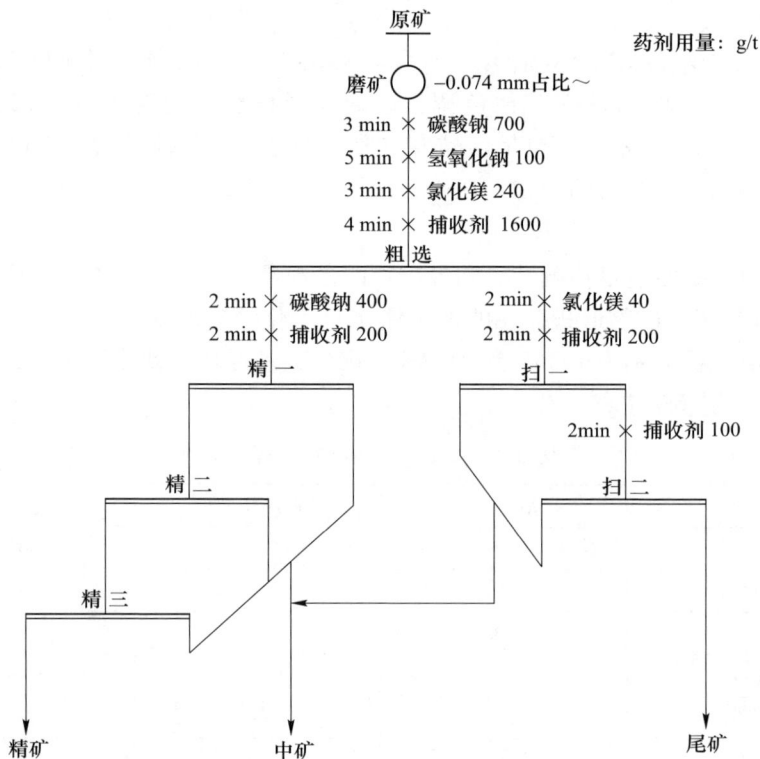

图 4-1　磨矿细度条件试验流程

所示的开路流程来确定适宜该矿石的磨矿细度,结果见表 4-6。随着磨矿细度的增加,锂精矿的 Li_2O 品位逐渐降低,但回收率明显提高。当磨矿细度为 64.43% 时,可得到 Li_2O 品位 6.53%、回收率为 57.92% 的锂精矿。磨矿细度继续提高到 69.72%,锂精矿回收率变化不明显,但品位明显降低。所以合适的磨矿细度为 -0.074 mm 含量占 64.43%。

表 4-6 磨矿细度条件试验结果

磨矿细度 (-0.074 mm 含量)/%	产品	产率/%	Li_2O 品位/%	回收率/%
57.41	精矿	10.88	6.79	46.40
	中矿	24.01	2.66	40.11
	尾矿	65.11	0.33	13.49
	原矿	100.00	1.59	100.00
61.82	精矿	13.04	6.61	54.67
	中矿	25.09	2.38	37.87
	尾矿	61.87	0.19	7.46
	原矿	100.00	1.58	100.00
64.43	精矿	14.22	6.53	57.92
	中矿	25.44	2.32	36.81
	尾矿	60.34	0.14	5.27
	原矿	100.00	1.60	100.00
69.72	精矿	14.92	6.21	58.17
	中矿	25.97	2.27	37.01
	尾矿	59.11	0.13	4.82
	原矿	100.00	1.59	100.00

C 锂辉石开路浮选工艺

在条件试验的基础上,继续开展开路流程试验,工艺流程如图 4-2 所示,试验结果见表 4-7。对于 Li_2O 含量为 1.5% 左右的高品质锂辉石原矿,经过一次粗选、二次扫选、三次精选的开路浮选流程处理后,能够获得 Li_2O 品位为 6.55%、回收率为 65.58% 的锂辉石精矿,尾矿中 Li_2O 品位低至 0.12%。

原矿

药剂用量：g/t

磨矿 ◯ −0.074 mm 占比64.43%

3 min ✕ 碳酸钠 500
5 min ✕ 氢氧化钠 100
3 min ✕ 氯化镁 240
4 min ✕ 捕收剂 1600

粗选

2 min ✕ 碳酸钠 400　　　　　　2 min ✕ 氯化镁 80
2 min ✕ 捕收剂 120　　　　　　2 min ✕ 捕收剂 200

精一　　　　　　　　　　　　扫一

2 min ✕ 捕收剂 100

精二　　　中矿3　　扫一精　　　扫二

精三　　　中矿2　　　　扫二精　　　尾矿

精矿　　中矿1

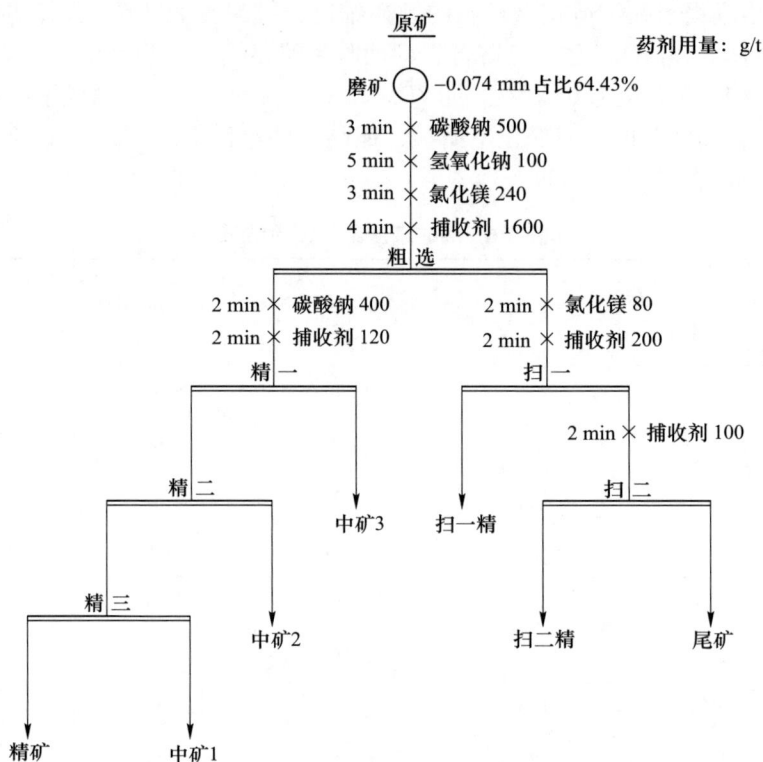

图 4-2　锂辉石开路浮选流程

表 4-7　锂辉石开路浮选结果

产品	产率/%	Li$_2$O 品位/%	回收率/%
精矿	15.76	6.55	65.58
中矿 1	12.17	1.05	8.12
中矿 2	3.55	2.76	6.22
中矿 3	2.99	5.13	9.74
扫一精	6.44	1.35	5.52
扫二精	0.73	0.79	0.37
尾矿	58.36	0.12	4.45
原矿	100.00	1.57	100.00

D　锂辉石全流程浮选工艺

在开路试验基础上，继续开展了全流程闭路试验，试验流程如图 4-3 所示，试验结果见表4-8。经简易的一粗、二扫、三精锂辉石直接浮选闭路流程，针对 Li_2O 含量为 1.48% 的原矿样，可得到产率为 25.99% 的锂精矿，含 Li_2O 5.40%，锂回收率为 94.99%，且尾矿中 Li_2O 含量仅为 0.10%，对于此类原矿性质简单、脉石矿物组成单一（不含云母类易浮杂质及易泥化矿物）的锂辉石原矿，采用锂辉石直接浮选工艺即可获得良好的浮选指标，获得高品质和高回收率的锂精矿。

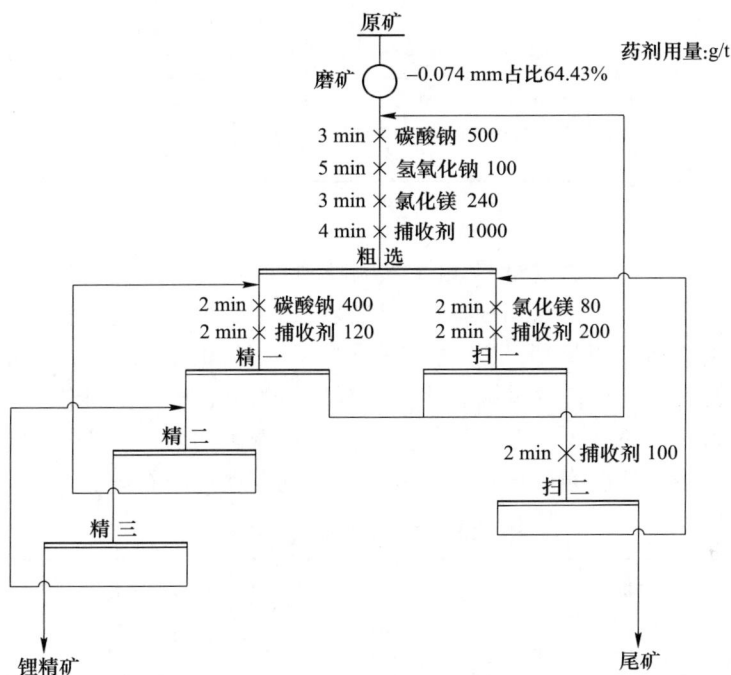

图 4-3　锂辉石闭路浮选工艺流程

表 4-8　锂辉石闭路浮选工艺结果

名称	产率/%	Li_2O 品位/%	回收率/%
锂精矿	25.99	5.40	94.99
尾矿	74.01	0.10	5.01
合计	100.00	1.48	100.00

4.1.2　高碱度锂辉石直接浮选工艺

由于早期锂盐市场低迷，且海外锂精矿的运输成本较高，当原矿中的锂元素有 20%~30% 赋存于锂云母中时，采用高碱度的锂辉石直接浮选工艺，将锂云母当作脉石矿物抑制在尾矿中，保证锂辉石精矿的品位和回收率。

4.1.2.1　工艺矿物学分析

A　原矿化学组成

国外某锂辉石原矿主要元素化学分析结果见表4-9。该矿样主要有用元素为锂和钽，本实例只介绍锂辉石浮选部分。

表 4-9　原矿主要元素分析结果

元素	Li_2O	Ta_2O_5	Nb_2O_5	Rb_2O	Cs_2O	BeO	Sn
含量/%	1.65	0.025	0.009	0.04	0.02	0.045	0.04
元素	CaO	MgO	Al_2O_3	SiO_2	Na_2O	K_2O	Fe_2O_3
含量/%	0.70	0.68	15.06	73.20	2.91	2.39	0.10

B　原矿矿物组成分析

采用 MLA 矿物自动定量检测系统测定原矿的矿物组成及含量，结果见表4-10。原矿中钽铌矿物以钽铌锰矿和细晶石为主，少量为锡锰钽矿；锂矿物含量较多且种类繁多，以锂辉石为主，其次为锂云母和铁锂云母，少量为锂绿泥石、透锂长石和锂霞石；少量铍矿物，以绿柱石为主，少量为硅铍石；硫化矿物以磁黄铁矿为主，还有少量至微量的黄铁矿、黄铜矿和闪锌矿等；脉石矿物以石英、钠长石为主，其次为钾长石、白云母、直闪石和角闪石等。

表 4-10　原矿矿物组成及含量

矿物名称	含量/%	矿物名称	含量/%	矿物名称	含量/%
钽铌锰矿	0.028	绿柱石	0.193	锂云母	4.030
细晶石	0.016	硅铍石	0.001	黄铁矿	0.030
锡锰钽矿	0.013	石英	26.057	磁黄铁矿	0.253
白云母	7.133	钠长石	28.028	闪锌矿	0.001
锂辉石	13.957	普通角闪石	1.607	黄铜矿	0.003
锂绿泥石	0.301	中长石	0.032	铁锂云母	0.521
透锂长石	0.011	直闪石	3.912	其他	3.692
锂霞石	0.139	钾长石	10.042	合计	100.000

C　原矿筛分分析

-2 mm 原矿筛分分析结果见表4-11。锂在各粒级呈均匀分布。

表 4-11 -2 mm 原矿粒度筛分分析结果

粒级	粒级分布/%	Li_2O 品位/%	粒级占有率/%
+1.0 mm	33.31	1.85	36.83
-1.0+0.8 mm	5.46	1.89	6.17
-0.8+0.5 mm	16.43	1.70	16.69
-0.5+0.2 mm	16.23	1.69	16.39
-0.2+0.1 mm	11.54	1.52	10.48
-0.1+0.074 mm	4.23	1.42	3.59
-0.074+0.043 mm	3.74	1.38	3.08
-0.043 mm	9.06	1.25	6.77
合计	100.00	1.67	100.00

D 锂辉石的嵌布状态

该原矿中锂辉石化学成分能谱分析结果见表 4-12，原矿中含 Li_2O 1.65%，并混入少量钠、铁和锰，单矿物分析 Li_2O 7.94%。

原矿中锂辉石粒度分布不均，多呈灰白色、淡黄色至棕黄色，可见部分粗大颗粒；多见呈碎裂状嵌布于脉石中，常包含石英、长石等脉石包裹体；呈板状、短柱状、粒状或不规则状嵌布于脉石中，粒度粗细大小不一。

表 4-12 锂辉石化学成分能谱（平均元素含量）分析结果

元素种类	Na_2O	Rb_2O	Al_2O_3	SiO_2	FeO	MnO
元素含量/%	0.09	0.13	29.61	69.87	0.23	0.07

注：能谱无法检测到 Li_2O，表中数值为除 Li_2O 之外其他元素相对含量。

E 锂的赋存状态

根据原矿的矿物组成和各矿物中锂的含量（单矿物在 -0.04 mm 粒度范围内完成最后提取），作出锂元素在原矿中的平衡分配，结果见表 4-13。赋存于锂辉石和云母中的锂分别占总含量的 74.86% 和 23.75%，分散于石英和长石的锂占总含量的 1.39%；从原矿中分离锂辉石，锂的理论回收率为 74.86%。

表 4-13 原矿中锂的平衡分配表

矿物	矿物含量/%	矿物含 Li_2O/%	锂分配率/%
钽铌锰矿	0.028	—	—
细晶石	0.016	—	—
锡锰钽矿	0.013	—	—
锡石	0.029	—	—
锂辉石	13.957	7.94	74.86

续表 4-13

矿物	矿物含量/%	矿物含 Li_2O/%	锂分配率/%
绿柱石	0.193	—	—
硅铍石	0.001	—	—
石英/长石	64.159	0.032	1.39
云母	11.684	3.01	23.75
其他	9.92	—	—
合计	100.00	1.68	100.00

4.1.2.2　选矿工艺分析

A　原则流程的确定

原矿中锂的赋存状态研究表明，赋存于锂辉石和云母中的锂分别占总含量的74.86%和23.75%，从原矿中分离锂辉石和云母，锂的理论回收率为98.61%，但由于该原矿在海外，且当时锂盐市场低迷，所以只考虑锂辉石的回收，采用对云母选择性弱的高效捕收剂，在高碱度下直接浮选锂辉石，降低设备和生产运营成本。

B　磨矿细度条件试验

合理的磨矿细度是保证有价矿物能够有效回收的基本条件，为考察磨矿细度对锂辉石选矿指标的影响，开展磨矿细度条件试验，试验流程如图4-4所示，结果见

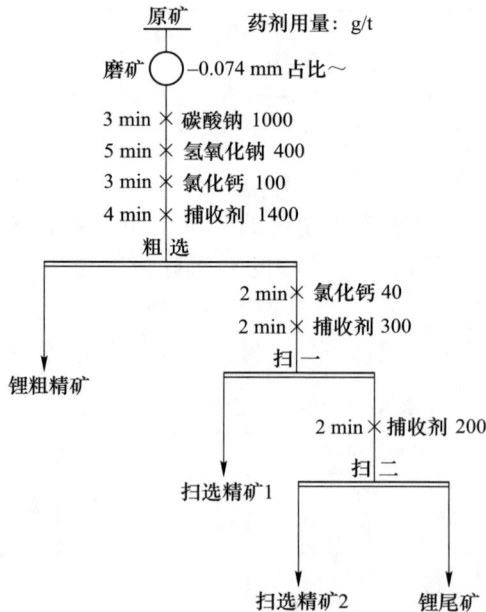

图 4-4　磨矿细度条件试验流程

表4-14。随着磨矿细度的增大，锂精矿回收率逐步增加，尾矿锂品位逐步降低。当磨矿细度为-0.074 mm 占比72.37%时，可得到 Li_2O 品位为3.12%，回收率为64.08%的锂粗精矿。磨矿细度继续提高到-0.074 mm 占比79.61%时，锂精矿回收率变化不明显，但品位明显降低。所以合适的磨矿细度为-0.074 mm 占比72.37%。

表4-14 磨矿细度条件试验结果

-0.074 mm 占有率/%	名称	产率/%	Li_2O 品位/%	回收率/%
60.31	锂粗精矿	25.62	3.13	48.48
	扫选精矿1	15.63	2.11	19.94
	扫选精矿2	5.43	2.06	6.76
	尾矿	53.32	0.77	24.82
	合计	100.00	1.65	100.00
66.03	锂粗精矿	29.84	3.12	55.42
	扫选精矿1	15.73	2.20	20.60
	扫选精矿2	6.43	2.01	7.69
	尾矿	48.00	0.57	16.29
	合计	100.00	1.68	100.00
72.37	锂粗精矿	33.93	3.12	64.08
	扫选精矿1	13.63	2.10	17.33
	扫选精矿2	9.00	1.25	6.81
	尾矿	43.44	0.45	11.78
	合计	100.00	1.65	100.00
79.61	锂粗精矿	36.55	2.89	64.44
	扫选精矿1	14.66	1.96	17.53
	扫选精矿2	9.33	1.18	6.72
	尾矿	39.46	0.47	11.31
	合计	100.00	1.64	100.00

C 锂辉石开路浮选工艺

在前期条件试验的基础上，继续开展开路流程试验，试验流程如图4-5所示，结果见表4-15。经过一次粗选、一次扫选、三次精选的高碱度开路浮选流程处理后，能够获得 Li_2O 品位为 5.78%、回收率为 50.72%的锂辉石精矿，尾矿中 Li_2O 含量为 0.46%。

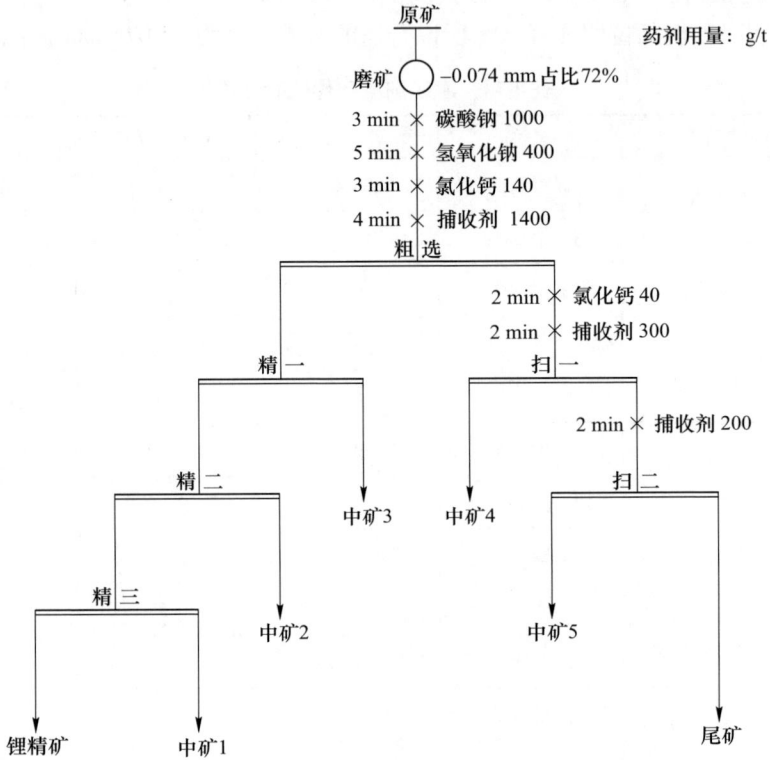

图 4-5　开路试验流程

表 4-15　开路试验结果

名称	产率/%	Li_2O 品位/%	回收率/%
锂精矿	14.56	5.78	50.72
中矿 1	1.46	2.29	2.02
中矿 2	3.28	1.20	2.39
中矿 3	12.74	0.79	6.03
中矿 4	16.38	2.08	20.54
中矿 5	7.9	1.29	6.17
尾矿	43.68	0.46	12.13
合计	100.00	1.66	100.00

D　锂辉石全流程浮选工艺

在开路试验基础上，开展了全流程闭路试验，试验流程如图 4-6 所示，试验结果见表 4-16。Li_2O 含量为 1.63% 的原矿样经一粗、二扫、三精闭路流程，可得到产率为 23.22% 的锂精矿，含 Li_2O 5.24%，锂回收率为 74.58%，但该工艺中由于将锂云母直接抛尾在尾矿中，导致尾矿中 Li_2O 品位偏高。

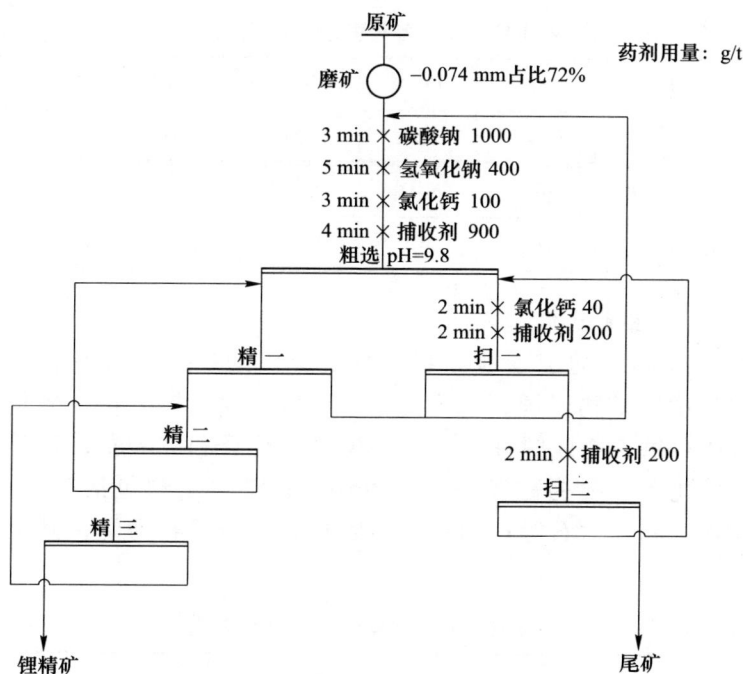

图 4-6　闭路浮选试验流程

表 4-16　闭路浮选试验结果

名称	产率/%	Li_2O 品位/%	回收率/%
锂精矿	23.22	5.24	74.58
尾矿	76.78	0.54	25.42
合计	100.00	1.63	100.00

4.1.3　锡重选尾矿高碱度锂辉石直接浮选工艺

国外某锡矿山重选尾矿回收锂，锂主要赋存于锂辉石中，矿石中含有部分云母类脉石矿物，采用高碱度锂辉石直接浮选工艺，能够有效减少投资成本，提高经济效益。

4.1.3.1 工艺矿物学分析

A 原矿化学组成

该原矿来自国外某锡矿山重选尾矿堆，粒度小于 2 mm，多元素化学分析结果见表 4-17。该矿样主要有价元素为锂，钽、铌、锡等元素含量较低，未达到综合回收标准。

表 4-17 原矿多元素化学分析结果

元素	Li_2O	Sn	Ta_2O_5	Nb_2O_5	Na_2O	K_2O	Rb_2O
含量/%	0.87	0.041	0.002	0.004	3.32	3.05	0.091
元素	Cs_2O	MgO	Al_2O_3	SiO_2	Fe	CaO	
含量/%	0.021	0.071	14.1	70.31	0.48	0.058	

B 原矿矿物组成分析

采用 MLA 矿物自动定量检测系统测定原矿的矿物组成及含量，结果见表 4-18。原矿中锂矿物以锂辉石为主，同时含有少量锂云母、微量的锂绿泥石和磷锂锰矿；铍矿物以绿柱石为主，少量蓝柱石和硅铍石；铌矿物以钽铌铁矿为主；硫化矿主要为磁黄铁矿和黄铜矿；其他矿物包括锡石、褐铁矿、硬锰矿、赤铁矿和白钛石等；脉石矿物以石英和钠长石为主，其次为钾长石和白云母。

表 4-18 原矿矿物组成及含量结果

矿物名称	含量/%	矿物名称	含量/%	矿物名称	含量/%
锂辉石	9.497	钽铌铁矿	0.023	赤铁矿	0.028
锂绿泥石	0.009	石英	35.832	褐铁矿	0.143
磷锰锂矿	0.006	钾长石	12.996	白钛石	0.014
锂云母	0.764	白云母	6.460	硬锰矿	0.031
绿柱石	0.171	钠长石	31.323	磁黄铁矿	0.114
蓝柱石	0.028	黄铜矿	0.011	其他	2.447
硅铍石	0.034	锡石	0.069	合计	100.000

C 原矿筛分分析

−2 mm 原矿矿样筛分分析结果见表 4-19。

表 4-19 -2 mm 原矿粒度筛分分析结果

粒级	粒级分布/%	Li₂O 品位/%	粒级占有率/%
+1.0 mm	52.54	0.87	52.04
-1.0+0.8 mm	6.26	1.09	7.77
-0.8+0.5 mm	16.80	0.95	18.17
-0.5+0.2 mm	12.38	0.85	11.98
-0.2+0.1 mm	6.53	0.81	6.02
-0.1+0.074 mm	2.10	0.68	1.63
-0.074 mm	3.39	0.62	2.39
合计	100.00	0.88	100.00

D 锂辉石的嵌布状态

原矿中的锂辉石化学成分能谱分析结果见表 4-20。锂辉石中混入少量钠、铁。锂辉石呈板状或不规则状,与白云母、钾长石、石英等脉石矿物连生,其单矿物分析 Li₂O 含量为 7.86%。

表 4-20 锂辉石化学成分能谱 (平均元素含量) 分析结果

元素种类	Na₂O	FeO	Al₂O₃	SiO₂
元素含量/%	0.07	0.25	29.52	70.16

注:能谱无法检测到 Li₂O,表中数值为除 Li₂O 之外其他元素相对含量。

4.1.3.2 选别工艺分析

A 选矿试验原则流程

该矿石工艺矿物学研究表明,原矿中锂主要赋存于锂辉石中,锂辉石的嵌布粒度较粗,易于回收。

由于矿石来自重选锡石后的粗粒尾矿(<2 mm),无须碎矿,可直接磨矿后进行锂辉石浮选作业,开采成本较低,具有极高的资源开发价值。且原矿矿物组成较为简单,因此试验决定采用一次粗选、两次扫选、三次精选的锂辉石浮选常规原则流程。

B 磨矿细度条件试验

磨矿细度条件试验流程如图 4-7 所示,结果见表 4-21。随着磨矿细度的增大,锂精矿回收率逐步增加,尾矿锂品位逐步降低。当磨矿细度为 75.00%时,可得到 Li₂O 品位为 6.70%、回收率为 64.37%的锂精矿。磨矿细度继续提高到 81.52%,锂精矿回收率变化不明显,但品位明显降低。所以合适的磨矿细度为 -0.074 mm 占比 75.00%。

原矿

药剂用量: g/t

磨矿 ○ −0.074 mm占比～

3 min × 碳酸钠 700
5 min × 氢氧化钠 250
3 min × 氯化钙 100
4 min × 捕收剂 800

粗选

2 min × 氯化镁 40
2 min × 捕收剂 400

精一　　　　　　　　　　　扫一

扫选精矿　　　　尾矿

精二

精三

锂精矿　　　　中矿

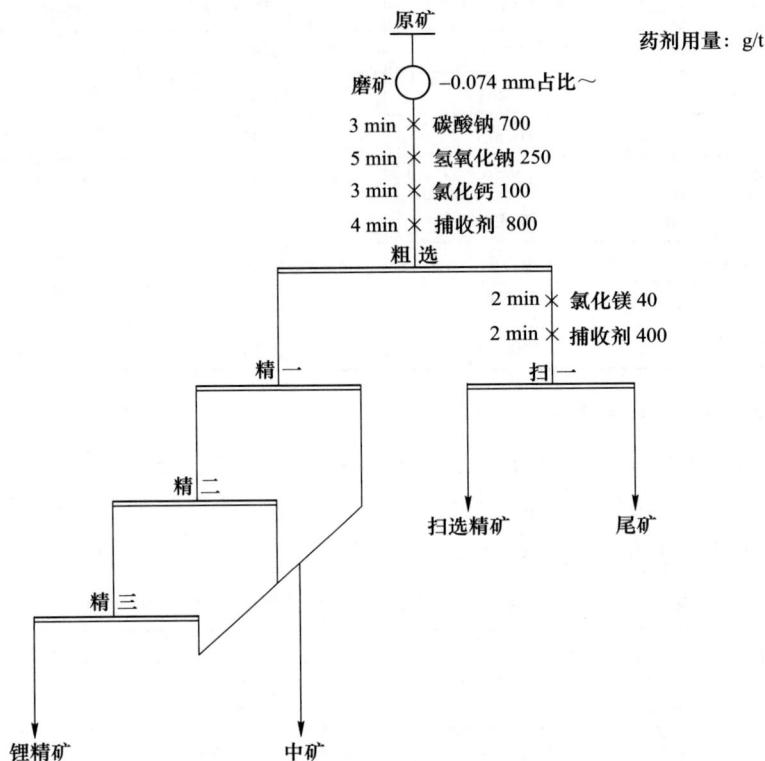

图 4-7　磨矿细度条件试验流程

表 4-21　磨矿细度条件试验结果

−0.074 mm 占有率/%	名称	产率/%	Li$_2$O 品位/%	回收率/%
	锂精矿	4.17	6.68	32.05
	中矿	4.61	0.86	4.56
55.20	扫选精矿	4.74	1.59	8.67
	尾矿	86.48	0.55	54.72
	原矿	100.00	0.87	100.00
	锂精矿	5.45	6.79	42.64
	中矿	8.64	0.52	5.18
61.31	扫选精矿	8.25	0.97	9.22
	尾矿	77.66	0.48	42.96
	原矿	100.00	0.87	100.00

-0.074 mm 占有率/%	名称	产率/%	Li$_2$O 品位/%	回收率/%
67.32	锂精矿	6.14	6.98	48.73
	中矿	12.93	0.47	6.91
	扫选精矿	10.47	0.90	10.71
	尾矿	70.46	0.42	33.65
	原矿	100.00	0.88	100.00
75.00	锂精矿	8.39	6.70	64.37
	中矿	7.74	0.41	3.63
	扫选精矿	5.20	1.29	7.68
	尾矿	78.67	0.27	24.32
	原矿	100.00	0.87	100.00
81.52	锂精矿	9.34	6.09	65.15
	中矿	7.13	0.40	3.27
	扫选精矿	6.60	1.03	7.79
	尾矿	76.93	0.27	23.79
	原矿	100.00	0.87	100.00

C 锂辉石开路浮选试验

在前期条件试验的基础上,开展锂辉石浮选开路试验,试验流程如图4-8所示,结果见表4-22。经过一次粗选、二次扫选、三次精选的开路浮选流程处理后,能够获得Li$_2$O品位为6.51%、回收率为62.40%的锂辉石精矿,尾矿中Li$_2$O品位低至0.27%。

表4-22 锂辉石开路浮选试验结果

名称	产率/%	Li$_2$O 品位/%	回收率/%
锂精矿	8.38	6.67	63.37
中矿1	0.75	1.02	0.87
中矿2	1.26	0.73	1.05
中矿3	5.51	0.25	1.54
中矿4	6.59	1.24	9.23
中矿5	1.47	0.40	0.66
尾矿	76.04	0.27	23.28
原矿	100.00	0.88	100.00

原矿

药剂用量: g/t

磨矿 ◯ —0.074 mm 占比 75%

3 min ☓ 碳酸钠 700
5 min ☓ 氢氧化钠 250
3 min ☓ 氯化钙 100
4 min ☓ 捕收剂 800

粗选

2 min ☓ 氯化钙 40
2 min ☓ 捕收剂 400

精一　　　　　　　　　扫一

2 min ☓ 捕收剂 200

精二　　　　中矿3　　中矿4　　扫二

精三　　　　中矿2　　　　　　中矿5

锂精矿　　中矿1　　　　　　　　　　尾矿

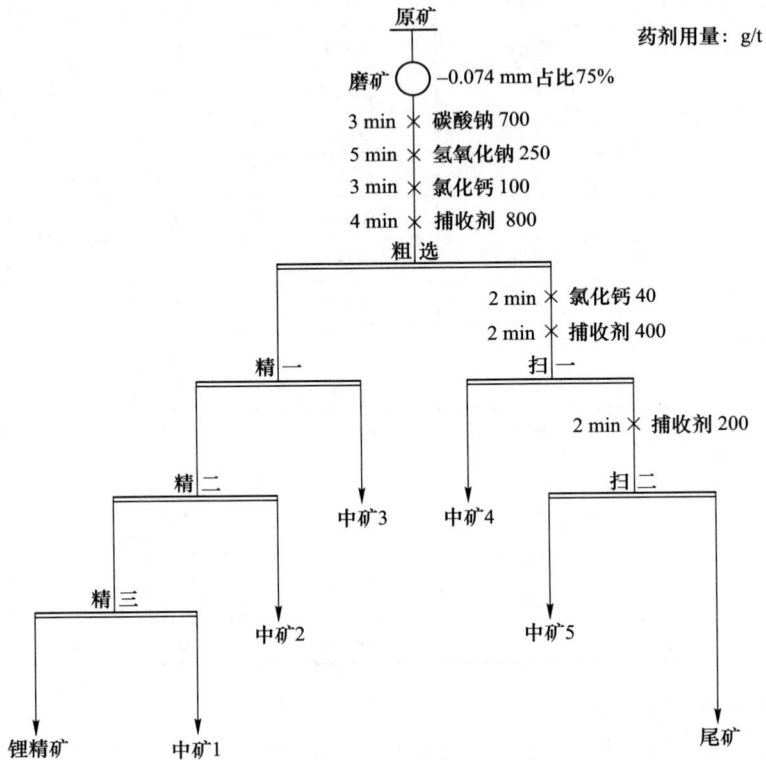

图 4-8　锂辉石开路浮选流程

D　闭路试验

在开路试验的基础上，开展该原矿的闭路试验，试验流程如图 4-9 所示，结果见表 4-23。采用高碱度下的锂辉石直接浮选工艺，Li_2O 含量为 0.88% 的含云母锂辉石原矿样经一粗、二扫、三精闭路流程，可得到产率为 10.25% 的锂精矿，含 Li_2O 6.10%，锂回收率为 71.33%。

表 4-23　锂辉石浮选闭路试验结果

名称	产率/%	Li_2O 品位/%	回收率/%
锂精矿	10.25	6.10	71.33
尾矿	89.75	0.28	28.67
合计	100.00	0.88	100.00

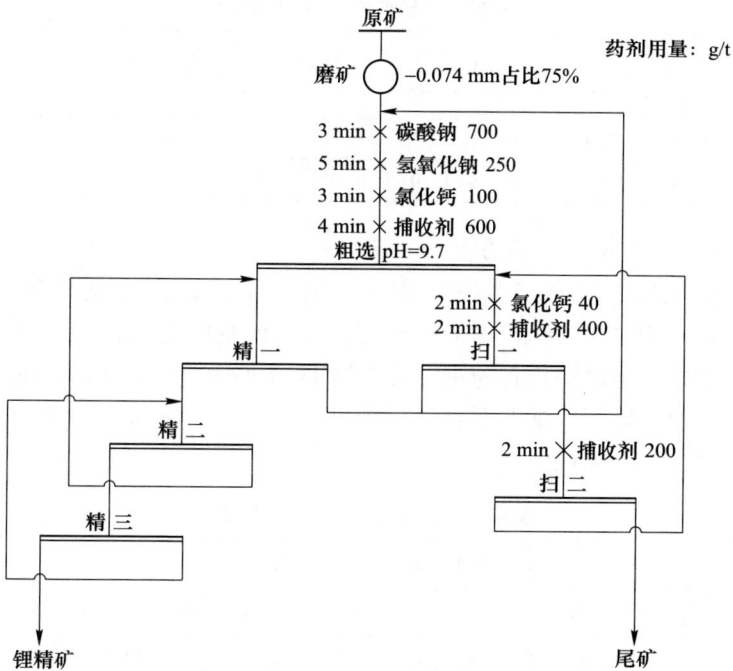

图 4-9 锂辉石浮选闭路试验流程

4.2 预先脱泥或易浮物—锂辉石浮选工艺

当锂辉石原矿中高岭石、蒙脱石、伊利石或绿泥石等层状构造的黏土类硅酸盐矿物含量较高时，或当锂辉石原矿见有细粒结构、文象结构和包晶结构；构造为块状构造和浸染状构造，且锂辉石在矿石中与石英、长石、云母等常见脉石矿物紧密镶嵌，相互交错时，对于此类易泥化矿物含量较高或嵌布结构复杂的锂辉石原矿，在磨矿至锂辉石单体解离时会产生大量的细泥。

针对此类锂辉石原矿，浮选前一般需设置脱泥作业，避免浮选过程中细泥消耗各种药剂并与锂辉石一同在精矿中富集，影响锂精矿的品位和回收率。本节只对"脱泥-锂辉石浮选"工艺进行简单介绍，当原矿矿物组成和选矿工艺流程发生变化时，脱泥作业也根据实际情况相应的与磁选或重选等其他工艺联合使用。

4.2.1 工艺矿物学分析

4.2.1.1 原矿化学组成

原矿主要元素化学分析结果见表 4-24。原矿中主要有价金属为锂，伴生钽铌。

表 4-24　原矿矿物组成分析结果

元素	Li_2O	Ta_2O_5	Nb_2O_5	BeO	Sn	Al_2O_3	SiO_2	Rb_2O	Cs_2O	Na_2O
含量/%	1.31	0.010	0.008	0.057	0.01	16.08	73.61	0.16	0.013	2.76
元素	K_2O	CaO	MgO	Fe_2O_3	TiO_2	P_2O_5	S	F	Cl	As
含量/%	2.97	0.83	0.40	1.20	0.14	0.082	<0.005	0.06	<0.005	<0.001

4.2.1.2　原矿矿物组成分析

采用矿物自动定量检测系统（MLA）测定原矿矿物组成及含量，结果见表 4-25。原矿中的主要含锂矿物为锂辉石；脉石矿物以石英和长石为主，长石类矿物基本以钠长石和微斜长石为主，含量达 19.79% 和 14.21%；同时原矿中的黏土类易泥化矿物高岭石和绿泥石含量较高，分别为 7.21% 和 4.34%，在磨矿过程中可能会产生较多微细粒矿泥。

表 4-25　原矿矿物组成分析结果

矿物名称	含量/%	矿物名称	含量/%	矿物名称	含量/%
锂辉石	17.9740	石英	28.1134	方解石	0.0793
高岭石	7.2145	斜长石	5.0014	褐铁矿	0.2291
电气石	0.5561	微斜长石	14.2133	钛铁矿	0.0063
钽铌锰矿-锰钽矿	0.0312	钠长石	19.7859	榍石	0.0347
细晶石	0.0014	角闪石	0.6118	锆石	0.003
钽铁金红石	0.012	绿帘石	0.8054	方解石	0.0793
锡石	0.0018	硅灰石	0.0427	其他	0.3231
绿柱石	0.5425	绿泥石	4.3378	合计	100.000

4.2.2　选别工艺分析

4.2.2.1　原则流程的确定

原矿中的主要有用元素为锂，且主要以锂辉石存在，不含其他锂云母、锂绿泥石等含锂矿物，但含有较高含量的绿泥石和高岭石等易泥化黏土类矿物，此类矿物易粉碎，在碎磨过程中可能会产生大量微细粒矿泥，影响锂精矿的品位和回收率，因此需要考虑"脱泥-锂辉石浮选"。

4.2.2.2　全流程闭路浮选工艺

在条件试验的基础上，采用如图 4-10 所示的工艺流程开展闭路浮选试验，试验结果见表 4-26。采用脱泥—锂辉石浮选工艺可获得 Li_2O 品位为 5.80%、回收率为 87.42% 的锂辉石精矿。

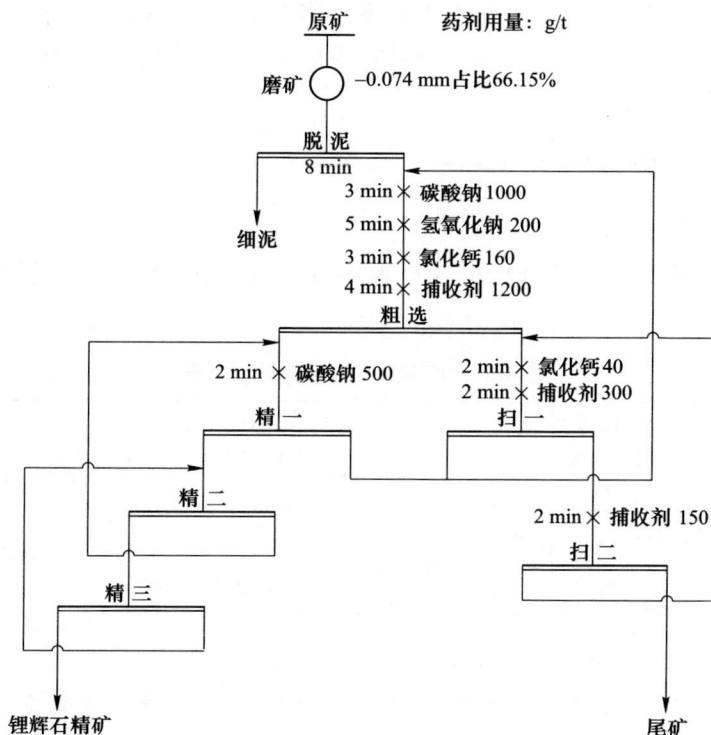

图 4-10　全流程闭路浮选工艺

表 4-26　全流程闭路浮选结果

产品名称	产率/%	Li₂O 品位/%	回收率/%
细泥	12. 56	0. 55	5. 12
锂辉石精矿	20. 33	5. 80	87. 42
尾矿	67. 11	0. 15	7. 46
原矿	100. 00	1. 35	100. 00

4.3　预浮云母—锂辉石浮选工艺

　　随着锂辉石浮选工艺的改进，当原矿中含有白云母、黑云母、少量含锂白云母或锂云母等云母类脉石矿物时，目前主要采用（脱泥）—预浮云母—锂辉石浮选的工艺流程，一方面更容易保证锂辉石精矿的品位，从而获得合格的锂精矿产品，当云母类矿物主要为锂云母时，能够获得锂云母精矿产品，提高矿石的综合经济效益；另一方面加入少量的药剂预浮云母后，能够大大减少锂辉石作业段的捕收剂用量，降低选矿过程中的药剂成本。当需要预浮云母时，为了减少云母精矿中锂辉石的夹杂，常常在浮选作业前设置脱泥作业，增强矿浆中矿物颗粒的分散性以提高精矿品位。

4.3.1　工艺矿物学分析

4.3.1.1　原矿化学组成

某原矿主要元素化学分析结果见表 4-27。原矿中主要有价金属为锂，伴生钽铌。

表 4-27　原矿多元素化学分析结果

元素	Li_2O	Ta_2O_5	Nb_2O_5	Sn	Al_2O_3	SiO_2	BeO	Rb_2O	Cs_2O	K_2O
含量/%	1.35	0.009	0.009	0.021	17.11	71.84	0.050	0.35	0.01	2.56
元素	Na_2O	CaO	MgO	Fe_2O_3	TiO_2	P_2O_5	S	F	Cl	As
含量/%	3.66	0.60	0.17	0.92	0.02	0.09	0.007	0.67	0.006	<0.001

4.3.1.2　原矿矿物组成分析

采用矿物自动定量检测系统（MLA）测定原矿矿物组成及含量，结果见表 4-28。原矿中锂辉石含量和云母含量差别不大，锂云母和含锂白云母的比例约为 1∶1；主要有用矿物为锂云母和锂辉石，脉石矿物以石英和长石为主，长石类矿物基本以钠长石为主，含量达 32.37%，同时含有少量的中长石、拉长石和钙长石等长石类脉石矿物。

表 4-28　原矿矿物组成分析结果

矿物名称	含量/%	矿物名称	含量/%	矿物名称	含量/%
锂辉石	10.962	绿柱石	0.026	微斜长石	6.600
锂云母	7.400	硅铍石	0.004	高岭石	0.779
白云母	7.587	硅铍钙石	0.056	萤石	0.392
锂绿泥石	0.216	石英	31.895	榍石	0.035
锂闪石	0.134	钠长石	32.374	磷灰石	0.172
钽铌锰矿	0.006	中长石	0.956	闪锌矿	0.001
细晶石	0.003	拉长石	0.142	其他	0.114
锡石	0.009	钙长石	0.137	合计	100.000

4.3.1.3 嵌布粒度测定

从原矿样品中采集代表性矿块磨制薄片，显微镜下测定锂辉石和云母的嵌布粒度，结果见表4-29。锂辉石和云母的嵌布粒度均主要集中在 0.04~0.64 mm，处于选矿回收的适宜粒级。

表4-29 锂辉石和云母嵌布粒度测定结果

粒级	粒度分布/%	
	锂辉石	云母集合体
-2.56+1.28 mm	0.00	2.84
-1.28+0.64 mm	2.27	5.68
-0.64+0.32 mm	10.01	9.24
-0.32+0.16 mm	21.06	18.12
-0.16+0.08 mm	37.26	24.75
-0.08+0.04 mm	23.42	24.81
-0.04+0.02 mm	4.52	8.99
-0.02+0.01 mm	1.29	4.60
-0.01 mm	0.17	0.97
合计	100.00	100.00

4.3.1.4 主要有用矿物的嵌布状态

A 锂辉石

原矿中锂辉石 $LiAl[Si_2O_6]$ 化学成分能谱分析结果见表4-30。锂辉石中普遍含有少量铁、锰和钠的类质同象代替，锂辉石单矿物分析结果显示 Li_2O 含量为 7.81%。

表4-30 锂辉石化学成分能谱（平均元素含量）分析结果

元素种类	Na_2O	MnO	FeO	Al_2O_3	SiO_2
元素含量/%	0.01	0.09	0.45	29.60	69.84

注：能谱无法检测到 Li_2O，表中数值为除 Li_2O 之外其他元素相对含量。

B 锂云母-含锂白云母

原矿中云母主要有锂云母 $K\{Li_{2-x}Al_{1+x}[Al_{2x}Si_{4-2x}O_{10}](F,OH)_2\}$、含锂白云母 $K\{(Al,Li)_2[AlSi_3O_{10}](OH,F)_2\}$ 和少量黑云母，极少量珍珠云母，其中锂云母与白云母比例约为 1:1。

白云母呈叶片状或鳞片状集合体，灰白色，透明，玻璃光泽，片理完整，薄片具弹性，莫氏硬度为 2~3，密度为 2.8~2.9 g/cm³；白云母成分中 K 可被 Na、Rb、Cs 代替，Li 部分代替 Al，同时 Al 也可被 Fe^{2+}、Mn、Ca、Mg 和 Ti 代替，F 常被 OH 代替。锂云母晶体呈片状或鳞片状集合体，片体比白云母更为柔软，颜色为灰白色、褐灰色。锂云母和含锂白云母化学成分能谱分析结果分别见表 4-31 和表 4-32，锂云母与含锂白云母相比较，铝含量较低，铷和氟的含量相对较高，而铯含量均较低。锂云母和含锂白云母的铁含量变化较大，导致云母的磁性在一定范围内变化，试验表明，云母在 0.6~1.35 T 场强下可进入磁性产品。云母单矿物（包括含锂白云母、锂云母）分析：Li_2O 占比 3.11%。

表 4-31　锂云母化学成分能谱（平均元素含量）分析结果

元素种类	K_2O	Na_2O	Rb_2O	Cs_2O	MgO	MnO	FeO	ZnO	TiO_2	Al_2O_3	SiO_2	F
元素含量/%	10.63	0.09	2.21	0.09	0.03	1.80	2.38	0.12	0.05	26.98	52.85	2.77

注：能谱无法检测到 Li_2O，表中数值为除 Li_2O 之外其他元素相对含量。

表 4-32　含锂白云母化学成分能谱（平均元素含量）分析结果

元素种类	K_2O	Na_2O	Rb_2O	Cs_2O	TiO_2	MnO	FeO	ZnO	Al_2O_3	SiO_2	F
元素含量/%	11.18	0.15	1.31	0.03	0.09	0.56	2.99	0.08	34.46	48.65	0.51

注：能谱无法检测到 Li_2O，表中数值为除 Li_2O 之外其他元素相对含量。

4.3.1.5　锂的赋存状态

原矿中锂元素的平衡分配表见表 4-33。赋存于锂辉石和白云母-锂云母的锂分别占原矿总氧化锂量的 63.71% 和 34.68%，赋存于锂绿泥石和闪石类含铁硅酸盐矿物中的氧化锂分别占原矿总氧化锂量的 0.34% 和 0.53%；分散于石英、长石中的氧化锂分别为 0.24% 和 0.50%。因此，从原矿中回收锂辉石和云母，氧化锂的理论回收率分别为 63% 和 34%。

表 4-33　样品锂的平衡分配表

矿物	含量/%	Li_2O 品位/%	Li_2O 占有率/%
锂辉石	10.962	7.81	63.71
云母	14.987	3.11	34.68
锂绿泥石	0.216	2.11	0.34
闪石	0.912	0.78	0.53
石英	31.895	0.01	0.24
长石	33.608	0.02	0.50

续表 4-33

矿物	含量/%	Li_2O 品位/%	Li_2O 占有率/%
其他	7.420	—	—
原矿	100.000	1.34	100.00

4.3.2 选别工艺分析

4.3.2.1 原则流程的确定

原矿中的主要有用元素为锂，主要赋存于锂辉石中，其次赋存于云母中，两者中赋存的氧化锂约占98%，为最大限度地提高锂元素的回收率，必须设置云母浮选作业。云母浮选在锂辉石浮选前，不仅有利于减少锂辉石浮选药剂消耗，降低药剂成本，还能避免由于云母可浮性较好导致云母进入锂辉石精矿使精矿品位降低。

由于原矿中含有绿泥石和高岭石等易泥化矿物，脱泥有利于试验指标的改善，提高生产稳定性，因此需要在浮选前进行脱泥。

综上所述，原矿采用脱泥—云母浮选—锂辉石浮选的原则流程，更容易获得较高品位和回收率的锂精矿，原则流程如图4-11所示。

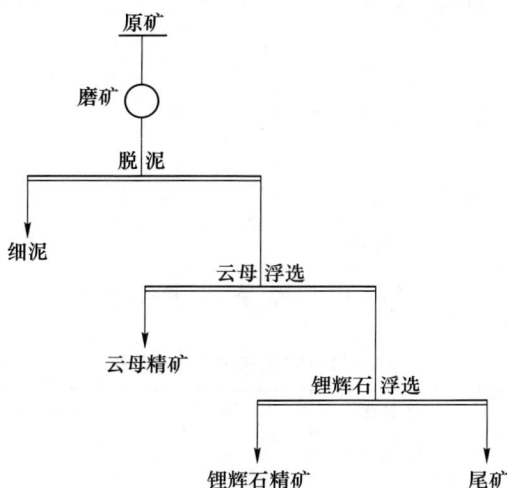

图 4-11 浮选原则流程

4.3.2.2 脱泥工艺参数的确定

用沉降脱泥的方式进行脱泥量条件试验，试验通过调整沉降时间达到控制脱泥量的目的。试验流程如图4-12所示，试验结果见表4-34。

原矿   药剂用量：g/t

磨矿 ◯ −0.074 mm占比66.07%

脱泥

细泥

3 min ╳ 碳酸钠 200
3 min ╳ 云母捕收剂 160

云母 粗选

2 min ╳ 云母捕收剂 160

云母 扫选

云母

3 min ╳ 碳酸钠 2000
3 min ╳ 氯化镁 120
4 min ╳ 锂辉石捕收剂 400

锂辉石 粗选

2 min ╳ 碳酸钠 500   2 min ╳ 氯化镁 40
                          2 min ╳ 锂辉石捕收剂 120

精一   扫一

                          2 min ╳ 锂辉石捕收剂 80

精二   扫二

精三

精矿   中矿   尾矿

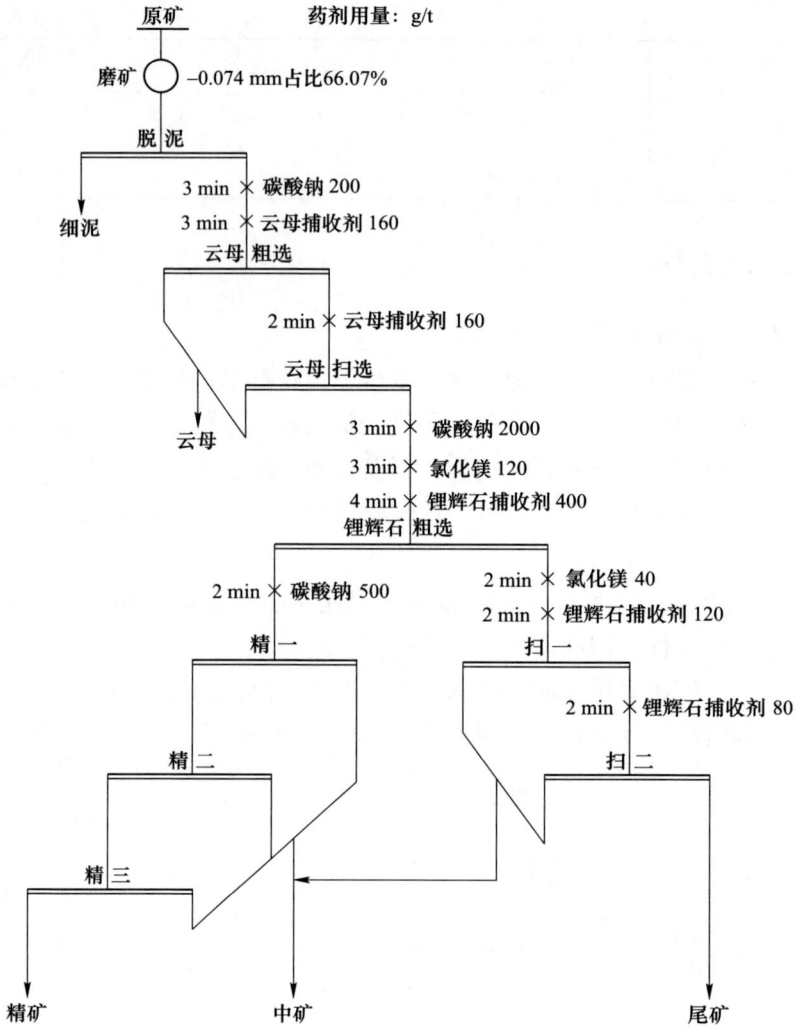

图 4-12 脱泥条件试验流程

表 4-34 脱泥条件试验结果

沉降时间/min	产品名称	产率/%	Li₂O 品位/%	回收率/%
	细泥	10.52	0.76	5.87
	云母	15.02	2.63	29.00
6	精矿	10.01	5.49	39.34
	中矿	15.34	1.85	20.83
	尾矿	49.11	0.12	4.96
	原矿	100.00	1.36	100.00

续表 4-34

沉降时间/min	产品名称	产率/%	Li$_2$O 品位/%	回收率/%
10	细泥	8.55	0.73	4.64
	云母	15.10	2.64	29.61
	精矿	10.20	5.46	41.37
	中矿	13.75	1.93	19.71
	尾矿	52.40	0.12	4.67
	原矿	100.00	1.35	100.00
15	细泥	6.67	0.73	3.62
	云母	14.42	2.63	28.18
	精矿	10.44	5.43	42.14
	中矿	15.34	1.87	21.32
	尾矿	53.13	0.12	4.74
	原矿	100.00	1.35	100.00
20	细泥	6.28	0.72	3.36
	云母	14.92	2.58	28.60
	精矿	10.76	5.41	43.22
	中矿	13.96	1.89	19.60
	尾矿	54.08	0.13	5.22
	原矿	100.00	1.35	100.00

由试验结果可知，随着脱泥产率下降，锂辉石精矿品位没有明显变化，但是回收率提高较为明显。继续增加沉降时间至 20 min，与沉降 15 min 相比，脱泥量略有下降，但是回收率提高幅度较小。在保证浮选指标相近的情况下，尽可能多地脱除浮选矿浆中的细泥，有助于浮选作业的稳定及浮选产品中泡沫的消除，因此，预先脱除细泥的适宜沉降时间为 15 min，此时对应的脱泥量产率为 6.67%，细泥中 Li$_2$O 损失为 3.62%。

4.3.2.3　云母浮选工艺

原矿中的云母矿物可浮性较好，采用一次粗选、一次精选、一次扫选的浮选流程，即可浮出原矿中的云母类矿物，云母捕收剂总用量为 200 g/t，精选作业为空白精选，浮选工艺流程如图 4-13 所示，结果见表 4-35。

表 4-35　云母浮选结果

产品名称	产率/%	Li$_2$O 品位/%	回收率/%
云母精矿	10.92	2.84	22.39
云母中矿	5.67	1.59	6.52
云母尾矿	83.41	1.18	71.09
脱泥粗粒	100.00	1.38	100.00

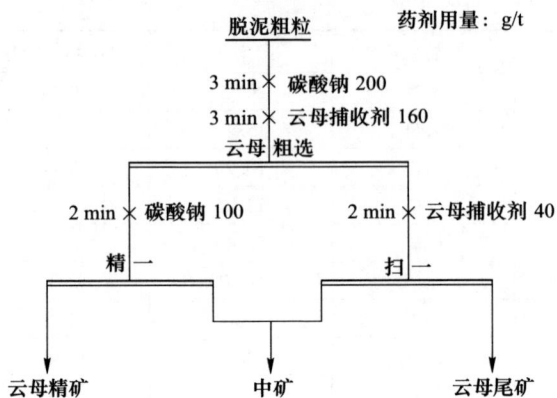

图 4-13　云母浮选工艺

4.3.2.4　锂辉石浮选工艺

采用云母浮选的尾矿进行锂辉石浮选，直接添加药剂对锂辉石进行浮选即可取得良好的浮选指标，开路浮选作业中锂辉石粗选捕收剂用量为 460 g/t，第一次精选作业中加入 500 g/t 碳酸钠强化锂辉石精选效果，扫选作业加入少量捕收剂进一步增强锂辉石矿物的回收率，浮选流程如图 4-14 所示，浮选结果见表 4-36。

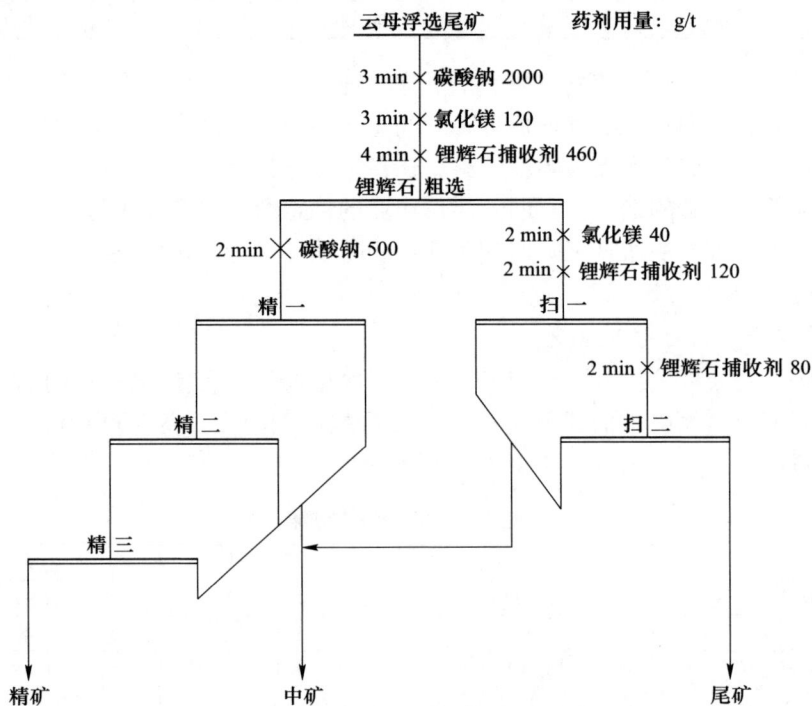

图 4-14　锂辉石浮选工艺

表 4-36 锂辉石浮选工艺结果

产品名称	产率/%	Li$_2$O 品位/%	回收率/%
精矿	13.56	5.42	62.25
中矿	20.87	1.76	31.09
尾矿	65.57	0.12	6.66
云母浮选尾矿	100.00	1.18	100.00

4.3.2.5 全流程闭路浮选工艺

脱泥—云母浮选—锂辉石浮选工艺流程如图 4-15 所示，试验结果见表 4-37。采用该工艺，能够获得 Li$_2$O 品位为 2.84%、回收率为 31.28%的云母精矿，Li$_2$O 品位为 5.20%，回收率为 60.63%的锂辉石精矿，最大限度地回收原矿中的 Li 元素，Li$_2$O 总回收率为 91.91%，提高矿石的综合经济指标。

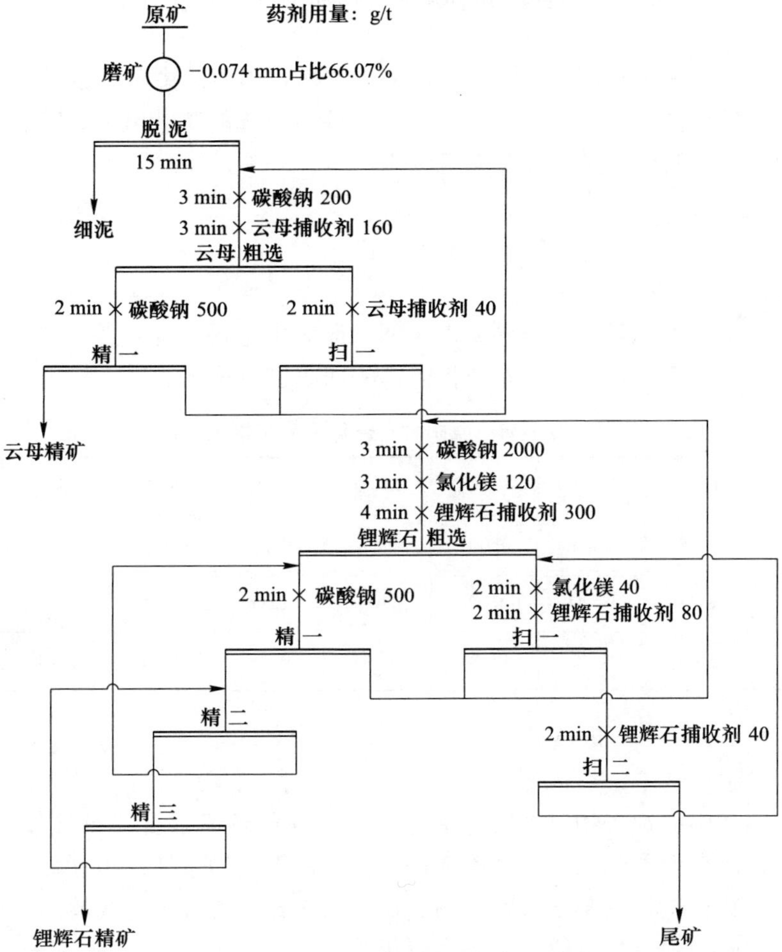

图 4-15 脱泥—预浮云母—锂辉石浮选全流程闭路浮选工艺

表 4-37　脱泥—预浮云母—锂辉石浮选全流程闭路浮选结果

产品名称	产率/%	Li$_2$O 品位/%	回收率/%
细泥	6.95	0.74	3.85
云母精矿	14.70	2.84	31.28
锂辉石精矿	15.56	5.20	60.63
尾矿	62.79	0.09	4.24
原矿	100.00	1.34	100.00

4.4　预浮脱磷—锂辉石浮选工艺

锂盐行业对锂辉石精矿中的磷含量要求严格，当原矿中磷锂铝石、磷灰石等脉石矿物含量较多时，多采用预浮脱磷—锂辉石浮选的工艺流程，保证锂辉石精矿中磷的含量在精矿质量标准要求范围内。

4.4.1　工艺矿物学分析

4.4.1.1　原矿化学组成

某原矿化学多元素分析结果见表 4-38。原矿中主要有价元素为锂和钽，杂质元素铁较低，但磷含量较高。本节仅对锂的回收进行论述。

表 4-38　原矿多元素化学分析结果

元素	Li$_2$O	Ta$_2$O$_5$	Nb$_2$O$_5$	Rb$_2$O	Cs$_2$O	BeO	Sn	P$_2$O$_5$
含量/%	1.15	0.03	0.007	0.54	0.35	0.058	0.027	0.83

元素	K$_2$O	Na$_2$O	Al$_2$O$_3$	SiO$_2$	CaO	MgO	Fe$_2$O$_3$	MnO
含量/%	2.30	3.40	14.87	74.37	0.28	0.06	0.61	0.07

4.4.1.2　原矿矿物组成分析

采用矿物自动定量检测系统（MLA）测定原矿的矿物组成及含量，结果见表 4-39。原矿中的锂矿物以锂辉石为主，其次为羟磷锂铝石、锂云母和白云母、锂电气石，还有少量锂绿泥石、透锂长石等。钽铌矿物包括铌钽锰矿、细晶石和锡锰钽矿；脉石矿物主要为石英、钠长石和钾长石，还有少量高岭石、磷灰石和角闪石。磷矿物主要为羟磷锂铝石和磷灰石。

表 4-39 矿物组成及含量测定结果

矿物	含量/%	矿物	含量/%
锂辉石	10.857	角闪石	0.332
羟磷锂铝石	1.130	细晶石	0.017
锂云母	3.055	锡锰钽矿	0.002
白云母	6.268	石英	35.774
锂电气石	1.140	钠长石	28.110
锂绿泥石	0.474	钾长石	9.782
透锂长石	0.071	高岭石	0.434
铯榴石	0.847	磷灰石	0.243
绿柱石	0.427	其他	1.005
硅铍石	0.004	合计	100.000
铌钽锰矿	0.028		

4.4.1.3 主要矿物的粒度组成分析

采用 MLA 测定原矿中锂辉石、羟磷锂铝石和云母的粒度组成，结果见表 4-40。

表 4-40 原矿主要有用矿物的粒度组成分析结果

粒级	占有率/%		
	锂辉石	羟磷锂铝石	云母
-0.32+0.16 mm	13.45	17.22	6.53
-0.16+0.08 mm	45.21	49.31	34.10
-0.08+0.04 mm	23.65	20.79	27.33
-0.04+0.02 mm	10.11	7.34	16.87
-0.02+0.01 mm	4.22	2.83	8.23
-0.01 mm	3.36	2.51	6.94
合计	100.00	100.00	100.00

4.4.1.4 主要矿物的嵌布状态

A 锂辉石

锂辉石 $LiAl[Si_2O_6]$ 的能谱分析结果见表 4-41。锂辉石中含有少量铷、铁和钠等，其单矿物 Li_2O 含量为 7.85%。

表 4-41 锂辉石化学成分能谱（平均元素含量）分析结果

元素种类	Al_2O_3	SiO_2	Rb_2O	MnO	FeO	Na_2O
元素含量/%	29.66	70.08	0.09	0.02	0.08	0.07

注：能谱无法检测到 Li_2O，表中数值为除 Li_2O 之外其他元素相对含量。

原矿中锂辉石多数为单体，呈板状、粒状或柱状，连生体主要与石英连生，其次与钠长石、白云母、锂云母和钾长石连生，或见与铯榴石、绿柱石、锂绿泥石、锂电气石和高岭石等呈包含或连生关系。

B 磷锂铝石－羟磷锂铝石

原矿中羟磷锂铝石 Li｛Al[PO$_4$](OH,F)｝化学成分能谱分析结果见表 4-42。

表 4-42 羟磷锂铝石化学成分能谱（平均元素含量）测定结果

元素种类	F	Al$_2$O$_3$	SiO$_2$	P$_2$O$_5$	TiO$_2$	Na$_2$O	Rb$_2$O
元素含量/%	1.58	38.34	1.39	58.04	0.45	0.08	0.13

注：能谱无法检测到 Li$_2$O，表中数值为除 Li$_2$O 之外其他元素相对含量。

原矿中的羟磷锂铝石常见以单体形式存在，连生体常见与磷酸盐矿物磷灰石、磷铝锶石、纤磷钙铝石等共生，内部包含其矿物包裹体，少数可见与长石、云母、石英和锂辉石等连生。

4.4.1.5 锂的赋存状态

原矿中锂的平衡分配结果见表 4-43。以锂辉石和羟磷锂铝石矿物形式存在的锂分别占原矿总含量的 70.50% 和 9.44%，赋存于云母、锂电气石、锂绿泥石、透锂长石、磷锰锂矿和铁锂闪石中的锂占有率分别为 16.04%、0.86%、1.24%、0.29%、0.50% 和 0.14%，而分散于石英和长石中的锂分别为 0.56% 和 0.31%。因此，从样品中回收锂辉石和羟磷锂铝石，锂的理论回收率为 80% 左右。

表 4-43 样品中锂的平衡分配表

矿物种类	含量/%	Li$_2$O 品位/%	Li$_2$O 占有率/%
锂辉石	10.857	7.85	70.50
羟磷锂铝石	1.13	10.1	9.44
云母	9.323	2.08	16.04
锂电气石	1.14	0.91	0.86
锂绿泥石	0.474	3.16	1.24
透锂长石	0.071	4.9	0.29
磷锰锂矿	0.064	9.51	0.50
铁锂闪石	0.068	2.55	0.14
铯榴石	0.847	0.16	0.11
石英	35.774	0.019	0.56
长石	37.892	0.01	0.31
其他	2.36	—	—
合计	100.00	1.21	100.00

注：表中所列为单矿物分析结果。

4.4.2 选别工艺分析

4.4.2.1 选矿试验原则流程

锂辉石和羟磷锂铝石是锂的主要回收矿物，以锂辉石和羟磷锂铝石矿物形式存在的锂分别占原矿总含量的70.60%和9.37%。磷锂铝石及矿石中的磷灰石与锂辉石，可浮性相近，易进入锂辉石精矿，导致精矿中磷超标，影响提锂效率。采用磷锂铝石选择性好的捕收剂，预先回收磷锂铝石，进行锂辉石的回收，获得了磷元素含量合格的锂辉石精矿，磷锂铝石也得到了回收。

4.4.2.2 磨矿细度条件试验

磨矿细度条件试验流程如图4-16所示，试验结果见表4-44。随着磨矿细度的提高，磷锂铝石精矿指标没有明显变化。磨矿细度（−0.074 mm 含量）在52.42%~62.37%范围内，随着磨矿细度的提高，锂辉石精矿品位略有降低，回

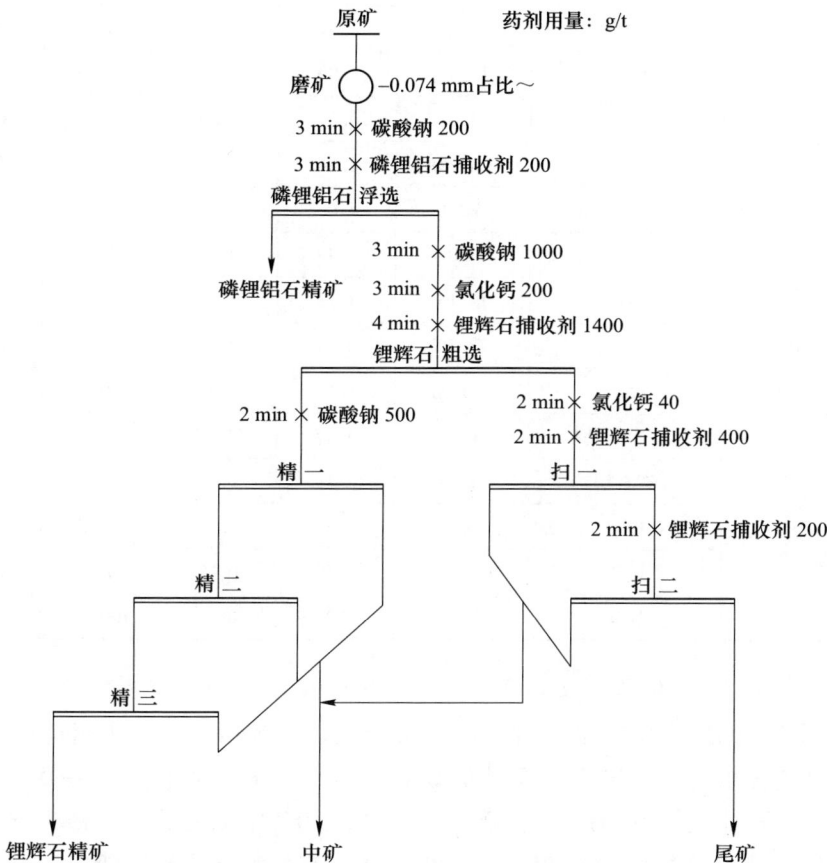

图 4-16 磨矿细度条件试验流程

收率明显增加，当磨矿细度由 -0.074 mm 占比为 62.37% 提高至 66.23% 左右时，锂辉石精矿品位明显降低，回收率没有明显变化。因此，磨矿细度为 -0.074 mm 占比 62.37% 较为适宜。

表 4-44　磨矿细度条件试验结果

磨矿细度 (-0.074 mm 含量)/%	产品名称	产率/%	品位/%		回收率/%	
			Li_2O	P_2O_5	Li_2O	P_2O_5
52.42	磷锂铝石精矿	2.62	4.37	20.87	9.85	63.36
	锂辉石精矿	8.12	5.85	0.87	40.88	8.19
	中矿	11.22	2.25	0.45	21.73	5.85
	尾矿	78.04	0.41	0.25	27.54	22.61
	原矿	100.00	1.16	0.86	100.00	100.00
58.47	磷锂铝石精矿	2.97	4.17	19.47	10.64	68.62
	锂辉石精矿	9.86	5.67	0.75	48.04	8.77
	中矿	13.49	2.09	0.32	24.23	5.12
	尾矿	73.68	0.27	0.20	17.09	17.49
	原矿	100.00	1.16	0.84	100.00	100.00
62.37	磷锂铝石精矿	3.09	4.05	20.15	10.91	74.37
	锂辉石精矿	11.87	5.47	0.59	56.59	8.36
	中矿	12.15	1.93	0.29	20.44	4.21
	尾矿	72.89	0.19	0.15	12.07	13.06
	原矿	100.00	1.15	0.84	100.00	100.00
66.23	磷锂铝石精矿	3.17	3.97	20.47	10.87	76.48
	锂辉石精矿	12.57	5.18	0.57	56.24	8.44
	中矿	13.14	1.87	0.27	21.22	4.18
	尾矿	71.12	0.19	0.13	11.67	10.90
	原矿	100.00	1.16	0.85	100.00	100.00

4.4.2.3　磷锂铝石浮选工艺

采用专用的磷锂铝石捕收剂，经一次粗选、一次精选、一次扫选的工艺流程，开展磷锂铝石浮选试验，流程如图 4-17 所示，试验结果见表 4-45。当碳酸钠和磷锂铝石捕收剂用量分别为 200 g/t 和 120 g/t 时，原矿经过脱磷浮选工艺流程处理后，尾矿中 P_2O_5 含量仅为 0.20%，能够有效消除原矿中磷矿物对后续锂辉石浮选的影响，同时磷锂铝石精矿中锂、磷得到回收。

原矿　　　　　药剂用量：g/t

磨矿 ◯ —0.074 mm占比 62.37%

3 min × 碳酸钠 200

3 min × 磷锂铝石捕收剂 120

磷锂铝石 粗选

精一　　　　　　　　扫一

磷锂铝石精矿　　　　中矿　　　　磷锂铝石尾矿

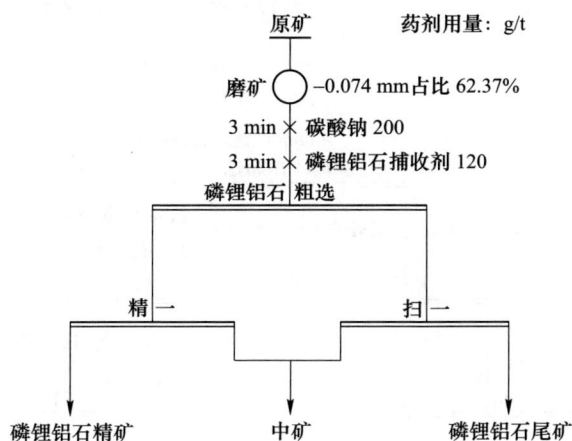

图 4-17　磷锂铝石浮选工艺流程

表 4-45　磷锂铝石浮选试验结果

产品名称	产率/%	品位/%		回收率/%	
		Li_2O	P_2O_5	Li_2O	P_2O_5
磷锂铝石精矿	1.47	6.44	29.97	8.08	52.09
中矿	3.79	1.41	5.69	4.56	25.50
磷锂铝石尾矿	94.74	1.08	0.20	87.36	22.41
原矿	100.00	1.17	0.85	100.00	100.00

4.4.2.4　锂辉石浮选工艺

锂辉石浮选给矿为磷锂铝石尾矿，采用一次粗选、两次扫选、三次精选的常规浮选流程开展锂辉石开路条件试验，试验流程如图 4-18 所示，试验结果见表 4-46。浮选过程中碳酸钠、氯化钙、锂辉石捕收剂、精选碳酸钠用量分别为 1000 g/t、200 g/t、1400 g/t、500 g/t，能够获得 Li_2O 品位为 5.53%，回收率为 63.26% 的锂辉石精矿，尾矿中 Li_2O 品位低至 0.20%。

表 4-46　锂辉石开路浮选试验结果

产品名称	产率/%	Li_2O 品位/%	Li_2O 回收率/%
锂辉石精矿	12.20	5.53	63.26
中矿	12.79	1.89	22.67
尾矿	75.01	0.20	14.07
磷锂铝石尾矿	100.00	1.07	100.00

磷锂铝石尾矿　　　　　药剂用量: g/t

```
           3 min × 碳酸钠 1000
           3 min × 氯化钙 200
           4 min × 锂辉石捕收剂 1400
           锂辉石 粗选
```

2 min × 碳酸钠 500　　　　　2 min × 氯化钙 40
　　　　　　　　　　　　　2 min × 锂辉石捕收剂 400

精一　　　　　　　　扫一

　　　　　　　　　　2 min × 锂辉石捕收剂 200

精二　　　　　　　　扫二

精三

锂辉石精矿　　　　中矿　　　　　　尾矿

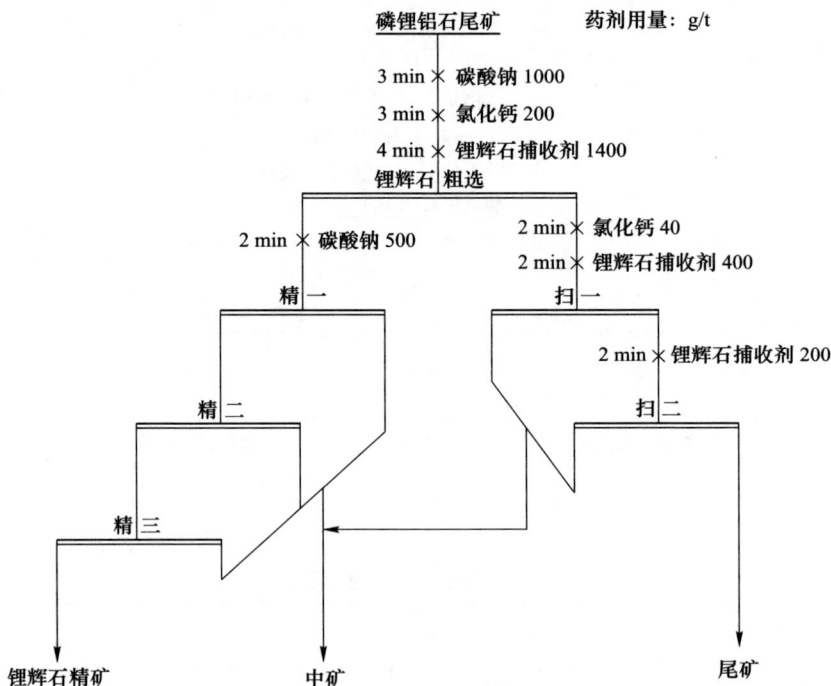

图 4-18　锂辉石浮选工艺开路流程

4.4.2.5　闭路浮选试验

根据条件试验确定药剂制度和工艺参数, 开展磷锂铝石预先浮选—锂辉石浮选方案闭路试验研究, 工艺流程如图 4-19 所示, 结果见表 4-47。磷锂铝石精矿中 Li_2O 含量为 6.15%, 回收率为 11.45%; 浮选锂辉石精矿中 Li_2O 含量为 5.28%, 回收率为 73.36%; 锂辉石浮选精矿中的 P_2O_5 和 Fe_2O_3 含量分别为 0.57% 和 2.73%。锂辉石经过磁选, 非磁性产品中 Li_2O 含量为 5.64%, Fe_2O_3 含量可降低至 1% 以下。

表 4-47　磷锂铝石浮选—锂辉石浮选—锂辉石精矿磁选试验结果

产品名称	产率/%	品位/%			回收率/%		
		Li_2O	P_2O_5	Fe_2O_3	Li_2O	P_2O_5	Fe_2O_3
磷锂铝石精矿	2.20	6.15	28.87	1.18	11.45	76.84	3.83
磁性产品	2.32	3.12	—	15.28	6.14	—	52.53
非磁产品	14.06	5.64	—	0.65	67.22	—	13.52
尾矿	81.42	0.22	0.12	0.25	15.19	11.84	30.12
原矿	100.00	1.18	0.82	0.68	100.00	100.00	100.00
锂辉石浮选精矿（磁性+非磁）	16.38	5.28	0.57	2.73	73.36	—	66.05

原矿　　　药剂用量：g/t

磨矿 ◯ −0.074 mm占比 62.37%

3 min × 碳酸钠 200

3 min × 磷锂铝石捕收剂 120

磷锂铝石 粗选

2 min × 磷锂铝石捕收剂 40

精一　　　　　　扫一

磷锂铝石精矿

5 min × 碳酸钠 1000

3 min × 氯化钙 200

4 min × 锂辉石捕收剂 800

锂辉石 粗选

2 min × 碳酸钠 500　　　　2 min × 氯化钙 40

2 min × 锂辉石捕收剂 400

精一　　　　　扫一

精二

2 min × 锂辉石捕收剂 200

扫二

精三

锂辉石浮选精矿　　　　　　　　尾矿

磁选

0.6 T, 50 Hz

磁性产品　　　非磁性产品

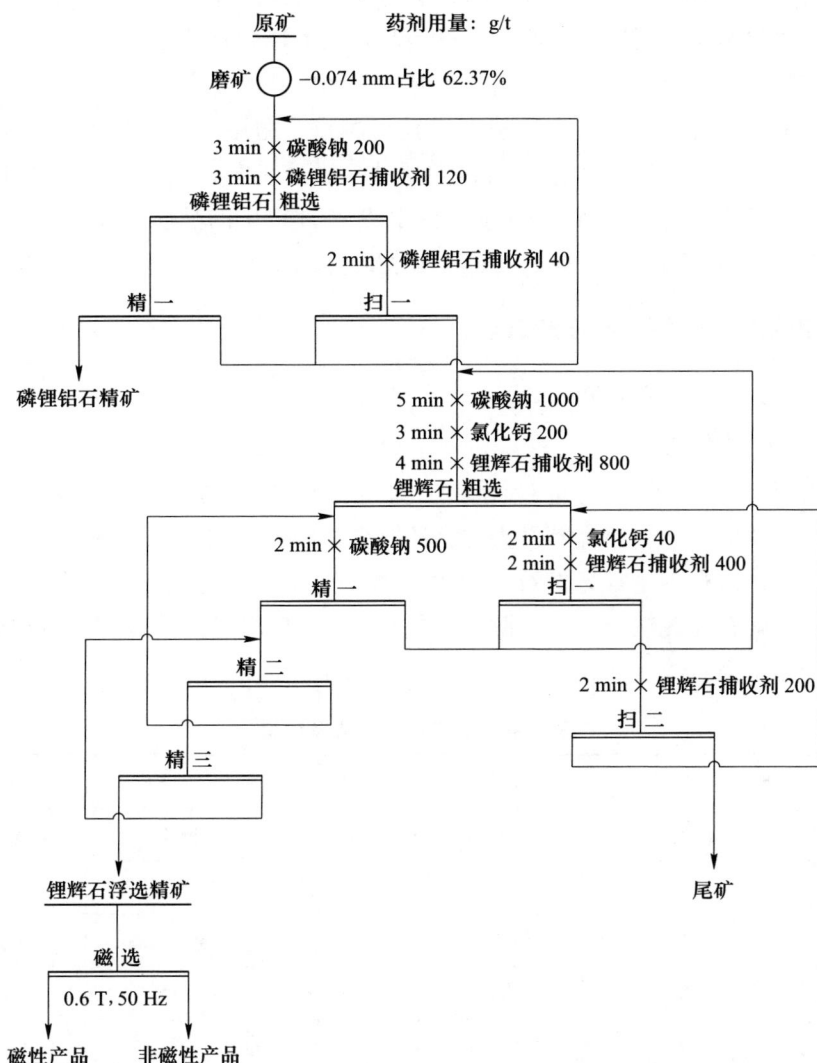

图 4-19　磷锂铝石浮选—锂辉石浮选—磁选闭路试验工艺流程

4.5　预先磁选工艺

当矿石中含有较多的磁性脉石矿物时，其会随着锂辉石一同与捕收剂发生吸附作用，进入锂辉石精矿中，不仅会增加锂辉石捕收剂的用量，而且会带来精矿品质差、冶炼精转率低等一系列问题，所以需要通过磁选除去矿石或精矿中的磁性脉石，以提高精矿品质，此时磁选工艺在前，即磁选—浮选工艺。国外研究团队多采用高梯度磁选预先脱除磁性脉石矿物，严格控制浮选入选粒度，在较高浓度下加入油酸类捕收剂后强力搅拌，再经调浆桶稀释后直接浮选，该工艺的优点是可以实现锂辉石粗颗粒浮选，缺点是磁性矿物中锂的损失率较高。

　　对于某些矿石而言，预先磁选夹带较为严重，抛尾时会造成严重的 Li_2O 损失，此时即需要考虑磁选工艺在后，即浮选—磁选工艺，先保证精矿中 Li_2O 的回收率，再对锂辉石浮选精矿磁选除杂，以提高锂精矿的品质。浮选—磁选工艺也应用于混合浮选精矿中锂辉石与钽铌矿物的分离。

4.5.1　预先磁选—锂辉石浮选工艺

4.5.1.1　工艺矿物学分析

A　原矿矿物组成

采用 MLA 矿物自动定量检测系统测定原矿中矿物组成及含量，结果见表 4-48。原矿中锂矿物以锂辉石为主，还有少量锂云母和锂绿泥石等；铍矿物以绿柱石为主，还有少量日光榴石；钽铌矿物以钽铌锰矿为主，还有少量细晶石、烧绿石、易解石和铌铁金红石；脉石矿物以长石和石英为主，还有少量绿帘石、角闪石和锰铝榴石等。

表 4-48　原矿矿物组成及含量

矿物	含量/%	矿物	含量/%	矿物	含量/%
锂辉石	28.225	日光榴石	0.006	钾长石	13.075
锂绿泥石	0.012	绿泥石	0.286	普通角闪石	0.491
锂云母	1.117	绿帘石	0.567	锰铝榴石	0.259
白云母	0.585	石英	20.646	钛铁矿	0.001
黑云母	0.433	钠长石	32.079	其他	1.208
金云母	0.012	中长石	0.490	合计	100.000
绿柱石	0.478	钙长石	0.030		

B　主要矿物的嵌布状态

a　锂辉石

原矿中锂辉石 LiAl[Si_2O_6] 化学成分能谱分析结果见表 4-49。锂辉石矿物中混入少量钠、铁和锰。

原矿中锂辉石多数为单体，呈板状、粒状或柱状，少量连生体，主要与长石连生。

表 4-49　锂辉石化学成分能谱（平均元素含量）分析结果

元素种类	Na_2O	Al_2O_3	SiO_2	MnO	FeO
元素含量/%	0.15	27.97	70.87	0.17	0.84

注：能谱无法检测到 Li_2O，表中数值为除 Li_2O 之外其他元素相对含量。

b　非磁性脉石-钾钠长石

原矿中钾长石和钠长石的化学成分能谱分析结果分别见表 4-50 和表 4-51。

表 4-50　钾长石化学成分能谱（平均元素含量）分析结果

元素种类	Rb_2O	K_2O	Na_2O	Al_2O_3	SiO_2	FeO
元素含量/%	1.29	13.26	0.21	18.22	66.92	0.10

表 4-51　钠长石化学成分能谱（平均元素含量）分析结果

元素种类	Na_2O	Al_2O_3	SiO_2	CaO	FeO
元素含量/%	9.17	19.86	70.30	0.63	0.04

c　磁性脉石

原矿中磁性脉石矿物包括绿帘石、角闪石、锰铝榴石、绿泥石和阳起石，其化学成分能谱分析结果见表 4-52～表 4-55。

表 4-52　绿帘石化学成分能谱（平均元素含量）分析结果

元素种类	Al_2O_3	SiO_2	CaO	TiO_2	Cr_2O_3	MnO	Fe_2O_3
元素含量/%	23.17	41.34	21.23	0.12	0.33	0.11	13.70

表 4-53　角闪石化学成分能谱（平均元素含量）分析结果

元素种类	Na_2O	MgO	Al_2O_3	SiO_2	K_2O	CaO	TiO_2	Cr_2O_3	MnO	Fe_2O_3
元素含量/%	0.49	10.57	7.77	51.19	0.79	11.31	0.61	0.20	0.32	16.74

表 4-54　锰铝榴石化学成分能谱（平均元素含量）分析结果

元素种类	Al_2O_3	SiO_2	CaO	MnO	FeO
元素含量/%	20.58	38.65	1.30	33.41	6.06

表 4-55　绿泥石化学成分能谱（平均元素含量）分析结果

元素种类	MgO	Al_2O_3	SiO_2	K_2O	TiO_2	MnO	FeO
元素含量/%	16.20	24.74	37.45	0.95	0.14	0.80	19.73

4.5.1.2　选别工艺分析

A　原则流程的确定

根据原矿性质，采用浮选—磁选和磁选—浮选两种工艺做对比试验，推荐最佳的工艺流程方案。

B　磨矿细度条件试验

磨矿细度条件试验流程如图 4-20 所示，结果见表 4-56。当磨矿细度为 −0.074 mm 占 53.60%时，捕收剂（因矿物组成较为简单，捕收剂为常规乳化油酸）用量为 1400 g/t，浮选精矿锂的回收率较高。

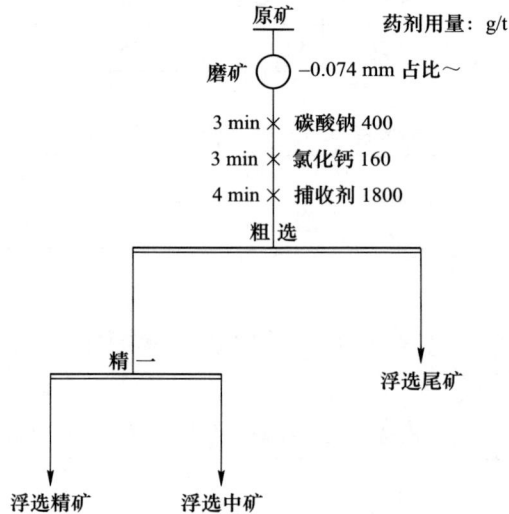

图 4-20　磨矿细度条件试验流程

表 4-56　磨矿细度条件试验结果

磨矿细度 （−0.074 mm 含量）/%	产品名称	产率/%	Li₂O 品位/%	回收率/%
48.50	浮选精矿	20.34	4.54	73.32
	浮选中矿	10.17	0.98	7.92
	浮选尾矿	69.49	0.34	18.76
	合计	100.00	1.26	100.00
53.60	浮选精矿	24.32	4.11	82.35
	浮选中矿	11.91	0.46	4.52
	浮选尾矿	63.77	0.25	13.13
	合计	100.00	1.21	100.00

磨矿细度 (-0.074 mm 含量)/%	产品名称	产率/%	Li$_2$O 品位/%	回收率/%
68.00	浮选精矿	25.90	3.98	82.24
	浮选中矿	12.63	0.40	4.03
	浮选尾矿	61.47	0.28	13.73
	合计	100.00	1.25	100.00

C　磁选分离工艺

磁选机磁场强度试验流程如图 4-21 所示，试验结果见表 4-57。磁场强度在 1.0 T 时，磁性产物中锂的损失量较少，且能够有效除去原矿中的铁。

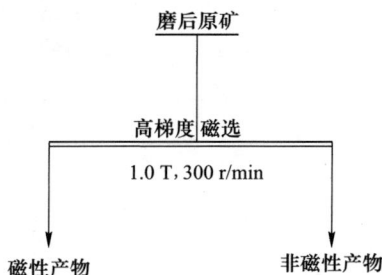

图 4-21　原矿磁选预除杂工艺

表 4-57　原矿磁选预除杂试验结果

产品名称	产率/%	Li$_2$O 品位/%	回收率/%
磁性产物	10.39	2.39	19.93
非磁性产物	89.61	1.11	80.07
合计	100.00	1.25	100.00

D　闭路浮选工艺

在条件试验的基础上，对 Li$_2$O 含量为 1.25% 的原矿，进行了磁选—浮选和浮选—磁选两种工艺流程的闭路试验。二者的试验流程分别如图 4-22 和图 4-23 所示，试验结果见表 4-58 和表 4-59。采用浮选—磁选方案，经一粗、三精、一扫闭路试验流程，可得到 Li$_2$O 含量为 4.49%、锂回收率为 82.87% 的浮选精矿，浮选精矿经过磁选，可得到 Li$_2$O 含量为 5.18%、锂回收率为 43.29% 的锂辉石精矿。锂精矿中的锂回收率较低，且 Li$_2$O 含量较低，锂主要损失于浮选精矿磁选除杂的磁性物中。

采用磁选—浮选工艺流程，预先磁选后，再经一粗、三精、一扫闭路试验流程，可得到 Li_2O 含量为 5.59%、锂回收率为 76.40%的锂辉石精矿。因此，综合考虑锂回收指标，推荐磁选—浮选工艺。

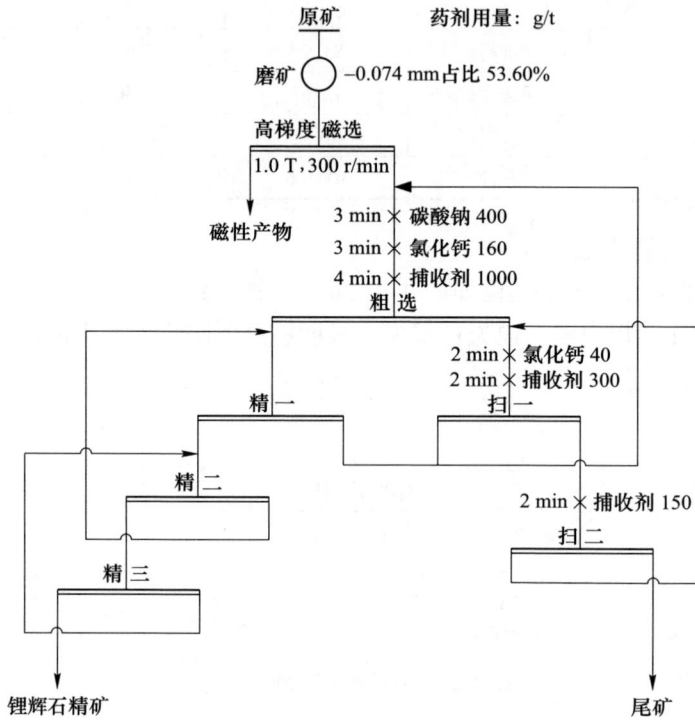

图 4-22　磁选—浮选方案闭路试验流程

表 4-58　磁选—浮选方案闭路试验结果

产品名称	产率/%	Li_2O 品位/%	回收率/%
磁性产物	10.39	2.39	19.93
锂辉石精矿	17.04	5.59	76.40
尾矿	72.57	0.063	3.67
原矿	100.00	1.25	100.00

表 4-59　浮选—磁选方案闭路试验结果

产品名称	产率/%	Li_2O 品位/%	回收率/%
锂精矿	10.21	5.18	43.29
磁性物	12.33	3.92	39.58
尾矿	77.46	0.27	17.13
原矿	100.00	1.22	100.00

原矿　　　　药剂用量：g/t

磨矿 ○ −0.074 mm占比53.60%

3 min × 碳酸钠 400
3 min × 氯化钙 160
4 min × 捕收剂 1200
粗选

2 min × 氯化钙 40
2 min × 捕收剂 500
扫一

精一

精二

2 min × 捕收剂 200
扫二

精三

浮选精矿　　　　尾矿

高梯度 磁选
1.0 T,300 r/min

磁性物　　　锂精矿

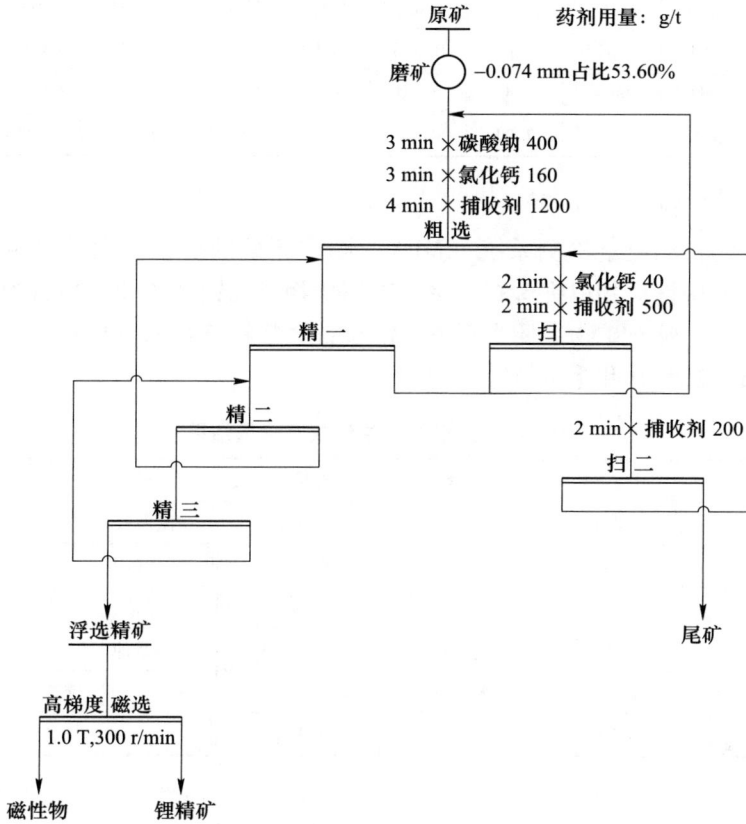

图 4-23　浮选—磁选方案闭路试验流程

4.5.2　预先磁选—脱泥—锂辉石浮选工艺

同样是含有部分磁性脉石矿物的锂矿石，当原矿中同时含有较多易泥化矿物时，可采用磁选—脱泥—锂辉石浮选的工艺流程，一方面对磁选后的物料起到浓缩作用，提高矿浆浓度，另一方面能够进一步脱除矿浆中的微细泥矿物，优化矿浆流变特性，提高浮选作业选别效率。

4.5.2.1　工艺矿物学分析

A　原矿化学组成

原矿进行化学多元素分析结果见表4-60。原矿中的有价元素为锂，钽和锡可进行综合回收，本节主要介绍锂的选矿工艺。

表 4-60　样品多元素化学分析结果

元素	Li_2O	Ta_2O_5	Nb_2O_5	Sn	Rb_2O	Cs_2O	Fe_2O_3	TiO_2	MnO
含量/%	1.01	0.017	0.003	0.036	0.53	0.042	1.68	0.12	0.17
元素	Al_2O_3	SiO_2	K_2O	Na_2O	CaO	MgO	S	P_2O_5	
含量/%	16.48	72.30	2.04	4.01	1.07	0.69	0.085	0.090	

B　原矿矿物组成分析

采用矿物自动定量检测系统（MLA）测定原矿的矿物组成及含量，结果见表 4-61。原矿中锂矿物以锂辉石为主；钽铌矿物以铌钽锰矿和细晶石为主，锡矿物以锡石为主。脉石矿物主要为石英、钠长石、微斜长石和奥长石，其次为绿泥石、角闪石、高岭石和绿帘石等。

表 4-61　原矿的矿物组成及含量结果

矿物	含量/%	矿物	含量/%	矿物	含量/%
锂辉石	10.5898	铌钽锰矿	0.0127	微斜长石	8.9252
锂绿泥石	3.1194	细晶石	0.0112	角闪石	2.5433
绿泥石	5.1280	石英	28.2157	绿帘石	1.3073
高岭石	2.4191	钠长石	31.1624	其他	2.5770
铁锂闪石	0.8555	奥长石	2.7532	合计	100.0000
黑云母	0.0771	中长石	0.3031		

C　原矿筛分分析

原矿筛分分析结果见表 4-62。锂在各粒级产品中的分布率与产率相近。

表 4-62　原矿筛分分析结果

粒级	产率/%	Li_2O 品位/%	Li_2O 分布率/%
+0.2 mm	8.85	0.94	8.46
-0.2+0.1 mm	26.51	0.89	24.02
-0.1+0.074 mm	16.52	1.04	17.43
-0.074+0.043 mm	19.74	1.10	22.01
-0.043+0.025 mm	8.97	1.05	9.55
-0.025+0.01 mm	10.33	1.07	11.21
-0.01 mm	9.08	0.79	7.32
合计	100.00	0.98	100.00

D　原矿中主要锂矿物的解离度测定

对磨矿细度（-0.074 mm 含量）为 60.69% 的磨矿产品进行锂辉石解离度测

定，测定结果见表 4-63。锂辉石在较粗的磨矿细度下即可得到较高的解离度，磨矿细度（-0.074 mm 含量）为 60.69% 的磨矿产品中锂辉石的总解离度为 92.22%。

表 4-63 磨矿产品中锂矿物的解离度结果

粒级	产率/%	Li$_2$O 品位/%	Li$_2$O 分布率/%	锂辉石解离度/%
+0.1 mm	20.34	0.96	19.05	87.74
-0.1+0.074 mm	18.97	1.09	20.17	90.94
-0.074+0.043 mm	23.98	1.09	25.49	89.47
-0.043+0.025 mm	13.91	1.06	14.38	95.27
-0.025+0.01 mm	12.66	1.01	12.48	98.79
-0.01 mm	10.14	0.87	8.43	
合计	100.00	1.03	100.00	92.22

E 锂辉石的嵌布状态

原矿中锂辉石的能谱分析结果见表 4-64。

表 4-64 锂辉石化学成分能谱（平均元素含量）分析结果

元素种类	Al$_2$O$_3$	SiO$_2$	Na$_2$O	MnO	FeO
元素含量/%	30.59	68.90	0.12	0.14	0.25

注：能谱无法检测到 Li$_2$O，表中数值为除 Li$_2$O 之外其他元素相对含量。

原矿中锂辉石的粒度相对均匀，多数为单体，呈板状、粒状或柱状，少量锂辉石与石英、长石、云母和高岭石等矿物呈连生或包含关系。

F 原矿的矿物磁性分析

为探究磁选回收锂矿物的可能性，对该样品 -0.1+0.074 mm 粒级进行磁性分析试验，结果见表 4-65。各磁性段产品含锂量没有明显变化，锂云母和含锂白云母主要分布在磁性产品中，锂辉石主要分布在非磁产品中。在非磁产品中，锂的分布率约为 88%。

表 4-65 -0.1+0.074 mm 粒级磁性分析结果

磁级/T	产率/%	Li$_2$O 品位/%	Li$_2$O 分布率/%	主要矿物组成
0.56	3.94	0.98	3.48	闪石，少量铁矿物
0.56~0.88	2.00	1.33	2.39	绿帘石，少量闪石、绿泥石、褐铁矿等
0.88~1.06	1.78	2.13	3.42	绿帘石、绿泥石等
1.06~1.35	1.88	1.58	2.67	绿泥石、锂辉石、黏土矿物、铁染的石英长石
非磁产品	90.40	1.08	88.04	以锂辉石、石英和长石为主，少量磷灰石
合计	100.00	1.11	100.00	—

注：试验样品为磨矿细度为 -0.074 mm 占 60.69% 的磨矿产品。

G　锂的赋存状态

根据矿物定量检测结果和主要矿物单矿物化学分析结果，进行锂的平衡计算，结果见表4-66。

以锂辉石矿物形式存在的锂占原矿总含量的81.73%，赋存于闪石和绿帘石中的锂占原矿总含量的5.16%，赋存于锂绿泥石和绿泥石中的锂占原矿总含量的12.31%，赋存于黑云母中的锂占原矿总含量的0.10%，而分散于石英和长石中的锂分别为0.28%和0.42%。从样品中回收锂辉石，锂的理论回收率为80%左右。

表 4-66　原矿中锂的平衡分配表

矿物	含量/%	Li_2O 品位/%	Li_2O 占有率/%
锂辉石	10.5898	7.91	81.73
黑云母	0.0771	1.33	0.10
闪石和绿帘石等	5.393	0.98	5.16
锂绿泥石和绿泥石	8.2474	1.53	12.31
钽铌矿物	0.0127	—	—
锡石	0.0112	—	—
石英	28.2157	0.01	0.28
长石	43.1439	0.01	0.42
其他	4.3092	—	—
合计	100.00	1.02	100.00

4.5.2.2　选别工艺分析

A　选矿试验原则流程

原矿中的锂主要以锂辉石的矿物形式存在，含有较高含量的绿泥石和高岭石等易泥化矿物，磨矿产品脱泥后有利于锂辉石浮选，提高锂精矿品位，因此设置脱泥作业。

锂辉石主要分布在非磁产品中，非磁产品中的锂占总含量的88%左右。锂云母和含锂白云母主要分布在磁性产品，另外原矿中含有部分铌钽锰矿、角闪石和绿帘石等弱磁性的矿物，强磁选可预先除去具弱磁性的含铁脉石矿物，有利于后续浮选锂辉石，提高锂精矿品位。但磁选会损失部分锂。

综合原矿性质特点，采用磁选—脱泥—浮选和脱泥—浮选—磁选两种工艺流程做对比。原则流程如图4-24所示。

B　全流程闭路试验结果

针对该矿石，在磨矿细度条件试验、脱泥条件试验、磁选磁场强度试验基础上，分别开展磁选—脱泥—浮选闭路和脱泥—浮选闭路—磁选两种工艺流程试验研究。磁选—脱泥—浮选闭路工艺流程即采用磁选、脱泥对磨矿产品预处理后进行浮选，磨矿产品进行磁选，非磁性产品进行脱泥，脱泥的粗粒产品进

行浮选闭路试验，浮选精矿为最终的锂精矿产品，试验工艺流程如图 4-25 所

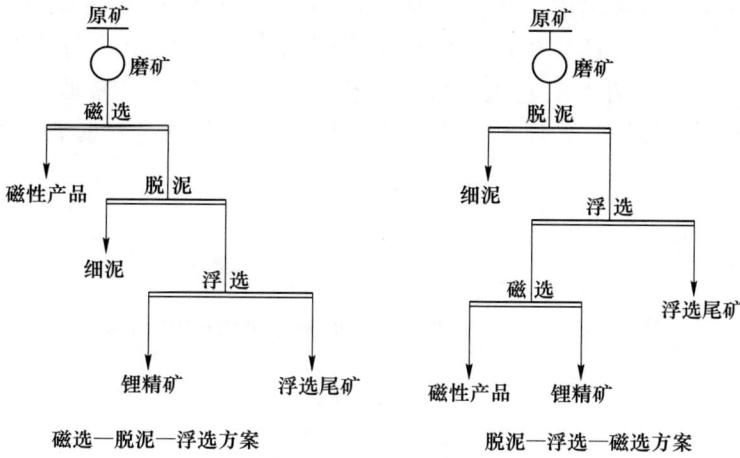

磁选—脱泥—浮选方案　　　　脱泥—浮选—磁选方案

图 4-24　试验原则流程

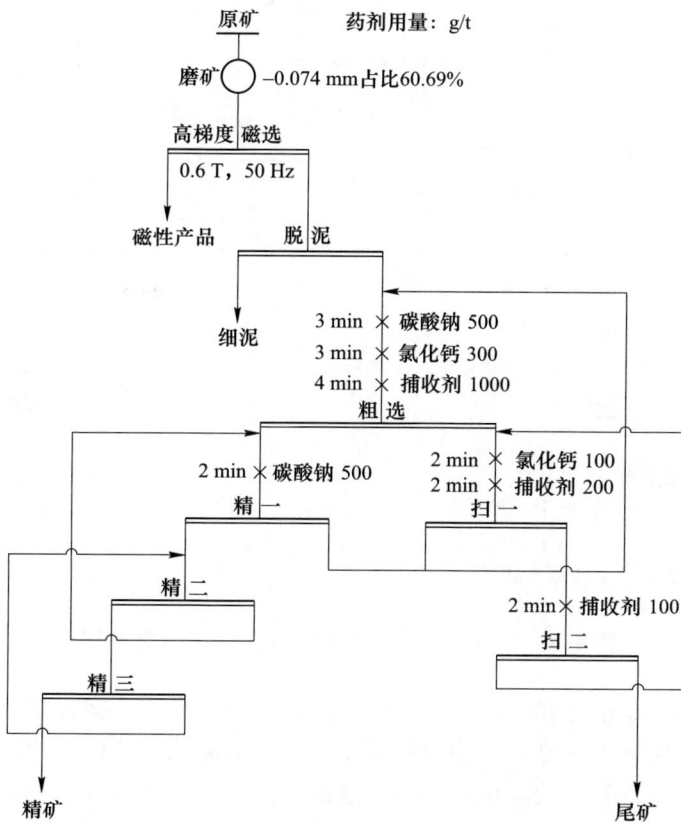

图 4-25　磁选—脱泥—浮选闭路方案试验工艺流程

示。脱泥—浮选闭路—磁选工艺流程即采用脱泥作业对磨矿产品预处理后进行浮选，浮选精矿采用磁选提质降杂，提高精矿锂品位。浮选精矿磁选后的非磁性产品为最终的锂精矿产品，试验流程如图4-26所示。两种工艺流程试验结果见表4-67。两种工艺均可得到合格的锂精矿产品，脱泥—浮选闭路—磁选可得到较高品位的锂精矿产品，但回收率比磁选—脱泥—浮选闭路低4.68%。

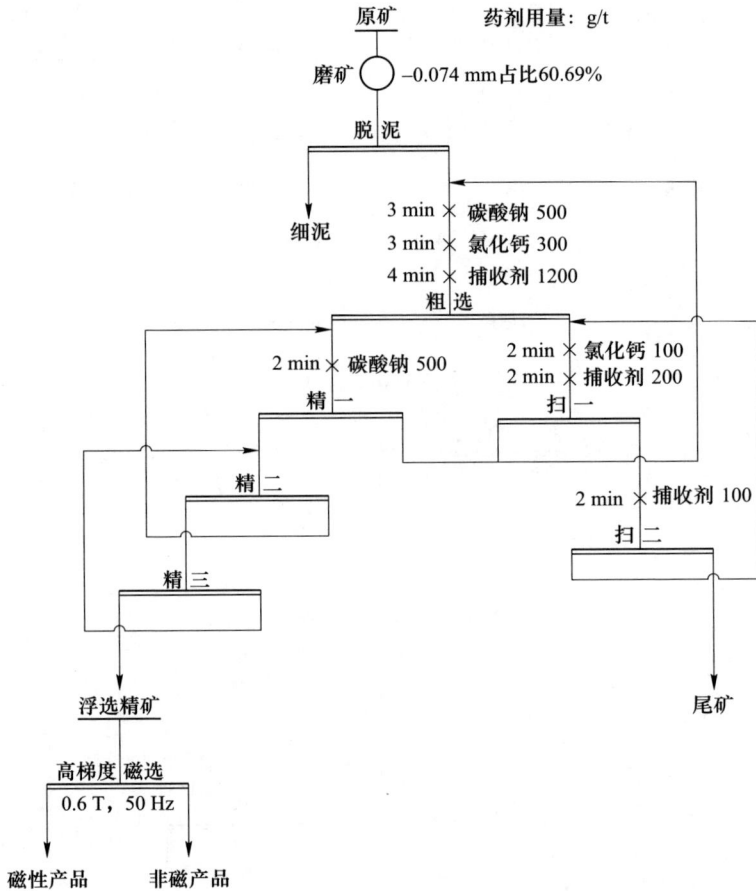

图 4-26　脱泥—浮选闭路—磁选方案试验工艺流程

在实际的工业设计和生产中，脱泥—浮选闭路—磁选方案投资成本低，设备占地面积小，便于生产操作管理和规模化生产，但磁选—脱泥—浮选闭路方案锂精矿回收率较高，经济效益相对显著，因此，可获得较高回收率的磁选—脱泥—浮选闭路方案更适合作为该原矿的选别工艺。

表4-67　不同闭路方案试验结果

方案	产品名称	产率/%	Li$_2$O 品位/%	回收率/%
磁选—脱泥—浮选闭路	磁性产品	10.54	1.09	11.28
	细泥	6.43	0.72	4.56
	精矿	13.88	5.29	71.96
	尾矿	69.15	0.18	12.20
	原矿	100.00	1.02	100.00
脱泥—浮选闭路—磁选	细泥	10.02	0.73	7.32
	磁性产品	6.42	1.49	9.60
	非磁产品	11.92	5.63	67.28
	尾矿	71.64	0.22	15.80
	原矿	100.00	1.00	100.00

4.6　预先重介质回收锂辉石或透锂长石—锂辉石浮选工艺

由于锂辉石与长石和石英等主要脉石矿物有明显的比重差异，因此当原矿中矿物组成较为简单，且锂辉石的嵌布粒度较粗，能够在较粗粒度下获得较高的单体解离度时，可以考虑采用重介质选矿的方法，获得合格的锂精矿。重介质选矿不仅能耗低，且入选粒度较粗，能够大幅降低碎磨成本，提高矿山的综合经济效益。由于破碎作业中不可避免地会产生部分细粒级物料，重介质无法回收，因此通常采用重介质+浮选联合工艺，重介质选矿获得合格锂精矿的同时抛除部分含锂极低的脉石矿物，微细粒物料进入磨浮作业，进一步提高锂的回收率。

当原矿中含有透锂长石时，采用重介质—浮选工艺，此时重介质作业主要回收矿石中的透锂长石，透锂长石尾矿再进入锂辉石浮选作业，可获得透锂长石精矿和锂辉石精矿两种产品。

4.6.1　重介质回收锂辉石—锂辉石浮选工艺

4.6.1.1　工艺矿物学分析

A　原矿化学组成

原矿多元素化学分析结果见表4-68。原矿中主要有价元素为锂，伴生少量锡。

表 4-68　原矿多元素化学分析结果

元素	Li$_2$O	Rb$_2$O	Cs$_2$O	Sn	Ta$_2$O$_5$	Nb$_2$O$_5$	BeO	P$_2$O$_5$	Al$_2$O$_3$	S
含量/%	1.92	0.06	0.006	0.011	<0.001	0.001	0.02	0.37	16.62	0.005
元素	SiO$_2$	K$_2$O	Na$_2$O	CaO	MgO	Fe$_2$O$_3$	TiO$_2$	MnO	F	Cl
含量/%	76.01	2.08	3.44	0.30	0.06	0.78	0.01	0.13	0.022	0.006

B　原矿矿物组成分析

采用矿物自动定量检测系统（MLA）测定原矿矿物组成及含量，结果见表 4-69。该原矿中锂矿物以锂辉石为主，其次为含锂云母，还有少量锂绿泥石；锡石和钽铌矿物数量较少，只有微量钽铌铁矿。脉石矿物主要为石英、钠长石，其次为微斜长石，铁钛矿物和硫化物含量较少。

表 4-69　原矿矿物组成及含量结果

矿物	含量/%	矿物	含量/%	矿物	含量/%
锂辉石	24.132	锂云母	0.221	闪锌矿	0.001
锂绿泥石	0.211	钠长石	26.051	褐铁矿	0.07
羟磷锂铝石	0.002	中长石	0.347	硬锰矿	0.018
磷锰锂矿	0.001	微斜长石	10.304	钛铁矿	0.001
绿柱石	0.322	白云母	7.54	其他	1.949
铌铁矿	0.002	黄铁矿	0.018	合计	100.00
石英	28.809	黄铜矿	0.001		

C　主要矿物的粒度组成分析

拣取代表性块矿样品磨制光薄片，显微镜下测定锂辉石的嵌布粒度，结果见表 4-70。原矿中锂辉石嵌布粒度较粗，最粗者达 5 mm 以上，+0.32 mm 粒级分布率达 90%。

表 4-70　锂辉石的嵌布粒度结果

粒级	粒度分布/%	Li$_2$O 累积分布/%
+5.12 mm	16.98	16.98
−5.12+2.56 mm	28.29	45.27
−2.56+1.28 mm	23.34	68.62
−1.28+0.64 mm	12.73	81.35
−0.64+0.32 mm	9.02	90.37
−0.32+0.16 mm	4.51	94.88
−0.16+0.08 mm	2.61	97.49

续表 4-70

粒级	粒度分布/%	Li_2O 累积分布/%
-0.08+0.04 mm	1.02	98.51
-0.04+0.02 mm	0.93	99.43
-0.02+0.01 mm	0.36	99.79
-0.01 mm	0.21	100.00
合计	100.00	—

D 锂辉石的嵌布状态

原矿中锂辉石化学成分能谱分析结果见表 4-71，该矿物中含有少量铁、钠、锰等杂质。锂辉石单矿物分析，含 Li_2O 7.80%。锂辉石晶体结构属于单斜晶系，常呈柱状晶体，颜色为灰白色、无色，少量呈烟灰色、淡紫色等，玻璃光泽。

表 4-71 锂辉石化学成分能谱（平均元素含量）分析结果

元素种类	Al_2O_3	SiO_2	FeO	MnO	Na_2O
元素含量/%	28.98	69.91	0.88	0.11	0.11

注：能谱无法检测到 Li_2O，表中数值为除 Li_2O 之外其他元素相对含量。

E 锂的赋存状态

根据原矿矿物定量检测结果和各矿物的含锂量，进行锂的平衡计算，结果见表 4-72。以锂辉石矿物形式存在的锂占原矿总氧化锂量的 98.02%，赋存于锂绿泥石、羟磷锂铝石和磷锰锂矿中的氧化锂占原矿总含量的 0.36%；赋存于云母中的氧化锂占原矿总含量的 1.13%；分散于石英、长石中的氧化锂占有率分别为 0.18% 和 0.31%。因此，从原矿中回收锂辉石，氧化锂的理论回收率可达 98%。

表 4-72 锂在矿石中的平衡分配表

矿物	含量/%	Li_2O 品位/%	Li_2O 占有率/%
锂辉石	24.132	7.80	98.02
锂绿泥石	0.211	3.16	0.35
羟磷锂铝石	0.002	10.10	0.01
磷锰锂矿	0.001	9.51	0
绿柱石	0.322	0	0
含锂云母	7.511	0.29	1.13
石英	28.809	0.012	0.18
长石	36.702	0.016	0.31
其他	2.31	—	—
合计	100	1.92	100.00

4.6.1.2　选别工艺分析

A　选矿试验原则流程

原矿中锂矿物以锂辉石为主，与石英、长石等主要脉石矿物相比密度差距较大，锂辉石嵌布粒度较粗采用重介质分选—浮选工艺流程，在原矿破碎至粗粒度后，采用重介质回收，获得粗粒级锂辉石精矿，同时进行抛尾，如图 4-27 所示。

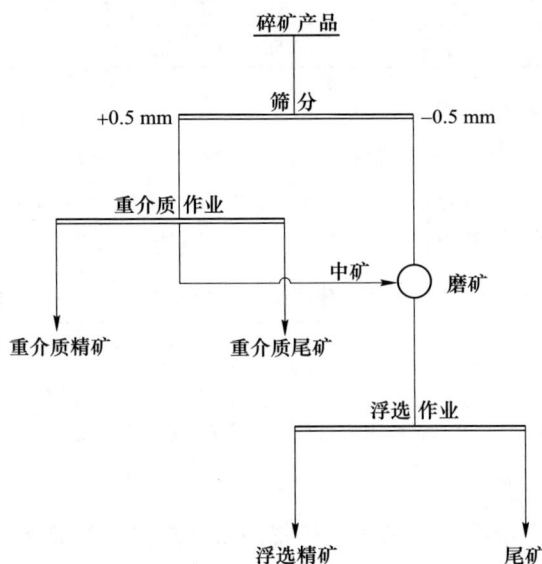

图 4-27　试验原则流程

重介质分选—浮选方案可以大幅度降低选厂碎矿、磨矿及选矿成本，实现选厂快速投产达标，而且重介质回收的粗粒锂辉石精矿具有更高的经济价值。

B　重介质分离工艺

原矿破碎至 -8 mm 后采用 0.5 mm 振动筛筛分，取 -8+0.5 mm 粒级的原矿进行重介质抛废和选别试验，选别流程如图 4-28 所示，结果见表 4-73。

表 4-73　重介质分选试验结果

产品名称	产率/%	Li$_2$O 品位/%	回收率/%
重介质锂精矿	24.92	5.65	73.34
重介质中矿	29.91	1.10	17.13
重介质尾矿	31.50	0.095	1.56
-0.5 mm 产品	13.67	1.12	7.97
原矿	100.00	1.92	100.00

```
                        原矿(-8 mm)
                            │
            +0.5 mm ┌───────筛 分───────┐ -0.5 mm
                    │                   │
            ┌──一段 重介质──┐            ▼
            │              │      -0.5 mm产品
            ▼       ┌──二段 重介质──┐
        重介质锂精矿  │              │
                    ▼              ▼
              重介质中矿       重介质尾矿
```

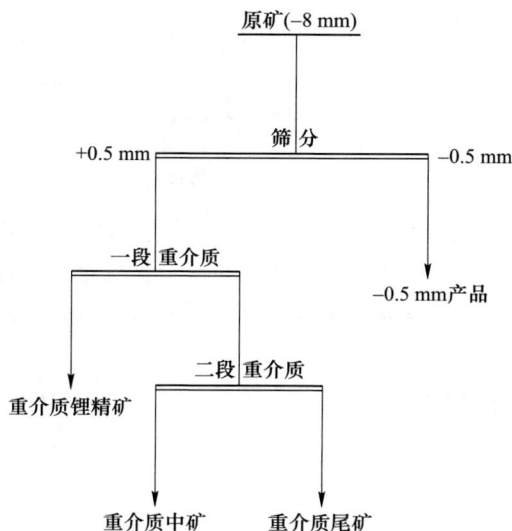

图 4-28　重介质分选工艺流程

C　浮选作业分离工艺

浮选是目前锂辉石选矿中应用最为广泛的工艺,将重介质中矿与原矿中-0.5 mm 粒级产物合并后作为浮选给矿进行浮选锂辉石作业,能够最大限度回收矿石中的锂矿物,提高其综合经济指标。

将流程中-0.5 mm 粒级产品和中矿合并后,磨矿至-0.074 mm 占比为 60.51%,以碳酸钠为调整剂,在钙离子活化体系的作用下,通过 M 系列锂辉石捕收剂,采用一次粗选、三次精选、两次扫选的常规锂辉石浮选工艺,开展浮选闭路试验,试验流程如图 4-29 所示,结果见表 4-74。闭路试验可得到 Li_2O 含量为 5.18%,回收率为 21.91% 的浮选锂辉石精矿。

表 4-74　浮选闭路试验结果

产品名称	产率/%		Li_2O 品位/%	回收率/%	
	对作业	对原矿		对作业	对原矿
浮选精矿	18.64	8.12	5.18	87.30	21.91
尾矿	81.36	35.45	0.17	12.70	3.19
浮选给矿	100.00	43.57	1.11	100.00	25.10

浮选给矿　　　　药剂用量：g/t

磨矿 ◯ −0.074 mm占比60.15%

3 min × 碳酸钠 200
3 min × 氯化钙 100
4 min × 捕收剂 700

粗选

2 min × 碳酸钠 200　　　2 min × 氯化钙 20
　　　　　　　　　　　2 min × 捕收剂 200

精一　　　　　　　　　扫一

精二　　　　　　　　　　　　2 min × 捕收剂 100

精三　　　　　　　　　扫二

浮选精矿　　　　　　　　　　　　　　尾矿

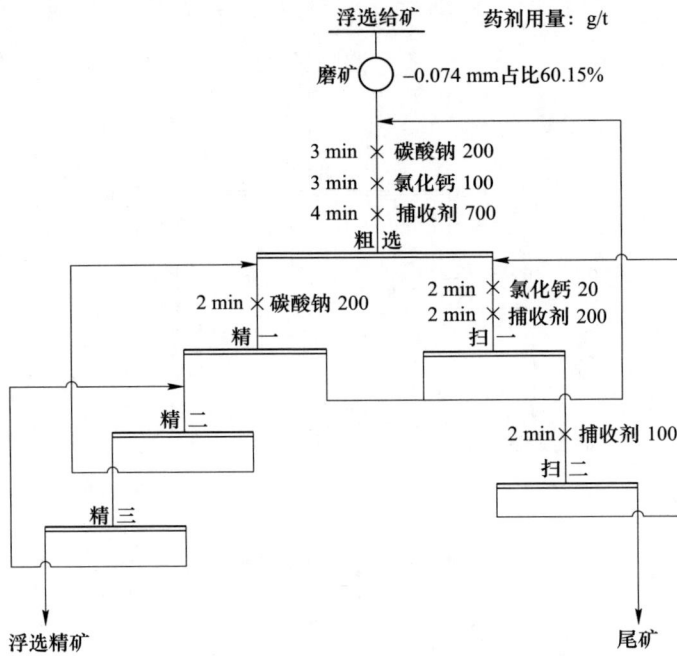

图 4-29　浮选闭路试验工艺流程

D　重介质回收锂辉石—锂辉石浮选全流程选别工艺

重介质回收锂辉石—锂辉石浮选全流程选别工艺如图 4-30 所示，结果见表 4-75。全流程试验获得了 Li_2O 含量为 5.53%，回收率为 95.30% 的锂辉石精矿。其中重介质锂辉石精矿 Li_2O 含量为 5.65%，回收率为 73.39%；浮选精矿 Li_2O 含量为 5.18%，回收率为 21.91%。重介质精矿中的 Fe_2O_3 含量为 1.25%，浮选精矿中的 Fe_2O_3 含量为 2.92%，两种精矿中的 Fe_2O_3 含量均小于 3%。

表 4-75　重介质回收锂辉石—锂辉石浮选方案试验结果

产品名称	产率/%	Li_2O 品位/%	回收率/%
重介质锂精矿	24.93	5.65	73.39
浮选精矿	8.12	5.18	21.91
重介质尾矿	31.50	0.10	1.56
浮选尾矿	35.45	0.17	3.14
原矿	100.00	1.92	100.00

原矿(-8 mm)

药剂用量：g/t·给矿

筛 分
+0.5 mm   −0.5 mm

一段 重介质

二段 重介质

重介质锂精矿   中矿

重介质尾矿   浮选给矿

磨矿 ○ −0.074 mm占比60.15%

3 min × 碳酸钠 200
3 min × 氯化钙 100
4 min × 捕收剂 700

粗 选

2 min × 碳酸钠 200   2 min × 氯化钙 20
2 min × 捕收剂 200

精一   扫一

精二

2 min × 捕收剂 100

精三   扫二

浮选精矿   尾矿

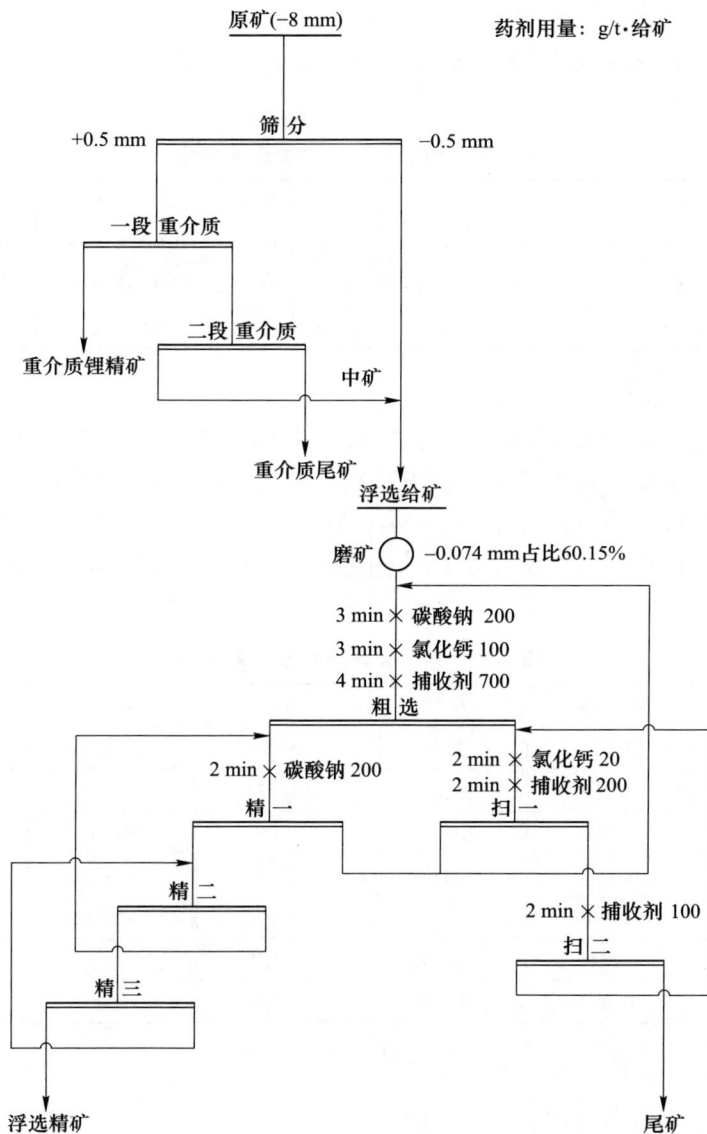

图 4-30 重介质回收锂辉石—锂辉石浮选方案工艺流程

4.6.2 重介质回收透锂长石—锂辉石浮选工艺

本节对某含透锂长石的锂辉石原矿进行了简单的探索试验，相关指标仅供
参考。

4.6.2.1　工艺矿物学分析

A　原矿化学组成

原矿多元素化学分析结果见表 4-76。原矿中主要有价元素为锂，伴生少量锡。

表 4-76　原矿多元素化学分析结果

元素	Li_2O	Rb_2O	Cs_2O	Sn	Ta_2O_5	Nb_2O_5	BeO	P_2O_5	Al_2O_3	S
含量/%	1.58	0.06	0.006	0.011	<0.001	0.001	0.02	0.37	16.62	0.005
元素	SiO_2	K_2O	Na_2O	CaO	MgO	Fe_2O_3	TiO_2	MnO	F	Cl
含量/%	76.01	2.08	3.44	0.30	0.06	0.78	0.01	0.13	0.022	0.006

B　原矿矿物组成分析

采用矿物自动定量检测系统（MLA）测定原矿矿物组成及含量，结果见表 4-77。原矿中锂矿物以锂辉石和透锂长石为主，其次为硅锂铝石、锂绿泥石、锂霞石、锂云母和铁锂闪石等含锂矿物；脉石矿物主要以石英和长石为主，其中长石主要以钠长石和微斜长石为主，占比分别为 31.523% 和 12.772%，含有少量的中长石。

表 4-77　原矿矿物组成及含量结果

矿物	含量/%	矿物	含量/%	矿物	含量/%
锂辉石	11.2453	石英	28.308	方解石	0.048
透锂长石	9.163	钠长石	31.523	菱锰矿	0.11
硅锂铝石	0.7953	中长石	3.171	褐铁矿	0.113
锂绿泥石	0.3179	微斜长石	12.772	锆石	0.003
锂霞石	0.346	黄玉	0.009	绿铁矿	0.007
锂云母	0.9185	高岭石	0.432	其他	0.238
铁锂闪石	0.099	蒙脱石	0.381	合计	100.000

4.6.2.2　选别工艺分析

A　选矿试验原则流程

原矿中的主要有用矿物为透锂长石和锂辉石，透锂长石比重一般较轻，所以采用重介质回收透锂长石—锂辉石浮选的原则流程能够尽可能地回收原矿中的各种锂矿物。

B　重介质回收透锂长石工艺

针对 $-12+0.5$ mm 粒级产品采用两段 DMS 分选，试验流程如图 4-31 所示，试验结果见表 4-78。一段重介质主要作用是分选出矿石中的透锂长石等轻矿物，初步富集锂辉石矿物。针对一段生产的轻矿物，采用二段重介质精选出透锂长石精矿，剩余的重矿物、原矿中小于-0.5 mm 粒级产品均作为锂辉石浮选作业的给矿。

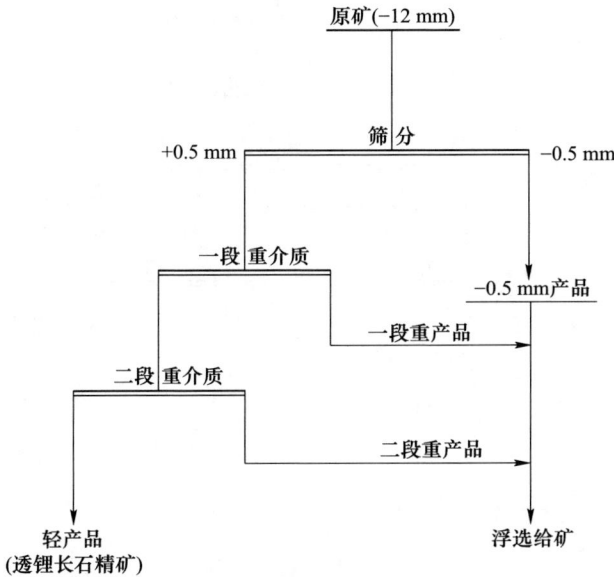

图 4-31 重介质回收透锂长石工艺流程

表 4-78 重介质回收透锂长石试验结果

产品名称	产率/%	Li$_2$O 品位/%	回收率/%
透锂长石精矿	2.78	3.77	6.56
（二段重产品）	5.93	1.18	4.36
（一段重产品）	82.62	1.56	80.58
（-0.5 mm 粒级产品）	8.67	1.57	8.50
（-12+0.5 mm 粒级）	91.33	1.46	91.50
浮选给矿	97.22	1.54	93.44
原矿	100.00	1.60	100.00

采用 DMS 两段分选，可以得到 Li$_2$O 含量为 3.77%透锂长石精矿，回收率为 6.56%。重介质能够分离原矿中的透锂长石和其他矿物，后续锂辉石作业浮选给矿品位为 1.54%。

C 锂辉石开路浮选工艺

采用如图 4-32 所示的浮选流程，对浮选给矿开展锂辉石浮选作业，试验指标见表 4-79。开路试验条件下，可以获得 Li$_2$O 含量为 6.45%、回收率为 56.27%的锂辉石精矿，尾矿中 Li$_2$O 的损失率为 21.60%。

浮选给矿

药剂用量: g/t

磨矿 ◯ −0.074 mm占比65.00%

3 min ╳ 碳酸钠 1000
5 min ╳ 氢氧化钠 100
3 min ╳ 氯化钙 200
4 min ╳ 捕收剂 1600

粗选

2 min ╳ 碳酸钠 500

2 min ╳ 氯化钙 40
2 min ╳ 捕收剂 300

精一

扫一

2 min ╳ 捕收剂 100

精二

扫二

精三

锂辉石精矿　　　　　　　　中矿　　　　　　　　　　　尾矿

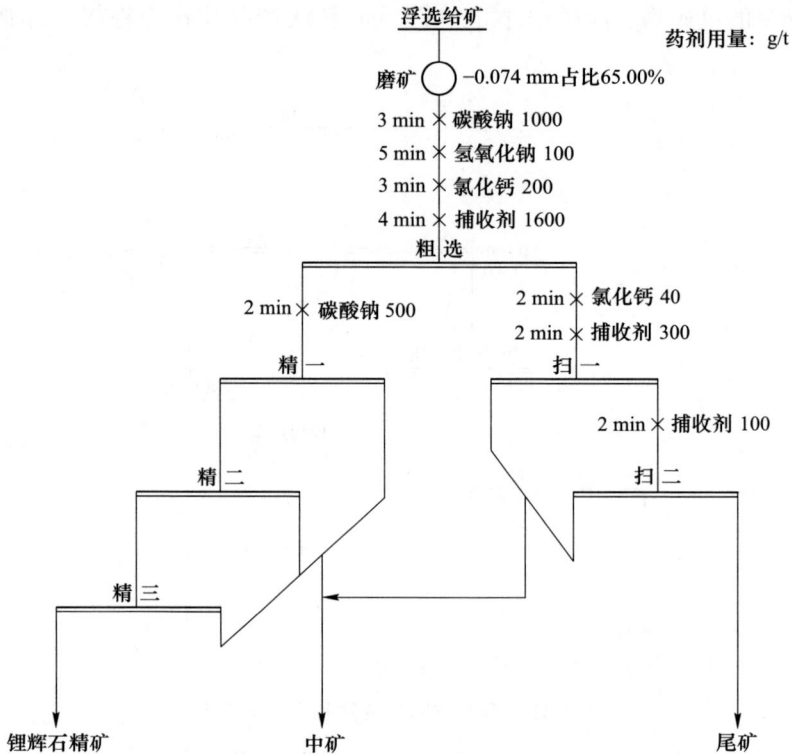

图 4-32　锂辉石开路浮选工艺

表 4-79　锂辉石开路浮选结果

产品名称	产率/%	Li₂O 品位/%	回收率/%
锂辉石精矿	13.43	6.45	56.27
中矿	12.66	2.69	22.13
尾矿	73.91	0.45	21.60
浮选给矿	100.00	1.54	100.00

D　全流程闭路浮选试验

采用如图 4-33 所示的重介质回收透锂长石—锂辉石浮选工艺流程，开展该原矿的全流程闭路浮选试验，结果见表 4-80。

表 4-80　重介质回收透锂长石—锂辉石浮选全流程闭路选别试验指标

产品名称	产率/%	Li₂O 品位/%	回收率/%
透锂长石精矿	2.78	3.77	6.56
锂辉石精矿	21.88	5.36	73.22
尾矿	75.34	0.43	20.23
原矿	100.00	1.60	100.00

原矿(−12 mm)

药剂用量：g/t·给矿

筛 分

+0.5 mm　　　　−0.5 mm

一段 重介质

−0.5 mm 产品

一段重产品

二段 重介质

二段重产品

轻产品
(透锂长石精矿)

浮选给矿

磨矿 ⃝ −0.074 mm占比65.00%

3 min × 碳酸钠 1000

5 min × 氢氧化钠 100

3 min × 氯化钙 160

4 min × 捕收剂 1100

粗 选

2 min × 碳酸钠 500

2 min × 氯化钙 30
2 min × 捕收剂 250

精 一

扫 一

精 二

2 min × 捕收剂 125

精 三

扫 二

锂辉石精矿

尾矿

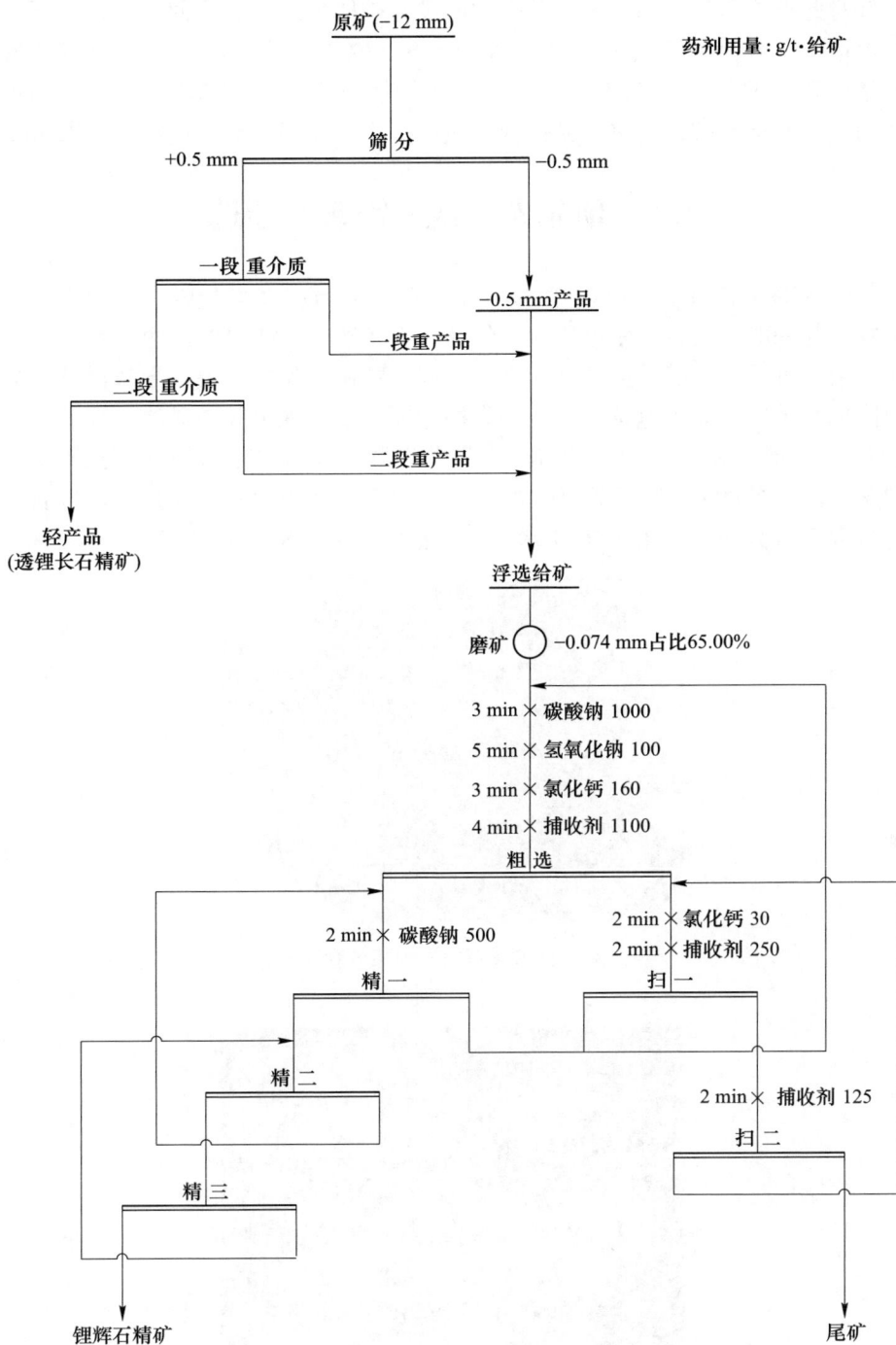

图 4-33　重介质回收透锂长石—锂辉石浮选全流程闭路选别工艺

　　针对此类透锂长石和锂辉石共生的原矿，矿样采用重介质回收透锂长石—锂辉石浮选工艺流程，可以得到 Li_2O 含量为 3.77%、综合回收率为 6.56% 的透锂长石精矿和 Li_2O 含量为 5.36%、综合回收率为 73.22% 的锂辉石精矿，表明该工艺较为适合此类原矿，但尾矿品位依然较高，主要原因是部分透锂长石未回收。

4.7　预先光电选—锂辉石浮选

　　如图 4-34 和图 4-35 所示，伟晶岩型锂辉石矿石中多见角闪石、磁铁矿等黑色矿物，与一般呈白色、紫色或粉色的锂辉石矿物具有明显的颜色差异，这些脉石矿物由于可浮性较好，会随着锂辉石一同在精矿产品中富集，导致浮选精矿锂品位降低。采用智能光电选矿设备预先抛除原矿中的深色脉石矿物，能够降低碎磨功耗，起预先富集作用，优化浮选精矿指标。本节针对某氧化锂含量为 1.73%，含有部分深色脉石矿物的锂辉石原矿样，采用预先光电选—锂辉石浮选工艺流程进行试验，如图 4-36 所示，试验指标见表 4-81，相关指标仅供参考。

图 4-34　某锂辉石原矿中深色脉石矿物

图 4-35　某锂辉石原矿中浅色矿物

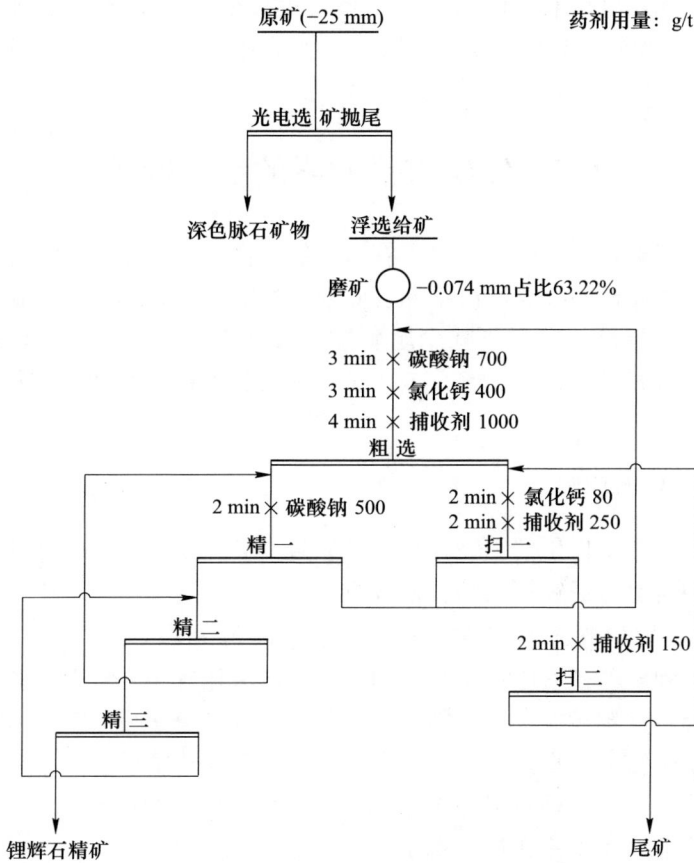

图 4-36 预选光电选—锂辉石浮选工艺流程

表 4-81 预选光电选—锂辉石浮选试验指标

产品名称	产率/%	Li$_2$O 品位/%	回收率/%
深色脉石矿物	14.33	0.18	1.49
锂辉石精矿	26.56	5.73	87.96
尾矿	59.11	0.31	10.55
原矿	100.00	1.73	100.00

预先光电选能够在较粗粒度（-25 mm）下实现原矿的预先抛废，且抛废产物中的 Li$_2$O 损失量仅为 1.49%，抛废产率达 14.33%，原矿中的 Li$_2$O 品位由 1.73% 富集至 1.99%，最终通过浮选作业能够获得 Li$_2$O 品位为 5.73%、回收率为 87.96% 的锂辉石精矿。

试验数据表明，对于某些锂辉石嵌布特征较为简单且含有深色脉石矿物的锂辉石原矿，预先光电选能够起到预抛废和初步富集 Li_2O 的作用。加拿大北美锂业在 -70 mm 粒级实现了光电选预先抛废。该工艺流程对于矿体较薄、与暗色围岩分采困难的部分锂辉石矿山具有推广前景。

4.8　伴生有价元素的综合回收

伟晶岩型锂辉石矿石中多共伴生有钽、铌、铷、铯、铍等有价金属，回收有价金属能够提高原矿的综合经济指标。此外，也需要考虑锂浮选尾矿中长石和石英分离工艺的可行性，进一步减少尾矿排放量甚至达到无尾绿色矿山的建设目标，本节主要对原矿中钽铌、铯、铍、长石和石英等相关元素或矿物的回收进行简单介绍。

4.8.1　钽铌的综合回收

当锂辉石原矿中伴生的钽铌含量较高，且具有一定的开发利用价值时，需要在选别工艺中着重考虑钽铌的综合回收方式。

4.8.1.1　锂钽铌同步富集—磁选—重选分离工艺

当伟晶岩锂辉石矿石中伴生少量钽铌时，多采用锂钽铌同步浮选工艺。在锂辉石浮选过程中，钽铌矿物会和锂辉石一起与捕收剂分子发生吸附作用，随着锂辉石在锂精矿中富集，形成锂辉石-钽铌矿物混合浮选精矿。由于钽铌矿物一般具有弱磁性，所以一般通过强磁选作业分离混合精矿中的锂辉石和钽铌矿物，然后通过重选作业对钽铌精矿进行选别。

A　原矿工艺矿物学分析简介

经化学多元素分析，原矿中主要有价元素为锂、钽、铌三种元素，Li_2O、Ta_2O_5、Nb_2O_5 的含量分别为 1.65%、0.04% 和 0.009%，需要在选别工艺中着重考虑锂钽铌的综合回收，采用浮选法使锂、钽、铌三种元素在浮选精矿中同步富集，再通过强磁选分离浮选精矿中的锂辉石和钽铌矿物，本节不再对锂辉石的赋存状态和选别工艺进行详细介绍。

原矿中钽铌锰矿、细晶石和锡锰钽矿的能谱分析结果分别见表 4-82 ~ 表 4-84。原矿中的钽铌矿物属于富锰系列的钽锰矿-铌锰矿，多数为富钽贫铌的钽铌锰矿，少数为富铌贫钽的铌钽锰矿，并含少量富铁的钽铌铁矿；细晶石中 Ta_2O_5 含量为 60.34% ~ 79.29%，Nb_2O_5 含量为 1.67% ~ 10.79%，并混入锡、铁、锰等杂质，仅含少量铀，且原矿中细晶石常见与锡锰钽矿共生，并可见呈不规则粒状或微细粒包裹体嵌布于长石、石英、锂辉石等矿物中；锡锰钽矿中 Ta_2O_5 含量为 62.87% ~ 71.55%，Nb_2O_5 含量为 1.66% ~ 5.82%，并混入少量铁、钙和钠等杂质，原矿中锡锰钽矿常见细晶石共生，或见细晶石呈微细粒嵌布于钽铌锰矿中。

表 4-82 钽铌锰矿化学成分能谱（平均元素含量）分析结果

元素种类	Ta_2O_5	Nb_2O_5	MnO	FeO	SnO_2	TiO_2	CaO
元素含量/%	59.12	23.41	13.86	2.20	0.87	0.17	0.37

表 4-83 细晶石化学成分能谱（平均元素含量）分析结果

元素种类	Ta_2O_5	Nb_2O_5	CaO	Na_2O	F	SnO_2	FeO	MnO	UO_2
元素含量/%	70.55	5.45	13.20	1.56	1.57	4.39	1.59	1.23	0.46

表 4-84 锡锰钽矿化学成分能谱（平均元素含量）分析结果

元素种类	Ta_2O_5	Nb_2O_5	CaO	Na_2O	F	SnO_2	FeO
元素含量/%	70.73	5.46	13.23	3.00	1.57	4.40	1.61

根据原矿矿物定量检测结果和各矿物的含锂量，进行钽和铌的平衡计算，结果见表 4-85。以钽铌锰矿、细晶石、锡锰钽矿矿物形式存在的钽和铌分别占总含量的 39.81% 和 64.95%、27.15% 和 8.64%、21.00% 和 6.17%；赋存于锡石中的钽和铌分别占总含量的 0.68% 和 0.10%；以微细粒包裹体分散于云母、锂辉石、石英/长石、磁性脉石中的钽和铌分别占总含量的 9.74% 和 17.56%、1.32% 和 1.36%、0.15% 和 0.63%、0.15% 和 0.59%。从原矿中分离钽铌矿物，钽和铌的理论回收率分别为 87.96% 和 79.75%。

表 4-85 钽和铌在原矿中的平衡分配表

矿物种类	矿物含量/%	含量/%		占有率/%	
		Ta_2O_5	Nb_2O_5	Ta_2O_5	Nb_2O_5
钽铌锰矿	0.028	59.12	23.41	39.81	64.95
细晶石	0.016	70.55	5.45	27.15	8.64
锡锰钽矿	0.013	65.64	4.68	21.00	6.17
锡石	0.029	0.98	0.04	0.68	0.10
锂辉石	13.857	0.004	0.001	1.32	1.36
绿柱石	0.193	—	—	—	—
硅铍石	0.001	—	—	—	—
石英/长石	63.910	0.0001	0.0001	0.15	0.63
云母	12.817	0.032	0.014	9.74	17.56
磁性脉石	6.107	0.001	0.001	0.15	0.59
其他	3.029	—	—	—	—
合计	100.000	0.042	0.010	100.00	100.00

B　选别工艺介绍

浮选工艺采用一次粗选、二次扫选、三次精选的锂辉石浮选流程后得到 Li_2O 和 Ta_2O_5 品位分别为 5.18% 和 0.073% 的浮选精矿，浮选精矿经过高梯度磁选后使钽铌矿物在磁性物中富集，再通过两段摇床重选工艺获得合格的钽铌精矿产品，锂钽分离和钽铌精选全流程工艺如图 4-37 所示，选别结果见表 4-86。

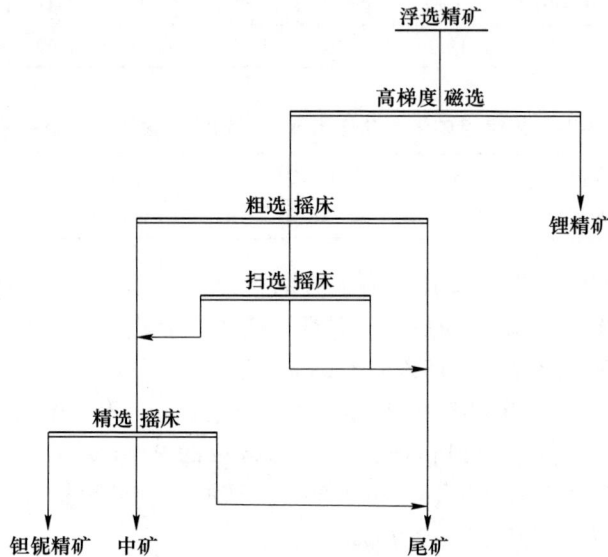

图 4-37　锂钽分离—精选流程

表 4-86　全流程选别结果

产品名称	产率/%	品位/%		回收率/%	
		Ta_2O_5	Li_2O	Ta_2O_5	Li_2O
钽铌精矿	0.29	14.26	—	56.34	—
中矿	14.34	0.055	—	10.75	—
锂精矿	73.38	0.029	6.55	28.99	92.79
尾矿	11.99	0.024	—	3.92	—
浮选精矿	100.00	0.073	5.18	100.00	—

由结果可知，采用高梯度磁选—摇床工艺开展浮选精矿锂钽分离，获得了 Li_2O 品位为 6.55%、回收率为 92.79% 的锂精矿，Ta_2O_5 品位为 14.26%、回收率为 56.34% 的钽铌精矿。

4.8.1.2　原矿直接磁选—重选回收钽铌工艺

当矿石中钽主要以钽铌铁矿或钽铌锰矿形式存在，细晶石占有率较低时，可

采用磁选预先回收钽铌矿物，磁性物重选精选，磁选尾矿浓缩后浮选回收锂
辉石。

A 原矿工艺矿物学分析简介

某原矿样多元素分析结果见表 4-87。原矿中 Li_2O 含量为 0.83%，Ta_2O_5、
Nb_2O_5 含量已达到钽铌矿床工业品位要求。

表 4-87 原矿多元素分析结果

名称	Ta_2O_5	Nb_2O_5	K_2O	Na_2O	Li_2O	Rb_2O	Cs_2O	BeO
含量/%	0.011	0.009	3.210	4.931	0.83	0.22	0.021	0.02
名称	S	CaO	MgO	SiO_2	Al_2O_3	Fe	Mn	Sn
含量/%	0.03	1.631	0.279	62.122	13.279	0.961	0.051	0.03

采用 X 射线衍射分析仪的矿物组成及含量结果见表 4-88。原矿中的主要有用
矿物是锂辉石和钽铌铁矿，含量分别为 10.10% 和 0.03%；脉石矿物主要是长石
和石英，其次是云母，少量浊沸石和方解石等。

表 4-88 原矿矿物定量检测结果

矿物	含量/%	矿物	含量/%	矿物	含量/%
锂辉石	10.10	云母	12.40	方解石	1.90
钠长石	40.30	斜长石	7.90	钽铌铁矿	0.03
石英	19.50	浊沸石	2.10	其他矿物	5.77

采用矿物自动定量检测系统（MLA）测定原矿（-2 mm）中锂辉石和钽铌铁
矿的粒度组成，结果见表 4-89。原矿中的锂辉石嵌布粒度较粗，主要分布在
0.074 mm 以上，细粒部分的含量较少，-0.075 mm 含量占 13.05%；铌钽铁矿嵌布
粒度很细，主要分布在 0.1 mm 粒级以下，其中 0.074 mm 以下部分占 64.94%。

表 4-89 原矿中主要有用矿物的粒度组成分析结果

粒度	分布率/%	
	锂辉石	钽铌铁矿
+0.9 mm	11.66	—
-0.9+0.5 mm	25.71	—
-0.5+0.32 mm	9.02	—
-0.32+0.25 mm	19.11	—
-0.25+0.15 mm	12.11	—
-0.15+0.10 mm	5.11	—
-0.10+0.074 mm	4.23	35.06

粒度	分布率/%	
	锂辉石	钽铌铁矿
−0.074+0.038 mm	6.61	14.11
−0.038+0.019 mm	3.74	25.11
−0.019 mm	2.70	25.72
合计	100.00	100.00

B　选别工艺介绍

对于该矿样，采用了预先磁选—重选回收钽铌—尾矿浮选锂辉石的选矿工艺，磨矿产品经弱磁除杂后开展两段强磁选预先富集钽铌矿物，为了提高钽铌矿物的回收率，对高梯度磁选精矿进行筛分分级，+0.074 mm 粒级产品和−0.074 mm 粒级产品分别通过三段重选摇床，最终获得钽铌精矿和尾矿，全流程工艺如图4-38 所示，指标见表4-90。

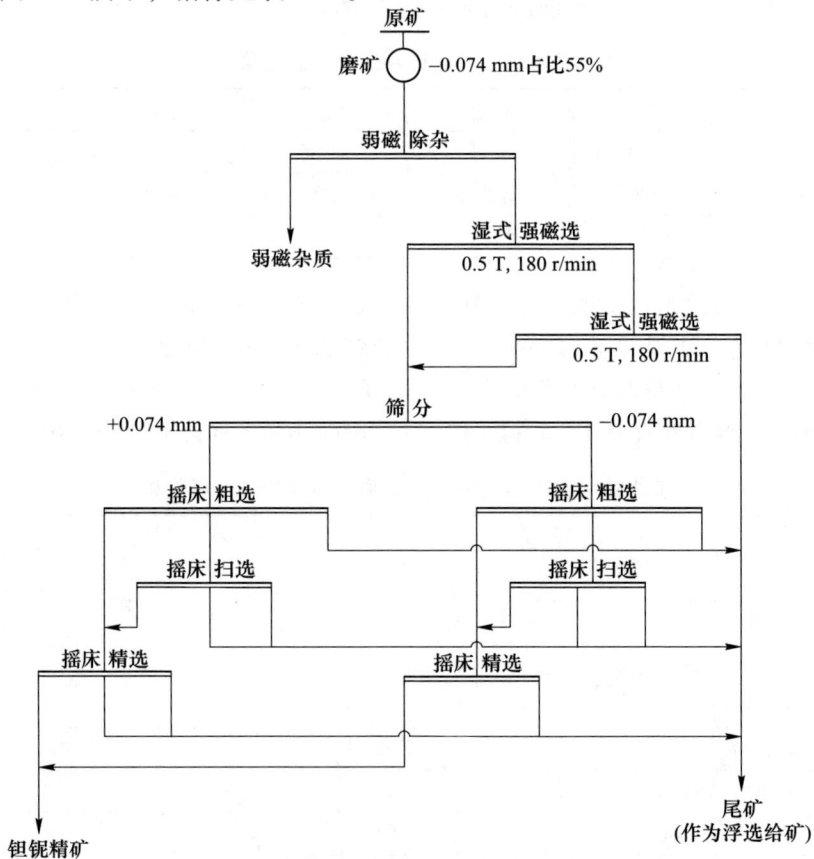

图 4-38　原矿直接磁选—重选回收钽铌工艺

表 4-90 原矿直接磁选—重选回收钽铌工艺指标

产品名称	产率/%	品位/%		回收率/%	
		Ta_2O_5	Nb_2O_5	Ta_2O_5	Nb_2O_5
弱磁杂质	0.521	0.023	0.020	1.05	1.15
钽铌精矿	0.021	25.200	19.060	46.51	44.08
尾矿	99.458	0.006	0.005	52.44	54.77
原矿	100.000	0.011	0.009	100.00	100.00

采用该工艺，预先磁选和重选联合回收钽铌能够获得 Ta_2O_5 和 Nb_2O_5 的品位为 25.20% 和 19.06%、回收率为 46.51% 和 44.08% 的高品位钽铌精矿。

4.8.1.3 预先重选回收钽铌

上述两种钽铌综合回收工艺，主要回收矿物为锂辉石，磨矿粒度较细，钽铌过粉碎严重，实际生产中钽铌的回收率较低。部分采用两段磨矿的选厂，对一段磨矿产品（ -0.074 mm 占 45% 的条件下 ）进行了钽铌的重选回收，采用的工艺为螺旋粗选—摇床精选工艺，重选尾矿浓缩后进入二段磨矿作业，新疆可可托海和山东沿海加工厂采用了该工艺。

4.8.2 铷铯的综合回收

伟晶岩型锂辉石矿中，铷多赋存于云母和钾长石中，赋存于云母中的铷与云母锂同步回收，赋存于长石中的铷未见利用。铯主要赋存于云母和铯榴石中，赋存于云母中的铯，与云母锂同步回收，铯榴石中的铯多通过浮选回收。前述锂辉石回收工艺流程中，预先浮选云母锂，铷铯获得了同步回收，若利用高碱度将云母抑制在锂辉石浮选尾矿中，则可通过碳酸钠调浆后，采用云母浮选方法回收。

铯榴石可浮性较差，在浮选锂辉石和云母过程中不上浮，目前，铯浮选工艺的研究主要以反浮选为主，将矿石中的云母、闪石、长石和石英等脉石矿物通过浮选除去，最终在浮选槽中留下合格的铯精矿。本节简要介绍某锂辉石尾矿中铯的综合回收工艺。

4.8.2.1 工艺矿物学简介

某锂辉石的浮选尾矿中 Cs_2O 含量为 0.44%，矿物组成见表 4-91。原矿中的主要有用矿物为铯榴石，主要脉石矿物为石英、长石、白云母、黑云母和锂辉石。

表 4-91 锂辉石尾矿矿物组成

矿物	铯榴石	长石	石英	白云母	黑云母	锂辉石
含量/%	1.254	45.337	43.684	3.680	4.161	1.884

4.8.2.2　选别工艺简介

采用反浮选的原则流程，脱除黑云母、白云母、长石等矿物后，获得合格的铯榴石精矿，工艺如图 4-39 所示，选别指标见表 4-92。

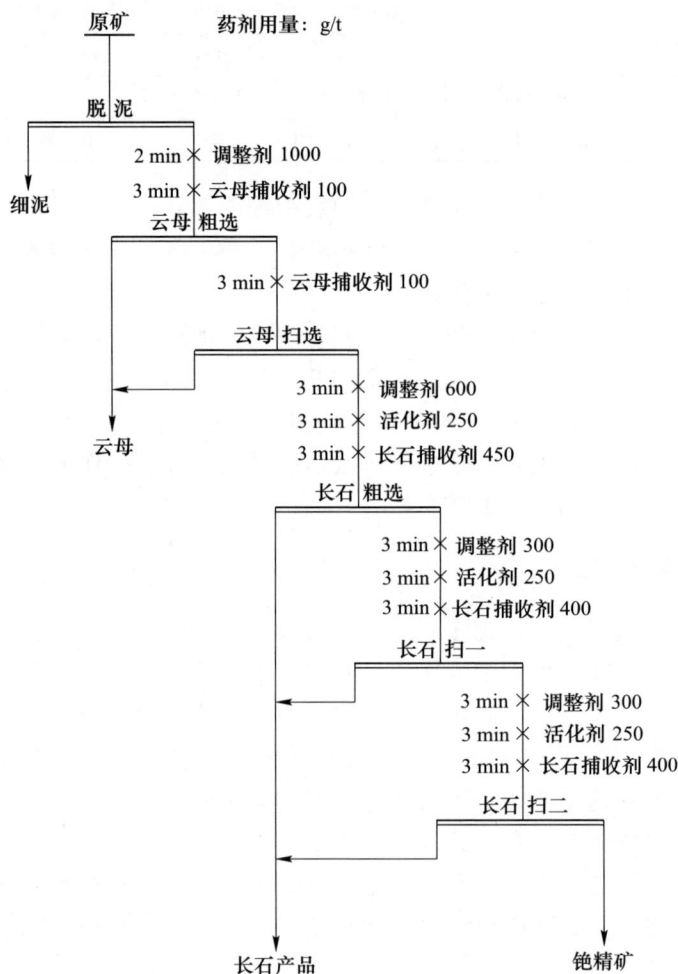

图 4-39　铯榴石反浮选工艺流程

表 4-92　铯榴石反浮选试验指标

产品名称	产率/%	Cs$_2$O 品位/%	回收率/%
细泥	13.03	0.40	11.81
云母	9.14	0.30	6.20
长石产品	68.47	0.09	14.07
铯精矿	9.36	3.21	67.92
原矿	100.00	0.44	100.00

经反浮选工艺流程，得到 Cs_2O 品位为 3.21%、回收率为 67.92% 的铯精矿。反浮选流程缺点较为明显，原矿中目的矿物如铯榴石在矿石中的占比约为 1%，反浮选工艺需要加入大量的捕收剂使脉石矿物上浮，才能获得合格的铯精矿，浮选药剂消耗较大。因此，行业内亟须适用于铯榴石正浮选工艺的高效高分选性捕收剂，关于正浮选捕收剂的研发也是未来铯榴石选别领域较为重要的研究方向之一。

4.8.3 铍的综合回收

4.8.3.1 选别工艺简介

当花岗伟晶岩矿床中锂辉石与绿柱石共生时，由于二者具有相似的浮游特性，锂铍分离较为困难，目前的分离方法主要有以下三种工艺：

（1）优先浮选部分锂，然后锂铍混选再分离。其工艺原理是用氟化钠和碳酸钠作调整剂，采用脂肪酸皂优先浮选部分锂辉石，氢氧化钠擦洗后加入钙离子活化，同步浮选出锂辉石和绿柱石混合精矿，然后加温精选分离出绿柱石。

（2）优先浮选绿柱石。其工艺原理是，浮选出对锂铍选别有影响的易浮物后，在矿浆中添加碳酸钠、硫化钠等调整剂，调节 pH 值至高碱性，抑制住锂辉石的浮选，然后采用脂肪酸皂优先浮选绿柱石，绿柱石浮选尾矿经碱擦洗活化后，再进行锂辉石的选别。

（3）优先浮选锂辉石，然后进行绿柱石的浮选。其工艺原理是在碳酸钠和木质素磺酸盐长时间作用下，调节矿浆 pH 值至低碱环境，此时，绿柱石和脉石矿物受到抑制，采用脂肪酸皂类浮选锂辉石，此后加入调整剂（氢氧化钠、硫化钠、氯化铁）活化绿柱石并抑制脉石矿物，用氧化石蜡皂和柴油浮选出绿柱石。

除上述方案外，矿物表面非溶蚀性清洗在绿柱石分选时的应用也有报道。纪国平在中性或弱碱性矿浆条件下对绿柱石表面进行非溶蚀清洗，基本不改变矿浆和矿物表面自然性质，恢复其固有自然可浮性。针对新疆某铍矿，首先采用两种新型矿物表面清洗剂 XJ21 和 XJ88，对磨矿产品进行两段低碱度清洗，分别浮除易浮杂质产品，然后在中高矿浆 pH 值下浮选绿柱石，最终提高精矿品位（BeO）1.5% 以上，回收率提高 23% 以上。

尽管锂铍分离的实验室研究取得了较好的指标，但生产实践时，对浮选条件的控制要求严格，目前，部分铍含量较低的锂铍矿，多数仅进行了锂辉石的选别，铍尚未过多关注。

4.8.3.2 选别案例简介

某锂尾矿（后文简称原矿）BeO 含量为 0.06%，通过正交偏光显微镜观察及衍射分析，铍主要以绿柱石为主，具有一定的选别价值。采用皂化的工业油酸作捕收剂，加入氢氧化钠、硫化钠和氯化铁等调整剂，经再磨—脱泥—绿柱石浮选的流程能够获得合格的铍精矿产品，工艺流程如图 4-40 所示，选别指标见表 4-93。

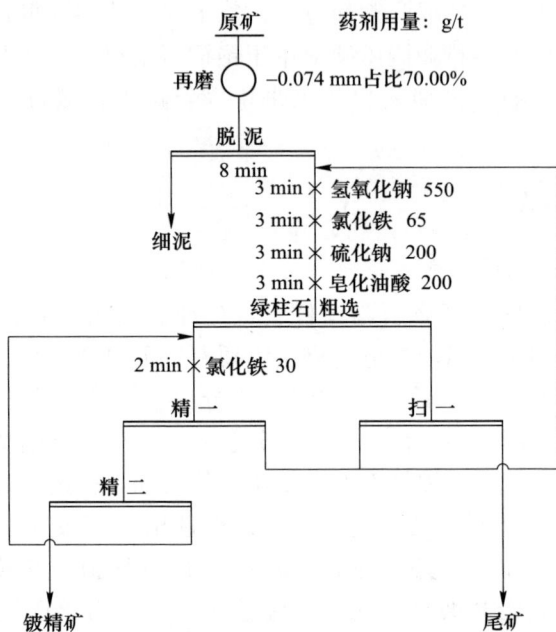

图 4-40　再磨—脱泥—绿柱石浮选闭路选别流程

表 4-93　再磨—脱泥—绿柱石浮选闭路选别指标

产品名称	产率/%	BeO 品位/%	回收率/%
铍精矿	0.59	5.19	53.36
细泥	13.74	0.01	3.00
尾矿	85.67	0.03	43.64
原矿	100.00	0.06	100.00

4.8.4　非金属矿物的回收

4.8.4.1　选别工艺简介

目前，实验室内长石和石英的浮选分离工艺较为成熟，但在伟晶岩或花岗岩中，经过云母或锂辉石浮选后的尾矿，再进行长石和石英的分离，则未见产业化报道。在锂辉石加工厂中，由于无尾矿库，直接采用高梯度磁选，提高浮选尾矿白度，非磁性产物作为长石初级产品外运销售。

实验室内，主要使用胺类和脂肪酸类等组合阴阳离子捕收剂进行长石和石英浮选分离，根据浮选条件的不同可以分为有氟有酸法、无氟有酸法和无氟无酸法三种，从环保和日常运营成本的角度出发，无氟无酸法能够在近中性条件下实现长石和石英的有效分离，是最为先进的浮选工艺。但无氟无酸法对原矿品质要求较高，锂辉石浮选尾矿中一般长石和石英的含量较低、品质较差，因此目前主要还是采用无氟有酸法或有氟有酸法作为主要的生产工艺，减少锂辉石矿山尾矿排放量，提高矿山的综合经济指标。

4.8.4.2 选别案例简介

对某锂辉石浮选尾矿（下文简称原矿）直接采用两段磁选除去其中的磁性矿石后得到长石产品，磁选工艺由于不使用任何捕收剂或调整剂，因此其运营成本较低，具有较好的应用前景，流程如图 4-41 所示，选别指标见表 4-94。

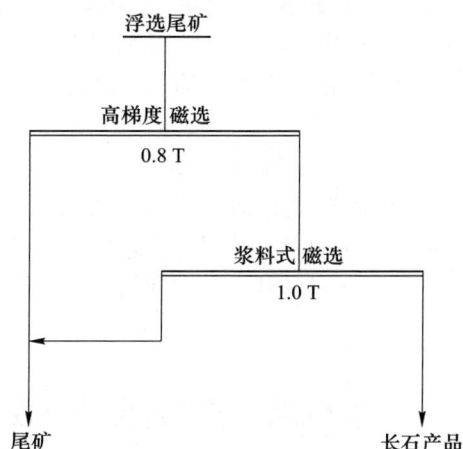

图 4-41 长石磁选选别工艺

表 4-94 长石磁选选别指标

样品名称	产率/%		Fe$_2$O$_3$ 品位/%	回收率/%
	作业	对原矿		
尾矿	20.83	15.50	0.35	71.33
长石产品	79.17	58.92	0.037	28.67
浮选尾矿	100.00	74.42	0.10	100.00

长石产品的作业产率为 79.17%，其烧白度为 78.1%，K$_2$O+Na$_2$O 含量为 6.75%，能够作为玻璃制造中的粗坯料使用，具有一定的市场经济价值。

5 锂云母选矿工艺实例

含锂云母类矿物主要为锂云母、含锂白云母、铁锂云母及含锂绢云母，根据原矿中含锂云母类矿物理化特性不同，含锂云母类矿石选矿工艺主要分为浮选工艺、磁选工艺和磁选—浮选联合工艺。

（1）矿石中的锂矿物主要为锂云母、含锂白云母或绢云母时，主要采用浮选工艺，同时由于云母矿床常伴生长石、高岭石和绿泥石等易泥化脉石矿物，因此，需要在浮选前设置脱泥作业，以强化捕收剂对目标矿物的捕收能力和选择性。

（2）矿石中的主要锂矿物为铁锂云母且磨矿后单体解离度较高时，由于铁锂云母具有弱磁性，一般采用磁选工艺即可获得合格的铁锂云母精矿。

（3）矿石中的主要锂矿物为铁锂云母与其他类型锂矿物伴生时，或铁锂云母与脉石矿物嵌布关系较为复杂且连生体较多时，则一般采用磁选—（脱泥）浮选联合工艺。

5.1 锂云母不脱泥直接浮选回收工艺

针对矿石性质简单、锂云母含量高的资源，可采用直接浮选工艺回收，通过筛选选择性好的高效捕收剂强化浮选效果，并添加调整剂调浆，减少细泥带来的干扰，获得高品质的云母精矿。

5.1.1 工艺矿物学分析

5.1.1.1 原矿物质组成

原矿多元素分析结果和矿物组成分别见表 5-1 和表 5-2。原矿中 Li_2O 含量为 0.62%，锂矿物主要为锂云母，其次为锂白云母，少量为绢云母和锂电气石，锂云母和锂白云母含量比例约为 6:1；钽铌矿物为钽铌锰矿，锡矿物为锡石，铍矿物为绿柱石和硅铍石，脉石矿物以石英、钠长石和钾长石为主，少量为黄玉、高岭石。

表 5-1 原矿化学多元素分析

元素	Li_2O	Al_2O_3	SiO_2	Fe_2O_3	K_2O	Na_2O	CaO
含量/%	0.62	14.63	75.41	1.01	2.98	3.86	0.30

元素	MgO	TiO_2	Rb_2O	Cs_2O	Sn	Ta_2O_5	Nb_2O_5
含量/%	0.11	0.06	0.18	0.033	0.01	0.004	0.005

表 5-2 原矿主要矿物组成及含量

矿物	锂白云母	锂云母	绢云母	锂电气石	绿柱石
含量/%	1.62	9.65	0.87	0.30	0.22
矿物	石英	钠长石	钾长石	黄玉	高岭石
含量/%	37.36	34.97	13.05	0.79	0.57
矿物	硅铍石	铌钽锰矿	锡石	其他	合计
含量/%	0.02	0.009	0.02	0.551	100.00

5.1.1.2 原矿粒度组成及主要矿物嵌布粒度

原矿粒度组成及云母解离度结果分别见表 5-3 和表 5-4。原矿粒度组成较粗，+0.2 mm 粒级占比为 77.93%，该粒级 Li_2O 分布率为 80.26%。云母呈叠片状集合体，其嵌布粒度大多处于浮选易选粒度范围，其片厚范围为 0.04~0.64 mm。

表 5-3 原矿粒度组成及云母解离度

粒级	产率/%		Li_2O 品位/%	Li_2O 分布率/%	
	个别	累计		个别	累计
+2 mm	21.88	21.88	0.53	18.69	18.69
-2+1 mm	29.77	51.65	0.54	25.91	44.61
-1+0.5 mm	12.66	64.31	0.68	13.89	58.49
-0.5+0.3 mm	4.18	68.49	0.95	6.40	64.89
-0.3+0.2 mm	9.44	77.93	1.01	15.37	80.26
-0.2+0.1 mm	4.11	82.04	1.03	6.82	87.08
-0.1+0.074 mm	3.62	85.66	0.61	3.56	90.64
-0.074+0.045 mm	6.43	92.09	0.46	4.77	95.41
-0.045 mm	7.91	100.00	0.36	4.59	100.00
合计	100.00		0.62	100.00	

表 5-4 云母的嵌布粒度

粒级	粒度分布/%	累计分布/%
+0.64 mm	2.46	2.46
-0.64+0.32 mm	14.17	16.63

粒级	粒度分布/%	累计分布/%
-0.32+0.16 mm	29.03	45.66
-0.16+0.08 mm	33.38	79.04
-0.08+0.04 mm	15.51	94.55
-0.04+0.02 mm	4.89	99.44
-0.02+0.01 mm	0.45	99.89
-0.01 mm	0.11	100.00
合计	100.00	

5.1.1.3　锂的赋存状态

原矿中锂的赋存状态见表 5-5。锂主要赋存于锂云母和锂白云母中，云母中的锂占原矿总锂含量的 97.13%，赋存于锂电气石、绢云母中的锂占有率分别为 1.03%、0.43%，以云母包裹体形式分散于石英和长石中的锂占有率分别为 0.48% 和 0.93%，合计为 1.51%。回收锂云母和锂白云母，云母精矿的平均品位为 Li_2O 5.38%，锂的理论回收率约为 97.13%。

表 5-5　原矿中锂的平衡分配表

矿物	含量/%	Li_2O 品位/%	Li_2O 占有率/%
钽铌矿物	0.009	—	—
锡石	0.02	—	—
锂云母-锂白云母	11.27	5.38	97.13
绢云母	0.87	0.31	0.43
锂电气石	0.30	2.15	1.03
石英	37.36	0.008	0.48
长石	48.02	0.012	0.93
其他	2.151	—	—
合计	100.00	0.62	100.00

5.1.2　选别工艺分析

5.1.2.1　原则流程的确定

原矿中有价金属为锂，锂矿物主要为锂云母，脉石矿物以石英、钠长石和钾长石为主，原矿粒度组成较粗，其嵌布粒度大多处于浮选易选粒度范围，可以考虑在粗磨状态下直接浮选回收锂云母。

5.1.2.2 开路试验及结果

在条件试验基础上进行开路试验,试验流程如图 5-1 所示,试验结果见表 5-6。磨矿细度为-0.3 mm,六偏磷酸钠作为调整剂,粗选用量为 180 g/t,精选用量为 90 g/t,粗选云母捕收剂用量为 400 g/t,一次粗选、两次精选、两次扫选浮选的开路试验获得的云母精矿 Li_2O 品位为 5.25%、回收率为 74.35%。

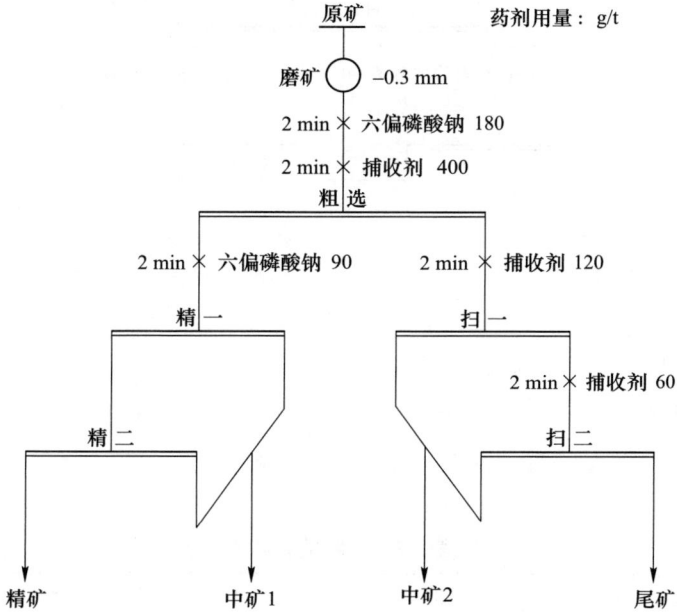

图 5-1 开路试验流程

表 5-6 开路试验结果

产品名称	产率/%	Li_2O 品位/%	回收率/%
精矿	8.75	5.25	74.35
中矿 1	6.66	1.78	19.19
中矿 2	5.75	0.42	3.91
尾矿	78.84	0.02	2.55
原矿	100.00	0.62	100.00

5.1.2.3 闭路试验及结果

在开路试验基础上开展云母浮选闭路试验,试验流程如图 5-2 所示,试验结果见表 5-7,经一次粗选、两次精选、两次扫选浮选的闭路试验获得的云母精矿 Li_2O 品位为 5.13%、回收率为 90.60%。

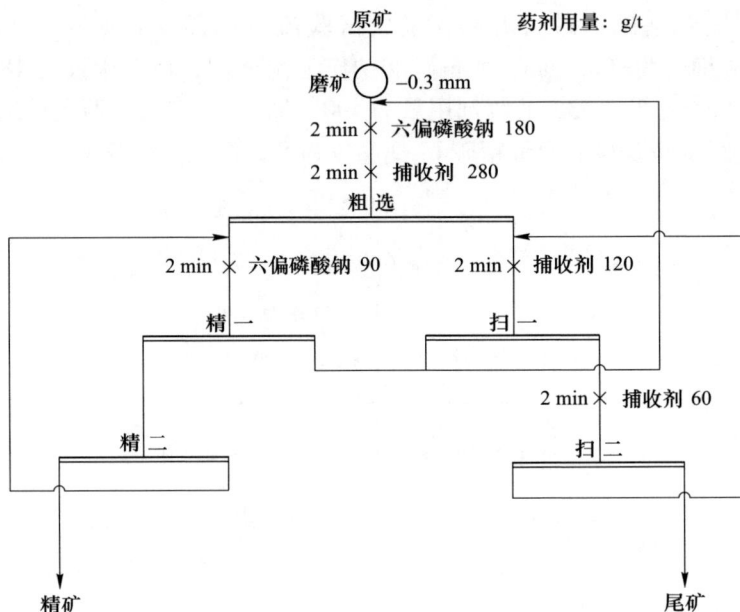

图 5-2　闭路试验流程

表 5-7　闭路试验结果

产品名称	产率/%	Li_2O 品位/%	回收率/%
精矿	10.88	5.13	90.60
尾矿	89.12	0.065	9.40
原矿	100.00	0.62	100.00

5.2　锂云母脱泥—浮选回收工艺

锂元素赋存在锂云母–锂白云母中，原矿中 Li_2O 含量较高，且锂云母矿物含量远远大于锂白云母时，采用直接浮选工艺获得较高品质云母精矿。但当原矿 Li_2O 含量低，锂云母矿物含量小于锂白云母，伴生长石、高岭石和绿泥石等易泥化脉石矿物时，直接浮选难以获得合格精矿产品，这种类型锂云母矿多采用脱泥—浮选工艺，也是当前云母回收应用最为广泛的工艺。

5.2.1　宜春地区锂云母资源脱泥—浮选工艺

江西宜春地区拥有世界上最大的低品位锂云母矿床，锂资源丰富，且区位优势突出、资源开发条件优越，是国内重要的新能源原料供应基地。该类锂云母具有理论品位低、长石石英等脉石矿物含量高、风化程度高易泥化等特点，影响了该类资源的开发利用水平，特别是由于风化程度高导致其在碎磨过程中长石易泥化，产生大量细泥，普遍采用脱泥—浮选工艺。本节以宜春某一矿区锂云母资源为例，详细介绍该类资源的工艺矿物学特征和选矿工艺。

5.2.1.1 工艺矿物学分析

A 原矿物质组成

原矿化学多元素分析结果见表5-8。原矿主要矿物组成及含量见表5-9。该原矿 Li_2O 含量为0.26%，主要由石英、钠长石、钾长石、白云母和锂云母等矿物组成。锂矿物主要为锂白云母，其次为锂云母，还有少量绢云母和锂绿泥石，锂云母和锂白云母含量比例约为1:6.6；钽铌矿物为钽铌锰矿，锡矿物为锡石，铍矿物为绿柱石和硅铍石，脉石矿物以石英、钠长石和钾长石为主，少量为高岭石、磷灰石等。

表5-8 原矿化学多元素分析

元素	Li_2O	Al_2O_3	SiO_2	Fe_2O_3	K_2O	Na_2O	CaO
含量/%	0.26	15.21	73.75	1.19	4.06	3.64	0.45
元素	MgO	TiO_2	Rb_2O	Cs_2O	Sn	Ta_2O_5	Nb_2O_5
含量/%	0.08	0.06	0.15	0.022	0.03	0.002	0.004

表5-9 原矿主要矿物组成及含量

矿物	锂白云母	锂云母	绢云母	锂绿泥石	磷锂铝石	绿柱石
含量/%	13.75	2.08	2.98	0.39	0.006	0.10
矿物	石英	钠长石	钾长石	黄玉	高岭石	磷灰石
含量/%	34.14	32.69	12.13	0.07	0.88	0.55
矿物	硅铍石	钽铌锰矿	锡石	其他	合计	
含量/%	0.02	0.004	0.03	0.180	100.00	

B 原矿粒度组成及主要矿物嵌布粒度

原矿主要矿物的嵌布粒度见表5-10。原矿粒度组成及云母解离度见表5-11。云母、石英和长石的嵌布粒度较粗，锂在各粒级产品中无明显富集，锂的分布率与粒级产率相关；+0.1 mm粒级产品中云母的解离度较差，云母的总解离度约为60%。

表 5-10　主要矿物的嵌布粒度

粒级	分布率/%			负累计分布/%		
	云母	长石	石英	云母	长石	石英
-2.56+1.28 mm	0.44	2.55	2.56	100.00	100.00	100.00
-1.28+0.64 mm	7.56	14.02	28.21	99.56	97.45	97.44
-0.64+0.32 mm	16.01	24.53	30.77	92.00	83.43	69.23
-0.32+0.16 mm	23.79	27.88	23.40	75.99	58.90	38.46
-0.16+0.08 mm	23.51	17.84	9.54	52.20	31.02	15.06
-0.08+0.04 mm	16.87	9.79	4.40	28.69	13.18	5.52
-0.04+0.02 mm	6.04	2.37	0.88	11.82	3.39	1.12
-0.02+0.01 mm	4.77	0.97	0.22	5.78	1.02	0.24
-0.01 mm	1.01	0.05	0.02	1.01	0.05	0.02
合计	100.00	100.00	100.00	—	—	—

表 5-11　原矿粒度组成及云母解离度

粒级	产率/%	Li_2O 品位/%	Li_2O 分布率/%	云母解离度/%
+2 mm	7.42	0.18	4.88	11.94
-2+1 mm	26.45	0.20	19.33	15.63
-1+0.5 mm	21.72	0.30	23.81	50.97
-0.5+0.3 mm	13.88	0.34	17.25	78.84
-0.3+0.2 mm	6.12	0.33	7.38	84.00
-0.2+0.1 mm	10.75	0.34	13.36	87.97
-0.1+0.074 mm	4.18	0.30	4.58	89.84
-0.074+0.045 mm	2.91	0.23	2.45	92.11
-0.045 mm	6.57	0.29	6.96	96.98
合计	100.00	0.27	100.00	60.32

C　主要矿物物化特征和嵌布状态

a　锂云母-锂白云母

锂云母除含有有价金属锂之外，铷、铯含量较高，矿物平均含 Rb_2O 1.00%、Cs_2O 1.12%；相比锂云母，锂白云母中 Al∶Si 较高，铷、铯较低，矿物平均含 Rb_2O 0.57%、Cs_2O 0.04%。另外，两种云母均含铁量较高。

原矿中由于锂云母含铁高，而含锂较低，呈现褐灰色、灰白色，锂云母片理较薄，柔软。锂云母和锂白云母均具弱电磁性，在 0.70~1.35 T 场强下进入磁性产品，锂云母磁性略强于锂白云母。云母（包括锂白云母和锂云母）单矿物分析：Li_2O 含量为 1.52%，Rb_2O 含量为 0.53%，Cs_2O 含量为 0.17%。

原矿中云母常见呈片状或鳞片状、叶片状集合体嵌布于钠长石、钾长石和石英之间；可见锂云母交代锂白云母，连生界面平直或呈港湾状，部分蚀变为锂绿泥石，少数锂白云母呈细鳞片状包含于长石或高岭石中。

b　绢云母

绢云母是细鳞片状结构的白云母，化学成分与白云母基本类似，主要为斜长石的蚀变产物，呈细鳞片状集合体与其连生或嵌布其中，部分可见与锂白云母、石英连生。

c　锂绿泥石

原矿中锂绿泥石为云母的蚀变产物，单矿物化学分析：Li_2O 含量为 1.04%。原矿中的锂绿泥石矿物中含少量铁、镁、钙和钾等杂质。常见呈片状或鳞片状集合体，与锂云母和锂白云母连生，部分锂绿泥石可见呈细鳞片状集合体与长石、石英连生。

d　长石

原矿中长石以钠长石和钾长石为主，钠长石矿物含量为 32.69%，钾长石矿物含量为 12.13%，钾长石与钠长石含量比约为 1∶2.7。钾长石平均含 K_2O 15.90%、Na_2O 0.50%、Rb_2O 0.35%；钠长石平均含 Na_2O 10.94%，并含有少量钙、钾，基本不含铷、铯。

原矿中钾长石常呈他形晶，部分呈板状残余结构，表面发生高岭土化蚀变，双晶不明显，少数见卡氏双晶，常与石英、云母呈复杂连生，可见钠长石交代钾长石；原矿中钠长石常呈板状自形晶，聚片双晶发育，因蚀变表面浑浊，常见与云母、石英连生或交代钾长石，部分发生绢云母化蚀变。

e　石英

原矿中石英粗粒可见碎裂结构，常见呈他形粒状嵌镶于长石、云母等矿物间隙中，部分石英中包含长石或云母。

D　锂的赋存状态

锂的赋存状态见表 5-12。锂主要赋存于锂白云母和锂云母中，云母中的锂占原矿总锂含量的 92.02%，赋存于绢云母、锂绿泥石和磷锂铝石中的锂占有率分别为 4.22%、1.55% 和 0.23%，以云母包裹体形式分散于石英和长石中的锂占有率分别为 0.78% 和 1.20%，合计为 1.98%。回收锂云母和锂白云母，云母精矿的 Li_2O 平均品位为 1.52%，锂的理论回收率约为 92%，绢云母和锂绿泥石的混入会导致云母精矿品位下降。

表 5-12　原矿中锂的平衡分配表

矿物	含量/%	Li$_2$O 品位/%	Li$_2$O 占有率/%
钽铌矿物	0.006	—	—
锡石	0.03	—	—
锂云母-锂白云母	15.83	1.52	92.02
绢云母	2.98	0.37	4.22
锂绿泥石	0.39	1.04	1.55
磷锂铝石	0.006	10.11	0.23
石英	34.14	0.006	0.78
长石	44.82	0.007	1.20
其他	1.80	—	—
合计	100.00	0.26	100.00

　　E　磁性分析

　　为探索磁选对于锂矿物的分选效果，采用磁力分析仪对原矿磨矿 -0.2+0.1 mm 粒级产品进行磁性分析，结果见表 5-13。0.88 T 磁性产品的 Li$_2$O 含量为 1.57%，随着场强增加，Li$_2$O 含量下降，1.06~1.35 T 磁性产品中 Li$_2$O 含量为 1.22%，非磁产品中主要矿物为长石和石英，只有极少量云母，因而 Li$_2$O 含量极低。1.35 T 磁性产品中，云母精矿 Li$_2$O 品位为 1.36%，锂的回收率为 85.45%。

表 5-13　原矿磁性分析结果

磁级/T	产率/%		Li$_2$O 品位/%		Li$_2$O 占有率/%		主要矿物组成
	个别	累计	个别	累计	个别	累计	
0~0.88	1.49	1.49	1.57	1.57	9.98	9.98	锂云母、锂白云母以及少量金云母和铁屑
0.88~1.06	6.36	7.85	1.46	1.48	39.61	49.59	锂白云母
1.06~1.35	6.89	14.74	1.22	1.36	35.86	85.45	锂白云母、少量绢云母
1.35 非磁	85.26	100.00	0.04	0.23	14.55	100.00	石英、长石、少量锂白云母
合计	100.00		0.23		100.00		

　　注：试验样品为原矿 -0.3 mm 磨矿细度下 -0.2+0.1 mm 粒级产品。

5.2.1.2　选别工艺分析

　　A　原矿物质组成

　　该矿石中锂矿物主要为锂白云母，其次为锂云母，少量绢云母和锂绿泥石，云母的解离状况较好，可考虑粗磨状态下进行回收，降低磨矿能耗，减少次生细泥的产生。云母矿石易泥化，采用水力旋流器脱除部分细泥后再浮选，既可降低矿泥对浮选的影响，又可减少药剂消耗量。此外该原矿中锂云母和锂白云母普遍含少量铁，具不同程度的弱磁性，可以考虑对云母浮选精矿采用磁选提质。根据该矿石性质特点，开展了云母浮选及浮选精矿提高品质试验研究，即脱泥—浮选得到的云母精矿再进行磁选提质，原则流程如图 5-3 所示。

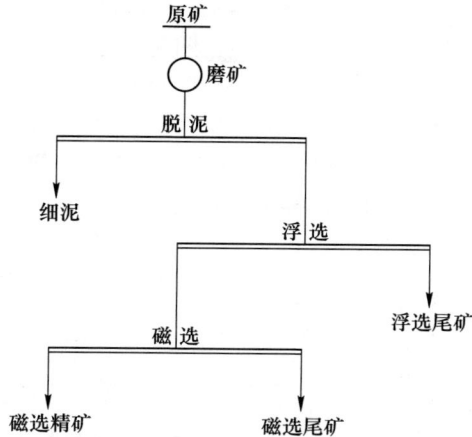

图 5-3　原则流程

B　浮选条件试验及结果

a　磨矿细度试验

云母易泥化，合适的磨矿细度是影响锂云母选别的关键因素之一，磨矿粒度过粗，大片云母较难上浮、易掉落，进入尾矿造成损失，部分企业采用多层筛与旋流器配合使用，筛上粗云母片返回球磨再磨，保证了云母的回收率；磨矿粒度过细，云母容易过磨，加剧泥化，旋流器溢流中细粒级云母损失量增多。考察不同磨矿细度对锂云母浮选回收的影响，为选矿流程的制定和设备选型提供依据。磨矿细度试验流程如图 5-4 所示，试验结果如图 5-5 所示。

显微镜下观察不同磨矿细度产品中云母解离度均较高，但磨矿细度较粗时，磨矿产品中叠片状云母较多，不易上浮进入精矿，精矿回收率较低；随着磨矿细度越来越细，精矿产率逐渐增大，锂云母精矿品位呈先上升后下降的趋势，回收率先升高后稳定，尾矿中氧化锂含量逐渐降低，综合考虑细泥损失和产品品质，磨矿细度为-0.074 mm 占 51% 时较为合适。

b　调整剂试验

锂云母与长石、石英等硅酸盐脉石矿物之间的天然可浮性差异较小，细泥对锂云母浮选回收影响较大，锂云母浮选生产中往往加入六偏磷酸钠进行调浆，分散细泥的同时抑制脉石。该试验考察了调整剂六偏磷酸钠用量对锂云母浮选的影

原矿　　　　　　药剂用量：g/t

○ 磨矿细度～

脱 泥

2 min × 六偏磷酸钠 160

2 min × 捕收剂 300

细泥　　　　　　　　　　　粗 选

精矿　　　　　　　　　尾矿

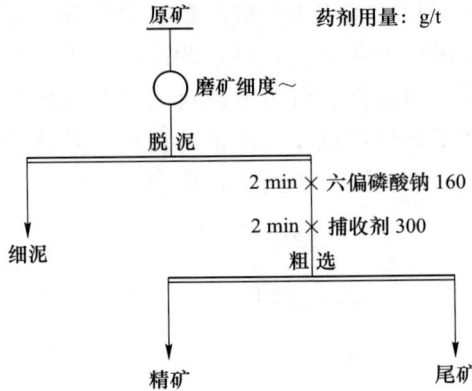

图 5-4　磨矿细度试验流程

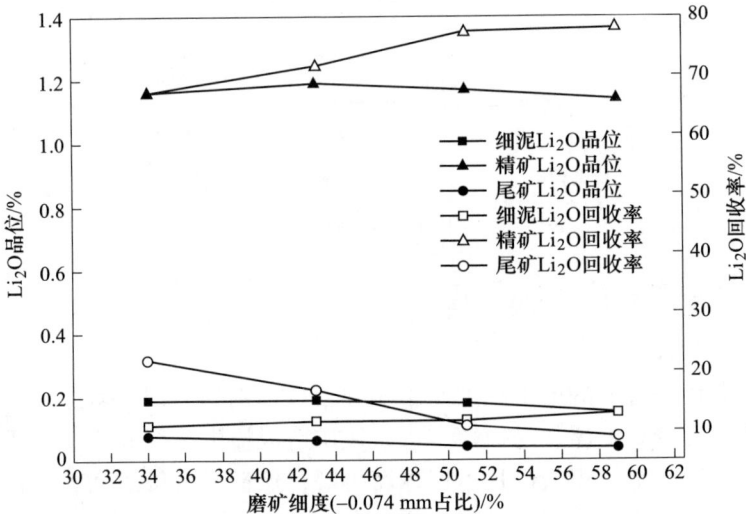

图 5-5　磨矿细度试验结果

响，试验结果表明，在捕收剂用量相同的条件下，不添加调整剂精矿品位和回收率均较低；六偏磷酸钠对硅酸盐脉石有较强选择性抑制效果，且可以抑制含锂低的白云母，从而有利于提高锂云母精矿品质，综合考虑产品指标和药剂成本，六偏磷酸钠粗选用量为 160 g/t、精选用量为 80 g/t 较为合适。

　　c　捕收剂试验

锂云母选别常规的捕收剂为铵盐类，但胺类捕收剂对细泥和矿浆酸碱度要求较高；胺类捕收剂与脂肪酸捕收剂组合使用，解决了矿浆酸碱度的问题，且长期使用效果较稳定，二者混合使用或者复配，是目前云母浮选的主流药剂。此次试验选用复配类型的云母捕收剂，闭路试验结果表明捕收剂用量为 210 g/t 较为合适。

d　脱泥量试验

细泥对锂云母浮选影响较大，研究发现，脱除部分细泥有利于浮选泡沫的控制，减少药剂消耗，但随着脱除的细泥量增多，锂的损失增加，因此考察了脱泥量对浮选效果的影响，对比了不同脱泥量的浮选试验现象与试验结果。试验流程如图 5-6 所示，试验结果如图 5-7 所示。

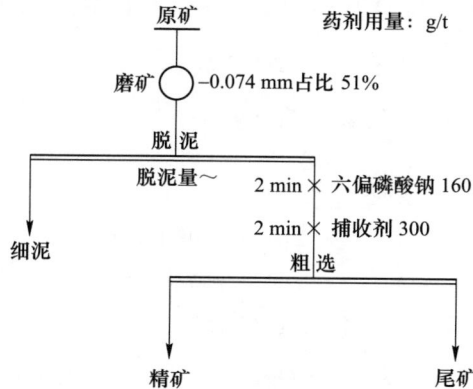

图 5-6　脱泥量试验流程

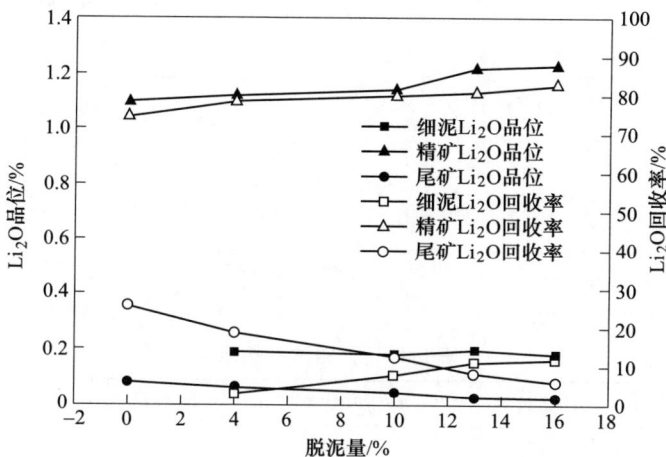

图 5-7　脱泥量试验结果

通过观察试验现象发现，浮选过程中细泥先上浮，一定时间之后云母开始上浮，脱除部分细泥后，云母上浮速度加快，且泡沫黏度降低。相同药剂用量下，不脱泥浮选锂云母精矿回收率较低，随着脱泥量加大，精矿回收率逐渐增加，在脱泥量为 13% 时精矿 Li_2O 品位和回收率较高。工业生产上多采用水力旋流器脱泥，旋流器脱除的细泥量越大氧化锂损失越多，重点在于脱泥损失和产品指标的平衡。

e　精选次数试验

开路试验考察精选次数对锂云母浮选的影响，分别开展两次精选和三次精选开路试验，试验流程如图 5-8 所示，试验结果见表 5-14。两次精选得到精矿 Li_2O 品位为 1.49%，略低于三次精选，故选用三次精选流程，一粗、二扫、三精浮选的开路试验得到云母精矿 Li_2O 品位为 1.53%、回收率为 70.01%。

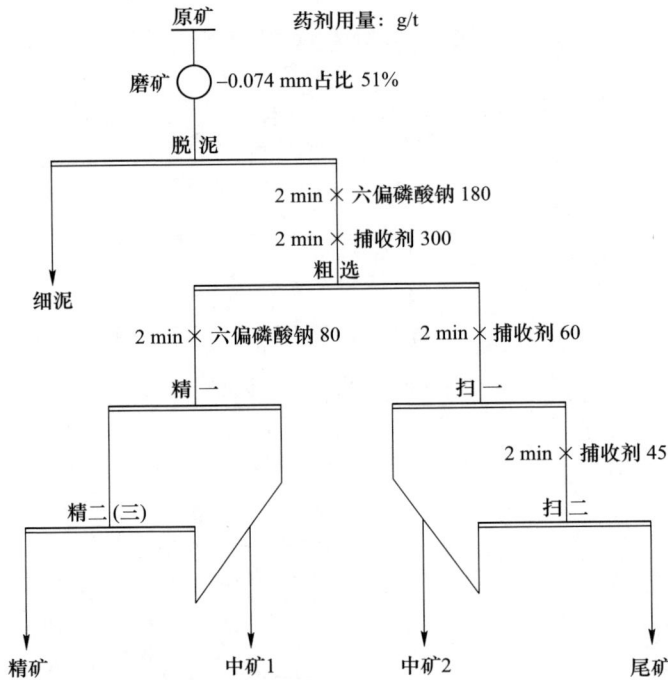

图 5-8　开路试验流程

表 5-14　开路试验结果

精选次数	产品名称	产率/%	Li_2O 品位/%	Li_2O 回收率/%
二次	细泥	13.42	0.20	10.28
	精矿	13.01	1.49	74.25
	中矿 1	4.22	0.47	7.60
	中矿 2	2.53	0.31	3.00
	尾矿	66.82	0.019	4.87
	原矿	100.00	0.26	100.00

精选次数	产品名称	产率/%	Li$_2$O 品位/%	Li$_2$O 回收率/%
	细泥	13.42	0.20	10.13
	精矿	12.12	1.53	70.01
三次	中矿 1	5.36	0.55	11.13
	中矿 2	2.95	0.38	4.23
	尾矿	66.15	0.018	4.50
	原矿	100.00	0.26	100.00

C 浮选闭路试验及结果

在条件试验和开路试验的基础之上开展浮选闭路试验，在磨矿细度为-0.074 mm 占 51%、脱泥量为 13%、调整剂六偏磷酸钠用量为 160 g/t+80 g/t、捕收剂用量为 210 g/t 的条件下，进行一粗、二扫、三精浮选闭路试验。试验流程如图 5-9 所示，试验结果见表 5-15，经一粗、二扫、三精浮选的闭路试验得到云母精矿 Li$_2$O 品位为 1.47%、回收率为 80.60%。

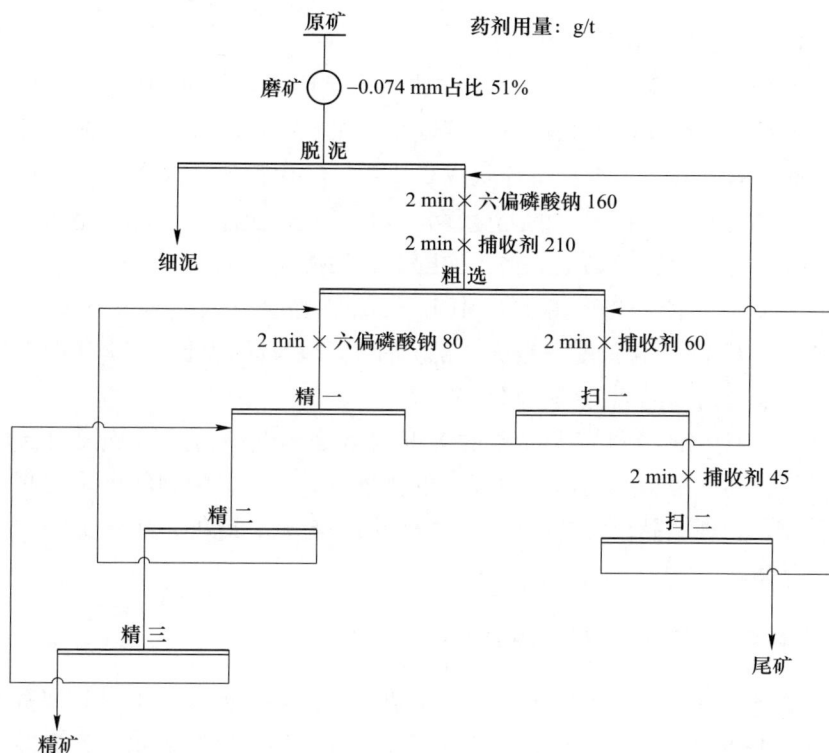

图 5-9 浮选闭路试验流程

表 5-15　浮选闭路试验结果

产品名称	产率/%	Li_2O 品位/%	Li_2O 回收率/%
细泥	13.36	0.23	12.53
精矿	13.44	1.47	80.60
尾矿	73.20	0.023	6.87
原矿	100.00	0.25	100.00

D　浮选精矿提质试验及结果

对浮选精矿进行磁选提质试验，主要研究了磁场强度对锂云母精矿质量的影响。试验采用实验室高梯度磁选机，选用 2 mm 介质，脉动为 50 Hz，改变磁场强度，浮选精矿 Li_2O 品位为 1.46% 给入磁选，0.7 T 磁场强度下，得到的磁选精矿 Li_2O 品位为 1.50%、作业回收率为 83.83%、对原矿回收率为 67.49%，品位提高有限，回收率损失较多，磁选提质效果不明显，故浮选后不再设置磁选作业。

5.2.1.3　同类型资源分析

（1）宜春地区锂云母矿属大型花岗伟晶岩矿床，矿物种类繁多，常伴生钽、铌、锡、铯等稀有金属矿物和长石、石英非金属矿物；矿石性质复杂，云母与长石和石英通常紧密共生，常见呈片状或鳞片状、叶片状集合体嵌布于钠长石、钾长石和石英之间，以长石为主的非金属矿物因遭受风化、氧化及热液交代作用，导致其被分解为高岭石及黏土矿物，加剧矿石的泥化现象。

（2）宜春地区锂云母资源原矿中 Li_2O 品位普遍较低，多为 0.2%~0.6%，且同一矿区矿石 Li_2O 含量变化较大，部分锂云母矿石的锂云母 Li_2O 理论品位较低，导致难以获得高品质的锂云母精矿。

（3）决定该类锂云母资源品质的关键因素是云母矿物总量及锂白云母与锂云母的比例，同一类型锂云母矿中锂云母含量越高，云母中锂的含量越高，锂的理论品位越高，理论品位和选矿得到的精矿品质越好，此外，风化类型的差别也影响精矿品质。

5.2.2　有色金属尾矿锂云母资源脱泥—浮选工艺

矿样取自某大型钨矿山选钨尾矿，主要有价元素为锂，为了对其锂资源进行开发利用，查明锂矿物的工艺矿物学特征和可选性能，以该钨尾矿作为原矿开展工艺矿物学研究和锂选矿试验研究，通过不同选矿流程对比，确定合适的锂回收工艺，为锂回收选厂的设计提供依据。

5.2.2.1 工艺矿物学分析

A 原矿物质组成

原矿化学多元素分析结果见表 5-16。原矿主要矿物组成及含量见表 5-17。该钨尾矿中锂为最主要的有价元素，Li_2O 含量为 0.38%，云母矿物主要为铁锂云母、绢云母和黑云母；锂矿物主要为铁锂云母，少量为锂绿泥石；脉石矿物主要为石英，其次为钾长石、绿泥石、钠长石、蒙脱石、电气石、黄玉、萤石等。

表 5-16 原矿化学多元素分析

元素	Li_2O	SiO_2	K_2O	MgO	Al_2O_3	Fe_2O_3	P_2O_5
含量/%	0.38	68.76	6.54	1.82	11.02	3.63	0.13
元素	CaO	TiO_2	Cu	MnO_2	WO_3	Rb_2O	Cs_2O
含量/%	1.50	0.50	0.010	0.51	0.041	0.16	0.036

表 5-17 原矿主要矿物组成及含量

矿物	铁锂云母	绢云母	黑云母	伊利石	石英	钠长石	钾长石	电气石
含量/%	9.10	18.23	3.39	0.99	42.90	2.27	9.83	1.99
矿物	黄玉	高岭石	蒙脱石	绿泥石	方解石	萤石	其他	合计
含量/%	1.09	0.81	2.05	4.17	0.91	1.09	1.18	100.00

B 原矿粒度组成及主要矿物嵌布粒度

结合显微镜和扫描电镜观察及 X 射线衍射分析、单矿物分析等检测手段，查明该尾矿样品中的云母有多个种类和存在形式：（1）石英脉中粗片状铁锂云母；（2）变质页岩的鳞片状铁锂云母和绢云母；（3）变质砂岩胶结物中绢云母和黑云母。其中第一种石英脉中铁锂云母呈大片状产出，结晶粒度极粗，而后两种变质岩中的云母呈细鳞片状，粒度微细。

原矿中云母的嵌布粒度见表 5-18，粒度组成及云母的解离度见表 5-19。对石英脉和变质岩中云母的粒度分布分别进行测定，这两种云母粒度差别显著，石英脉粗片状铁锂云母粒度大多数在 0.074 mm 以上，变质岩中云母（包括鳞片状铁锂云母、绢云母和黑云母）粒度极微细，-0.04 mm 占 76%。该钨尾矿中云母大多数处于未解离状态，总解离度仅为 25% 左右；已解离部分为石英脉中云母，变质岩中云母基本上处于未解离状态。由此可见，粗磨不利于变质岩中含锂云母的回收。

表 5-18 样品中云母的嵌布粒度

粒级	粗片云母粒度分布/%	粒级	变质岩云母粒度分布/%
+2 mm	16.24	+0.16 mm	0
-2+1 mm	26.69	-0.16+0.08 mm	5.01

续表 5-18

粒级	粗片云母粒度分布/%	粒级	变质岩云母粒度分布/%
−1+0.5 mm	9.98	−0.08+0.04 mm	19.04
−0.5+0.3 mm	15.64	−0.04+0.02 mm	15.61
−0.3+0.15 mm	12.25	−0.02+0.01 mm	12.71
−0.15+0.074 mm	8.61	−0.01+0.005 mm	14.86
−0.074 mm	10.59	−0.005 mm	32.77
合计	100.00	合计	100.00

表 5-19　原矿粒度组成及云母的解离度

粒级	产率/%	Li_2O 品位/%	Li_2O 分布率/%	云母解离度/%
+3 mm	7.43	0.47	9.22	6.26
−3+2 mm	15.23	0.41	16.48	7.65
−2+1.5 mm	2.47	0.39	2.54	9.59
−1.5+1 mm	30.66	0.37	29.94	14.51
−1+0.8 mm	4.46	0.37	4.36	19.24
−0.8+0.5 mm	13.74	0.39	14.14	34.17
−0.5+0.4 mm	2.99	0.41	3.24	37.65
−0.4+0.3 mm	5.04	0.40	5.32	45.56
−0.3+0.2 mm	2.92	0.33	2.54	56.25
−0.2+0.1 mm	7.02	0.32	5.93	59.49
−0.1+0.074 mm	2.63	0.27	1.87	66.68
−0.074 mm	5.41	0.31	4.42	71.76
合计	100.00	0.38	100.00	25.12

C　锂的赋存状态

锂的赋存状态见表 5-20。锂主要赋存于粗片状铁锂云母和变质岩鳞片状云母中，分别占钨尾矿总锂含量的 31.06% 和 61.40%；分散于磁性脉石和非磁性脉石中的锂占有率分别为 2.28% 和 5.26%。从该矿样中分离云母，理论品位为 1.15%，理论回收率约为 92%。显而易见，由于变质岩中的云母包括铁锂云母、绢云母和黑云母，含锂量较低，这部分云母进入精矿，将影响锂精矿品位，若不回收这部分云母，则回收率明显降低。

表 5-20 锂在各矿物中的平衡分配表

矿物	矿物含量/%	Li$_2$O 含量/%	氧化锂占有率/%
粗片状铁锂云母	4.33	2.74	31.06
变质岩鳞片状云母	26.35	0.89	61.40
磁性脉石	7.90	0.11	2.28
非磁脉石	60.89	0.033	5.26
其他	0.53	—	—
合计	100.00	0.38	100.00

D 磁性分析

为了查明矿物的磁性分区和磁选对锂的富集效果，缩取该矿样-0.2+0.1 mm 粒级代表性矿样进行磁性分析，结果见表 5-21。锂在 520~770 mT 磁性产品中有明显富集，且 560 mT 磁性产品中片状铁锂云母最富集，在 880 mT 及以上的磁性产品中基本较少见到粗片状铁锂云母，且变质岩细铁锂云母在变质岩中的占比也逐渐降低、粒度更加微细。因 520 mT 磁性产品的产率极低，在 560~770 mT 磁性产品中锂的回收率为 40.29%。

表 5-21 磁性分析 (-0.2+0.1 mm)

磁级/mT	产率/%	Li$_2$O 品位/%	回收率/%	主要矿物组成
520	0.30	1.03	1.07	主要矿物为绿泥石、粗片状铁锂云母，其次为黑云母、黑钨矿等
560	2.88	2.39	23.51	主要为粗片状铁锂云母，其次为变质岩（变质岩中铁锂云母占比大）
770	4.55	1.08	16.78	主要为变质岩（变质岩中铁锂云母占比大），其次为粗片状铁锂云母
880	10.27	0.63	22.07	主要为变质岩（变质岩中绿泥石、黑云母占比大）
990	6.48	0.49	10.83	主要为变质岩（变质岩中电气石占比大）
1100	8.20	0.32	8.95	主要为变质岩（变质岩中石英占比大）
1290	2.94	0.23	2.30	主要为变质岩（变质岩中石英占比更大）
1350	2.02	0.19	1.31	主要为变质岩（变质岩以石英为主要成分）
非磁	62.35	0.062	13.18	主要矿物为石英、钾长石等
合计	100.00	0.29	100.00	

E　主要矿物物化特征和嵌布状态

a　铁锂云母

铁锂云母是铝黑云母 $KFe_2^{2+}Al(Al_2Si_3O_{10})(OH)_2$ 与多硅锂云母 $KLi_2Al(Si_4O_{10})(F,OH)_2$ 之间类质同象系列的中间矿物。铁锂云母的化学成分变化很大，该矿样中铁锂云母平均含 FeO 7.33%，还含有镁、钠、钙、钛、钒、锰等杂质。

在扫描电镜和显微镜下观察，可见该尾矿中存在两种类型的铁锂云母，一是石英脉中粗片状铁锂云母；二是变质页岩中鳞片状铁锂云母。两种铁锂云母的矿物含量分别为 4.335% 和 4.766%，比例约为 1∶1.1，含量合计 9.101%。

石英脉中粗片状铁锂云母赋生于石英脉壁上，其单矿物化学分析含 Li_2O 2.76%。粗片状铁锂云母大多数为单体，少数与伊利石、萤石等矿物简单连生。

变质页岩中鳞片状铁锂云母赋存于变质岩中，扫描电镜下观察可见，变质岩中主要为石英、铁锂云母、钠长石、绿泥石、绢云母、黑云母、钾长石及针柱状电气石等矿物，这些矿物结晶非常微细（一般为 10~30 μm），形成复杂连生体，有些还可见磷灰石、金红石、萤石、独居石等。大致的物相组成为石英 34.8%、铁锂云母 12.9%、绢云母 43.0%、绿泥石 8.1%、钠长石 1.3%。该变质岩化学分析平均含 Li_2O 0.48%，变质岩中所有鳞片状云母（包括铁锂云母、绢云母和黑云母等）化学分析平均含 Li_2O 0.90%。

b　绢云母

该矿样中绢云母含有少量钠、镁、钙、锰、铁等杂质，主要赋存于变质岩中，多与绿泥石、黑云母、褐铁矿、微晶石英等共同组成变质砂岩胶结物，其次在变质页岩中呈微细粒形式与石英、铁锂云母、钠长石、绿泥石、黑云母、钾长石及针柱状电气石等矿物紧密连生；极少数绢云母（白云母）以单体形式存在，另有极少数绢云母风化为伊利石。

c　黑云母

该矿样中黑云母含有少量钙、钛、钒、锰等杂质，主要以微细粒形式存在于变质岩中，多与石英、铁锂云母、钠长石、绿泥石、绢云母、钾长石及针柱状电气石等矿物紧密连生。

d　锂绿泥石

锂绿泥石为含锂云母氧化蚀变产物，也是常见的含锂矿物。锂绿泥石含少量钠、镁、钾、钙、锰、铁等杂质，常见呈鳞片状集合体，与绢云母、石英、钾长石、电气石等连生。

e　钨、钼、锡矿物

该矿样中黑钨矿为钨锰矿，平均含 MnO 17.13%、FeO 5.74%、WO_3 76.62%，此外还含有少量钙。黑钨矿主要为单体，连生体主要是与铁锂云母连生，偶见与磷灰石等矿物连生。

　　该矿样中的辉钼矿平均含 Mo 56.91%、S 41.35%。辉钼矿主要为单体，连生体主要是与铁锂云母、辉铋矿等矿物连生。

　　该矿样中锡石平均含 Sn 74.97%，含有一定量的铝、硅、铁等杂质。锡石主要为单体，连生体主要是与铁锂云母、黄铜矿等连生。

　　f　石英

　　该矿样中石英含少量的铝、铁杂质，石英有两种赋存形式：一是石英脉中石英和变砂岩中石英，以粒状单体形式存在；二是变质页岩和变砂岩胶结物中石英，以微细粒形式存在，与铁锂云母、钠长石、绿泥石、绢云母、黑云母、钾长石及针柱状电气石等矿物紧密连生。

　　g　钾长石

　　钾长石通常也称正长石，该矿样中钾长石除含硅、铝、钾外，普遍含有少量的钠和铁杂质。钾长石也有两种存在形式：一是变砂岩中钾长石砂屑，以粒状单体形式存在，钾长石内部偶见钠长石呈固溶体融出；二是以微晶形式存在于变质岩中，与石英、铁锂云母、钠长石、绿泥石、绢云母、黑云母及针柱状电气石等矿物紧密连生。

5.2.2.2　选别工艺分析

　　A　原则流程的确定

　　该钨尾矿锂主要赋存于粗片状铁锂云母和变质岩鳞片状云母中，这两种存在状态的铁锂云母具有显著差别，前者易选，含锂高，后者粒度微细，与多矿物连生，在磨矿过程难以完全解离。由此可见，粗磨不利于变质岩中云母的回收。但是磨得太细又会产生过多细泥，因此要特别关注磨矿的细度。另外由于变质岩鳞片状云母锂含量较低，同时还存在绢云母和黑云母，这部分云母进入精矿会影响精矿中锂的品位。

　　含锂云母具有一定磁性，工业上云母的选别方法主要是磁选和浮选，或者磁选、浮选联合工艺。云母矿石易泥化，泥化后恶化浮选效果，捕收剂消耗量增大，为了降低矿泥对浮选的影响，一般对磨矿产品脱泥后再进行浮选。针对该矿样开展脱泥—浮选和磁选—浮选联合流程两种方案的选别试验，通过条件试验详细考察浮选和磁选的影响因素，在此基础上进行全流程闭路试验，对比不同工艺流程的试验指标。

　　B　脱泥—浮选工艺

　　a　浮选条件试验及结果

　　针对该钨尾矿开展了浮选条件试验研究，考察了磨矿细度、捕收剂种类及用量、调整剂用量、脱泥量等因素对浮选效果的影响，浮选条件试验流程如图5-10所示。

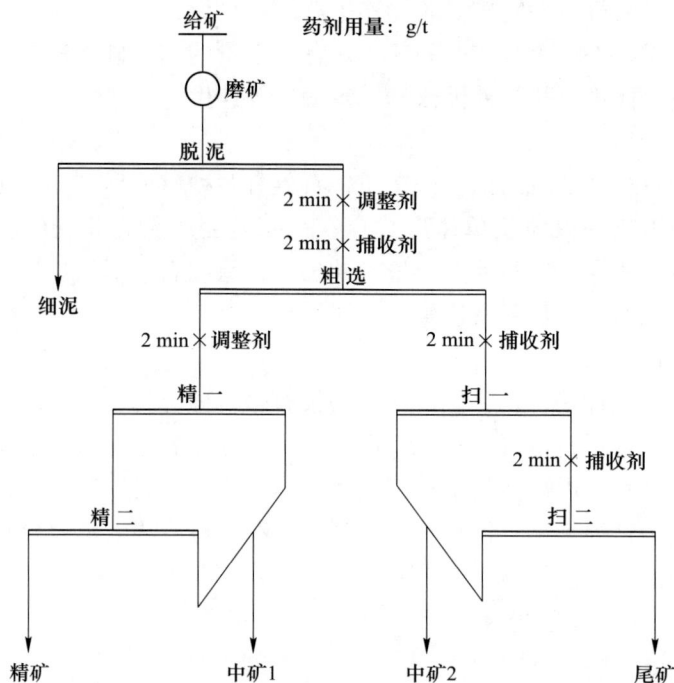

图 5-10　浮选条件试验流程

磨矿细度试验

在磨矿过程中发现，磨矿时间短时，粗颗粒产率过大，而磨矿时间长时，细泥产率过大，故试验过程中采用闭路磨矿流程，考察磨矿细度对锂云母浮选的影响，并研究了磨矿产品的粒级组成，见表 5-22。该钨尾矿磨矿之后，粒度分布不均匀，粗粒级和细粒级产率较大，中间粒级产率较小，-0.025 mm 细泥含量较多；Li_2O 分布率也是在粗粒级和-0.025 mm 细泥占比较大，中间粒级占比较小，故该矿在实际生产过程中要格外关注磨矿粒度及其粒度分布。

表 5-22　磨矿产品粒度组成

磨矿细度	粒级	产率/%	Li_2O 品位/%	回收率/%
-0.1 mm	+0.074 mm	16.60	0.46	20.59
	-0.074+0.045 mm	25.99	0.25	17.52
	-0.045+0.025 mm	14.45	0.29	11.31
	-0.025+0.01 mm	23.00	0.39	24.20
	-0.01 mm	19.96	0.49	26.38
	合计	100.00	0.37	100.00

磨矿细度	粒级	产率/%	Li$_2$O 品位/%	回收率/%
-0.2 mm	+0.1 mm	21.47	0.34	20.87
	-0.1+0.074 mm	16.21	0.28	12.97
	-0.074+0.045 mm	16.53	0.26	12.29
	-0.045+0.025 mm	11.74	0.29	9.73
	-0.025+0.01 mm	17.55	0.41	20.56
	-0.01 mm	16.50	0.50	23.58
	合计	100.00	0.35	100.00
-0.3 mm	+0.2 mm	2.81	0.42	3.19
	-0.2+0.1 mm	27.12	0.34	24.88
	-0.1+0.074 mm	12.98	0.31	10.86
	-0.074+0.045 mm	15.08	0.30	12.20
	-0.045+0.038 mm	3.95	0.29	3.09
	-0.038+0.025 mm	6.62	0.32	5.72
	-0.025+0.010 mm	16.94	0.44	20.12
	-0.010 mm	14.50	0.51	19.94
	合计	100.00	0.37	100.00

将该钨尾矿磨至-0.4 mm、-0.3 mm、-0.2 mm 和-0.1 mm，沉降脱泥采用同样的时间，试验结果如图 5-11 所示。磨矿粒度较细时，锂在细泥中损失较大，

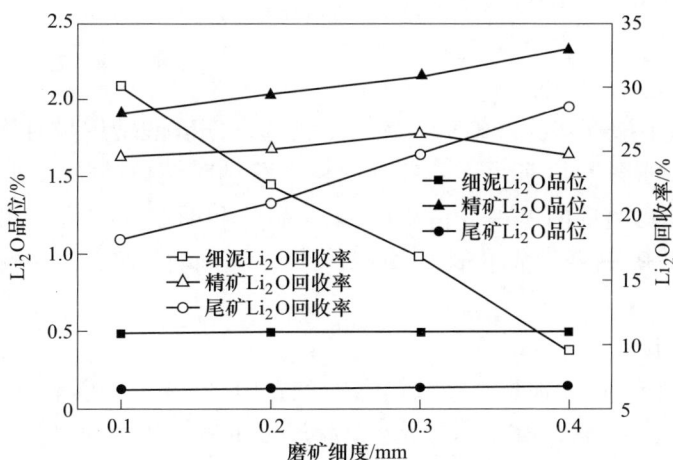

图 5-11　磨矿细度试验结果

随着磨矿粒度的变粗，精矿品位和回收率都略有增大。在磨至-0.4 mm时，精矿品位上升，但是回收率降低，磨矿细度选用-0.3 mm较为合适。

捕收剂试验

目前工业上含锂云母的选别一般采用胺类捕收剂与脂肪酸类捕收剂组合使用或者复配使用，所以此次采用某混合云母捕收剂，继续考察粗选捕收剂用量对浮选效果的影响。试验结果如图5-12所示，当捕收剂用量从300 g/t增大到500 g/t时，精矿中Li_2O品位降低，回收率明显升高。捕收剂用量继续增大时，回收率趋于稳定，故捕收剂用量确定为500~600 g/t为宜，具体用量根据后续浮选闭路试验来确定。

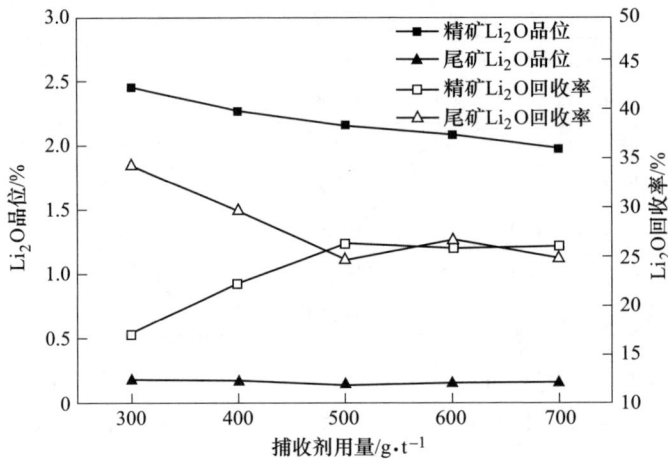

图 5-12　捕收剂试验结果

调整剂试验

采用六偏磷酸钠作为调整剂，考察了粗选六偏磷酸钠用量对浮选效果的影响，试验结果如图5-13所示，不添加六偏磷酸钠时精矿品位和回收率均较低，随着六偏磷酸钠用量的增加，精矿中Li_2O品位和回收率均有所提高。增加到320 g/t时，精矿中Li_2O品位保持稳定，回收率下降。确定六偏磷酸钠用量为240 g/t。

脱泥量试验

为了确定合适的脱泥量，将该钨尾矿磨至-0.3 mm，考察不同脱泥量对浮选效果的影响，试验结果如图5-14所示，脱泥量少时由于细泥对浮选的干扰导致回收率较低，随着脱泥量的增大，回收率升高。但是当脱泥量过大时，锂在细泥中损失增大，回收率反而降低。

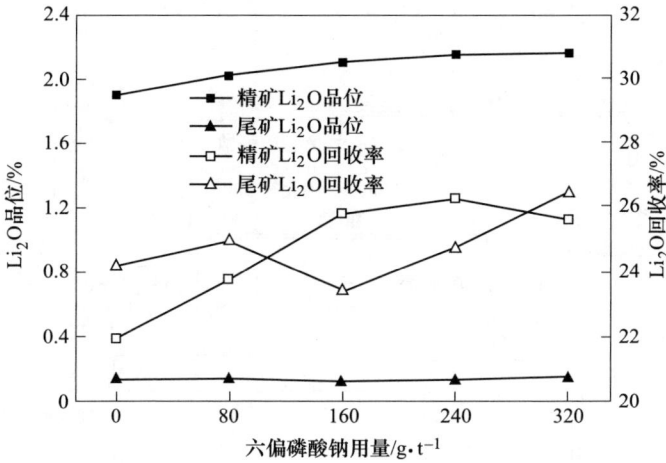

图 5-13 调整剂试验流程

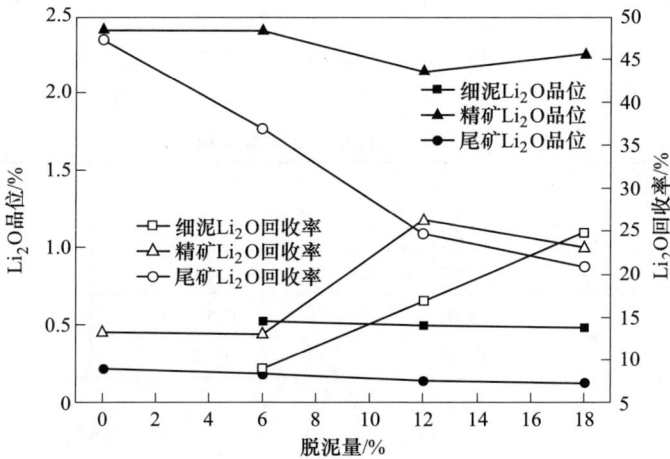

图 5-14 脱泥量试验结果

b 浮选闭路试验及结果

在开路条件试验的基础上，对该钨尾矿开展了一次粗选、两次扫选、两次精选浮选的闭路试验，试验流程如图 5-15 所示，试验结果见表 5-23。采用一次粗选、两次扫选、两次精选浮选的闭路流程得到的云母精矿 Li_2O 品位为 1.50%、回收率为 51.64%。

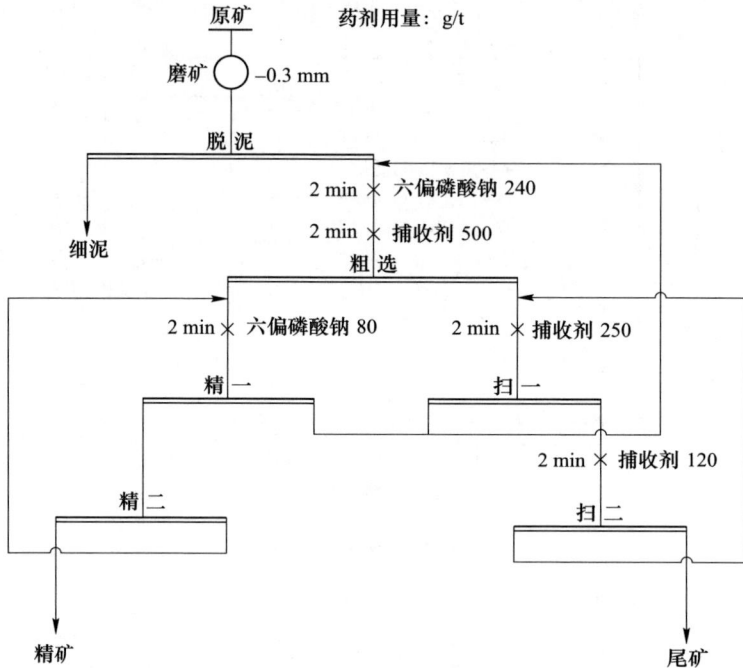

图 5-15　浮选闭路试验流程

表 5-23　浮选闭路试验结果

产品名称	产率/%	Li$_2$O 品位/%	回收率/%
细泥	14.01	0.52	19.32
精矿	12.98	1.50	51.64
尾矿	73.01	0.15	29.04
给矿	100.00	0.38	100.00

C　磁选—浮选工艺

a　磁选试验及结果

该矿样中含锂矿物主要为铁锂云母，具有弱磁性，若在不磨矿的情况下，可以通过磁选将大部分云母矿物富集于磁性物中，磁性物再磨再选，则可减少磨矿成本，同时磁选尾矿可以直接作为建筑用物料销售，减少了尾矿库的排尾。为此考察磁选抛尾或直接得到合格云母精矿的可行性，试验表明该尾矿不磨直接磁选锂富集效果不明显，无法得到合格锂精矿。进一步开展不同磨矿细度下的磁选试验研究，试验流程如图 5-16 所示，试验结果见表 5-24。磨矿后磁选与不磨矿直接磁选的精矿富集效果相差不大，同样无法得到合格锂精矿产品，对云母有一定的富集效果，磁选精矿中锂的占有率在 75% 左右。

给矿

磨矿细度～

磁选

磁选精矿　　　　　　　磁选尾矿

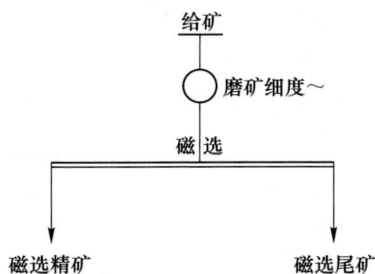

图 5-16　磁选试验流程

表 5-24　磁选试验结果

磨矿细度	磁场强度/T	产品名称	产率/%	Li$_2$O 品位/%	回收率/%
-0.1 mm	0.6	磁选精矿	28.76	0.62	50.02
		磁选尾矿	71.24	0.25	49.98
		给矿	100.00	0.36	100.00
	1.0	磁选精矿	41.25	0.58	65.98
		磁选尾矿	58.75	0.21	34.02
		给矿	100.00	0.36	100.00
-0.2 mm	0.6	磁选精矿	31.83	0.60	53.86
		磁选尾矿	68.17	0.24	46.14
		给矿	100.00	0.35	100.00
	1.0	磁选精矿	46.35	0.57	74.33
		磁选尾矿	53.65	0.17	25.67
		给矿	100.00	0.36	100.00
-0.3 mm	0.6	磁选精矿	34.54	0.58	54.07
		磁选尾矿	65.46	0.26	45.93
		给矿	100.00	0.37	100.00
	1.0	磁选精矿	47.39	0.55	74.46
		磁选尾矿	52.61	0.17	25.54
		给矿	100.00	0.35	100.00

b　浮选试验及结果

为了对比云母回收常规浮选流程和磁选预先富集—磁选精矿磨矿脱泥浮选的选别效果，针对在 1.0 T 磁场强度下生产的磁选精矿（Li$_2$O 品位为 0.54%，回收率为 73.66%），开展磁选预先富集—磁选精矿磨矿脱泥浮选流程试验，磁选精矿磨至-0.3 mm 脱泥后开展了一次粗选、两次扫选、两次精选浮选的闭路试验，浮选试验流程如图 5-17 所示，试验结果见表 5-25。磁选精矿经一次粗选、两次扫选、两次精选浮选的闭路试验得到作业产率为 18.46% 的精矿，Li_2O 品位为 1.61%，作业回收率为 54.90%，对原矿回收率为 40.44%。

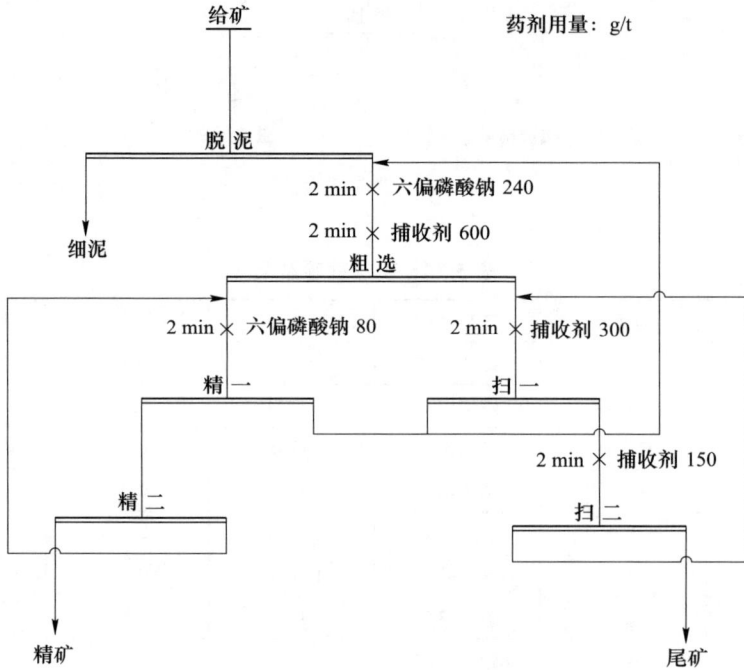

图 5-17 磁选精矿浮选闭路试验流程

表 5-25 磁选精矿浮选闭路试验结果

产品名称	产率/%	Li_2O 品位/%	回收率/%	
			作业	对原矿
细泥	19.04	0.54	19.04	14.03
精矿	18.46	1.61	54.90	40.44
尾矿	62.50	0.23	26.06	19.20
给矿	100.00	0.54	100.00	73.67

D 不同方案工艺对比

该钨尾矿脱泥—浮选和磁选—浮选两种试验方案指标对比见表 5-26。采用脱泥—浮选流程获得精矿产品 Li_2O 品位 1.50%，回收率为 51.64%，采用磁选—浮选流程获得产品 Li_2O 品位 1.61%，回收率为 40.44%。磁选优先流程，可以降低磨矿成本，但回收率较低，推荐采用常规"脱泥"浮选流程处理该矿石。

表 5-26 不同工艺试验结果对比

工艺流程	Li₂O 品位/%	回收率/%
脱泥—浮选	1.50	51.64
磁选—浮选	1.61	40.44

5.3 铁锂云母磁选回收工艺

此次矿样为锂钽铌多金属矿资源，原矿中主要有价元素为锂、钽铌，伴生锡、钨等，锂主要赋存于云母中，以铁锂云母为主，其次为白云母。针对这类主要锂矿物为铁锂云母且磨矿后单体解离度较高的资源，由于铁锂云母具有弱磁性，一般采用磁选工艺即可获得合格的铁锂云母精矿。该矿样以回收锂为主，同时综合回收钽铌，本章节重点研究云母的回收。

5.3.1 工艺矿物学分析

5.3.1.1 原矿物质组成

原矿化学多元素分析结果见表 5-27。原矿主要矿物组成及含量分析结果见表 5-28。该原矿主要有价元素为锂、钽、铌，伴生锡、钨等。钽铌矿物以钽铌铁矿为主，少量细晶石，锡矿物主要为锡石，钨矿物为黑钨矿；锂主要赋存于云母中，以铁锂云母为主，其次为白云母；金属氧化物包括褐铁矿、锆石、钛铁矿等，硫化物含量较少，主要为闪锌矿、黄铜矿和方铅矿等；脉石矿物以钠长石、钾长石、石英为主，其次为黄玉以及高岭石、绿泥石等黏土矿物。

表 5-27 原矿化学多元素分析

元素	Ta₂O₅	Nb₂O₅	Li₂O	SiO₂	K₂O	Na₂O	MgO	Al₂O₃	Fe₂O₃	P₂O₅
含量/%	0.011	0.018	0.29	67.67	4.34	4.16	0.022	12.84	1.89	0.014
元素	BeO	Ti	S	MnO₂	F	Rb	Ag	CaO	SnO₂	WO₃
含量/%	0.003	0.015	0.07	0.13	1.96	0.22	3.8①	0.18	0.041	0.028

①单位为 g/t。

表 5-28 原矿主要矿物组成及含量分析

矿物	钽铌铁矿	细晶石	锡石	黑钨矿	白云母	铁锂云母	石英	钠长石	钾长石	绿泥石
含量/%	0.033	0.002	0.03	0.024	2.45	10.85	29.48	32.12	18.48	0.31
矿物	黄玉	高岭石	褐铁矿	钛铁矿	锆石	黄铜矿	闪锌矿	方铅矿	其他	合计
含量/%	5.09	0.71	0.04	0.004	0.038	0.034	0.12	0.032	0.153	100.00

5.3.1.2 原矿粒度组成及主要矿物嵌布粒度

原矿粒度分析结果见表 5-29，云母的嵌布粒度结果见表 5-30。原矿中云母主要分布于 0.02~0.64 mm 粒级范围内。

表 5-29　原矿粒度分析

粒级	产率/%	Li$_2$O		Ta$_2$O$_5$		Nb$_2$O$_5$	
		品位/%	分布率/%	品位/%	分布率/%	品位/%	分布率/%
+2 mm	10.39	0.23	8.22	0.003	2.98	0.02	9.52
−2+1 mm	28.98	0.25	24.93	0.010	27.72	0.021	27.87
−1+0.5 mm	21.31	0.3	22.00	0.008	16.31	0.015	14.64
−0.5+0.4 mm	10.22	0.38	13.36	0.011	10.76	0.015	7.02
−0.4+0.2 mm	4.14	0.42	5.98	0.009	3.57	0.013	2.46
−0.2+0.1 mm	8.01	0.39	10.75	0.014	10.73	0.026	9.54
−0.1+0.074 mm	2.62	0.33	2.98	0.020	5.01	0.053	6.36
−0.074+0.045 mm	5.17	0.29	5.16	0.018	8.90	0.044	10.42
−0.045 mm	9.16	0.21	6.62	0.016	14.02	0.029	12.17
合计	100.00	0.29	100.00	0.010	100.00	0.022	100.00

表 5-30　云母的嵌布粒度测定

粒级	粒度分布/%	累计分布/%
−5.12+2.56 mm	0.49	0.49
−2.56+1.28 mm	1.46	1.95
−1.28+0.64 mm	4.02	5.97
−0.64+0.32 mm	9.60	15.58
−0.32+0.16 mm	17.23	32.80
−0.16+0.08 mm	25.42	58.23
−0.08+0.04 mm	24.62	82.85
−0.04+0.02 mm	12.07	94.92
−0.02+0.01 mm	4.54	99.45
−0.01 mm	0.55	100.00
合计	100.00	—

5.3.1.3　主要矿物物化特征和嵌布状态

A　钽铁矿-铌铁矿 (Fe,Mn)(Ta,Nb)$_2$O$_6$

钽铁矿-铌铁矿系列矿物为样品中最主要的钽铌矿物,元素 Ta-Nb、Fe-Mn 之间呈完全类质同象,大部分属于铌铁矿、钽铌铁矿和铌钽铁矿,少量钽铌锰矿。矿物元素含量变化较大,矿物含 Ta$_2$O$_5$ 9.62% ~ 51.86%、Nb$_2$O$_5$ 68.43% ~ 19.58%、MnO 3.36% ~ 11.66%、FeO 17.26% ~ 5.66%,另外矿物含有锡、钛、钨等机械混入物。

样品中钽铌铁矿常见呈板状、短柱状或粒状，铌铁矿与铌钽铁矿常见交代共生，或见与锡石形成连生或共生，多数以单个晶粒出现，有时也见多个晶粒相互嵌连，主要嵌布于铁锂云母中，少数嵌布于长石、石英和黄玉等矿物内部或颗粒间隙。

B　锡石 SnO_2

原矿中的锡矿物以锡石为主，矿物中混入一定量的钽、铌、铁、钛等，平均含 Sn 71.79%，Ta_2O_5 4.95%，Nb_2O_5 1.28%，FeO 1.47%，TiO_2 0.94%。锡石主要嵌布于石英、长石、黄玉等脉石矿物颗粒间隙，或与云母连生，并可见与钽铌铁矿共生。

C　含锂云母

原矿中的云母为锂的主要赋存矿物，包括铁锂云母和白云母。铁锂云母化学式为 $K\{LiFeAl[AlSi_3O_{10}]F_2\}$，样品矿物中以 Si : Al 比值较高和铁含量较高为特征。

白云母化学式为 $K\{Al_2[AlSi_3O_{10}](OH)_2\}$，与铁锂云母相比，矿物中铁、氟含量较低。

铁锂云母呈片状或鳞片状、扇状集合体，单偏光下为黄褐色或浅灰褐色，具多色性。钠长石样品中铁锂云母粒度偏细，常见被钠长石交代，呈片状集合体与钠长石连生，部分颗粒内部包含细粒钠长石；云英岩化样品中铁锂云母粒度较粗，呈片状、放射状集合体嵌布于石英、长石粒间，部分可见包含黄玉、钽铌铁矿等矿物；部分铁锂云母可见与白云母紧密连生。

5.3.1.4　主要矿物物化特征和嵌布状态

A　锂的赋存状态

原矿中锂的平衡分配结果见表 5-31。赋存于云母中的锂占原矿总含量的 98.66%，从原矿中回收云母，精矿产品的 Li_2O 平均品位为 2.21%，锂的理论回收率约为 98%。

表 5-31　原矿中锂的平衡分配表

矿物	含量/%	Li_2O 品位/%	Li_2O 占有率/%
钽铌铁矿	0.033	—	—
细晶石	0.002	—	—
锡石	0.03	—	—
黑钨矿	0.024	—	—
云母	13.30	2.210	98.19
石英	29.48	0.001	0.10

矿物	含量/%	Li_2O 品位/%	Li_2O 占有率/%
长石	50.60	0.010	1.69
黄玉	5.09	0.001	0.02
其他	1.441	—	—
合计	100.00	0.299	100.00

B　钽铌的赋存状态

原矿中钽铌的平衡分配结果见表 5-32。以钽铌铁矿和细晶石矿物形式存在的钽分别占原矿总含量的 68.11% 和 10.12%，合计为 78.23%；赋存于锡石和黑钨矿中的钽占有率分别为 10.97% 和 0.71%，合计为 11.68%；从原矿中回收钽铌矿物，精矿产品的 Ta_2O_5 品位为 30.25%，理论回收率为 78%，从原矿中回收钽铌矿物、锡石和黑钨矿，精矿产品的 Ta_2O_5 品位为 13.20%，理论回收率为 89%。

表 5-32　样品中钽铌的平衡分配表

矿物	含量/%	品位/%		占有率/%	
		Ta_2O_5	Nb_2O_5	Ta_2O_5	Nb_2O_5
钽铌铁矿	0.033	27.93	47.46	68.11	86.59
细晶石	0.002	68.47	4.51	10.12	0.50
锡石	0.03	4.95	0.95	10.97	1.58
黑钨矿	0.024	0.40	0.77	0.71	1.02
云母	13.3	0.005	0.008	4.92	5.88
石英	29.48	0.001	0.001	2.18	1.63
长石	50.60	0.0006	0.0008	2.24	2.24
黄玉	5.09	0.002	0.002	0.75	0.56
其他	1.441	—	—	—	—
合计	100.00	0.014	0.018	100.00	100.00

相比较而言，以钽铌铁矿和细晶石矿物形式存在的铌分别占原矿总含量的 86.59% 和 0.50%，合计为 87.09%；赋存于锡石和黑钨矿中的钽占有率分别为 1.58% 和 1.02%，合计为 2.61%；从原矿中回收钽铌矿物，精矿产品的 Nb_2O_5 品位为 45.00%，理论回收率为 87%，从原矿中回收钽铌矿物、锡石和黑钨矿，精矿产品的 Nb_2O_5 品位为 18.27%，理论回收率为 89%。

5.3.2　选别工艺分析

5.3.2.1　原则流程的确定

该矿石为云英岩化蚀变花岗岩和钠长石化蚀变花岗岩型锂钽铌矿石，主要有用矿物为铁锂云母、钽铌铁矿和锡石。主要有价元素为锂、钽、铌，还伴生有锡和钨，铁锂云母为最主要的含锂矿物，白云母含锂较低，富集铁锂云母可实现锂的有效回收，由于铁锂云母具有弱磁性，且磨矿后云母单体解离度较高，可以考虑在较粗粒级下采用磁选工艺回收，原矿不磨或粗磨后磁选抛废，再磨至合适粒度后磁选精矿得到云母精矿。原则流程如图 5-18 所示。

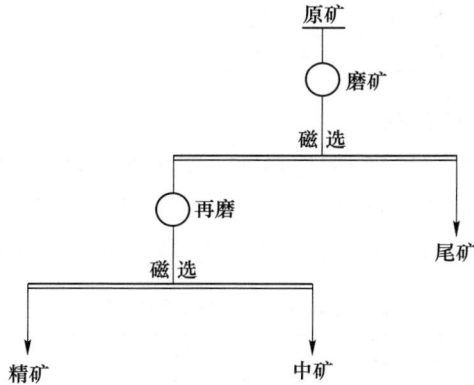

图 5-18 原则流程

5.3.2.2 磨矿细度试验

考察了磨矿细度对磁选抛尾效果的影响，采用一次磁选流程，磁场强度为 1.0 T，脉动频率为 30 Hz，试验结果见表 5-33。随着磨矿细度由粗到细，锂回收率逐渐升高，磨矿细度为 -0.8 mm 时，回收率达到最高。

表 5-33 磨矿细度试验结果

磨矿细度	产品名称	产率/%	Li_2O 品位/%	回收率/%
-3.0 mm（不磨）	精矿	15.71	1.47	77.39
	尾矿	84.29	0.080	22.61
	给矿	100.00	0.30	100.00
-1.0 mm	精矿	18.94	1.45	91.37
	尾矿	81.06	0.032	8.63
	给矿	100.00	0.30	100.00
-0.8 mm	精矿	21.62	1.31	96.53
	尾矿	78.38	0.013	3.47
	给矿	100.00	0.29	100.00

磨矿细度	产品名称	产率/%	Li$_2$O 品位/%	回收率/%
	精矿	18.14	1.51	94.90
-0.5 mm	尾矿	81.86	0.018	5.10
	给矿	100.00	0.29	100.00
	精矿	19.27	1.42	91.62
-0.3 mm	尾矿	80.73	0.031	8.38
	给矿	100.00	0.30	100.00

5.3.2.3　磁选粗选试验

通过条件试验确定了适宜的粗选参数：磁场强度为 1.0 T、脉动为 30 Hz、介质间隙为 3 mm，原矿磨矿至 -0.8 mm，进行磁选粗选试验，试验结果见表 5-34。一次磁选得到 Li$_2$O 品位为 1.31%、回收率为 96.53% 的云母精矿。

表 5-34　磁选粗选试验结果

产品名称	产率/%	Li$_2$O 品位/%	回收率/%
精矿	21.62	1.31	96.53
尾矿	78.38	0.013	3.47
给矿	100.00	0.29	100.00

5.3.2.4　磁选精选试验

磁选粗选得到的云母精矿 Li$_2$O 品位为 1.31%，再磨后进行磁选精选作业，精选磁场强度为 0.6 T、脉动为 30 Hz，试验流程如图 5-19 所示，试验结果见表 5-35。再磨细度为 0.3 mm 时，精选效果较好，得到 Li$_2$O 品位为 2.11%、作业回收率为 93.06% 的云母精矿。

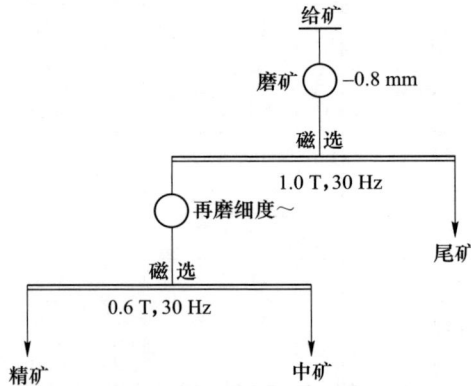

图 5-19　磁选精选流程

表 5-35 磁选精选试验结果

再磨细度	产品名称	产率/%	Li$_2$O 品位/%	作业回收率/%
-0.8 mm（不磨）	精矿	14.63	1.69	88.70
	中矿	4.42	0.31	4.91
	尾矿	80.95	0.022	6.39
	给矿	100.00	0.28	100.00
-0.5 mm	精矿	13.07	1.95	92.38
	中矿	5.51	0.086	1.72
	尾矿	81.42	0.020	5.90
	给矿	100.00	0.28	100.00
-0.3 mm	精矿	12.81	2.12	93.06
	中矿	6.13	0.066	1.39
	尾矿	81.06	0.02	5.56
	给矿	100.00	0.29	100.00
-0.1 mm	精矿	11.60	1.92	80.44
	中矿	8.74	0.41	12.94
	尾矿	79.66	0.023	6.62
	给矿	100.00	0.28	100.00

5.4 铁锂云母资源磁选—浮选回收工艺

铁锂云母-锂云母资源中的锂主要赋存于铁锂云母和锂云母中，均具有磁性，而脉石中磁性矿物含量极少，采用磁选可有效实现其与脉石矿物之间的分离。在工艺矿物学研究的基础上，开展了选矿工艺试验研究，考察影响浮选和磁选效果的关键因素，并开展脱泥—浮选流程与磁选—浮选流程对比试验研究，最终确定磁选—浮选流程作为该矿样回收工艺，该流程获得的锂精矿品位较高，且磁选可以抛掉85%左右的尾矿，大大减少了浮选给矿量，降低成本。

5.4.1 工艺矿物学分析

5.4.1.1 原矿物质组成

原矿化学多元素分析结果和主要矿物组成及含量分别见表 5-36 和表 5-37。原矿中主要有价元素为锂，伴生钽、铌、锡、铷。Li$_2$O 含量为 0.26%。锂矿物主要为含锂云母，包括铁锂云母、锂云母和绢云母，少量锂绿泥石和锂辉石；钽铌矿物为钽铌锰矿和细晶石，锡矿物为锡石。硫化物含量为 0.28%，包括毒砂、闪锌矿、黄铁矿等。脉石矿物以石英、钠长石、钾长石为主，其次为高岭石和伊利石。

表 5-36　原矿化学多元素分析

元素	Li$_2$O	Ta$_2$O$_5$	Nb$_2$O$_5$	Sn	Rb$_2$O	BeO	Al$_2$O$_3$	SiO$_2$	Fe$_2$O$_3$	S
含量/%	0.26	0.006	0.007	0.009	0.17	<0.005	13.12	72.75	1.15	0.060
元素	Pb	K$_2$O	Na$_2$O	MnO	CaO	MgO	P$_2$O$_5$	As	F	
含量/%	0.057	3.43	2.00	0.13	0.20	0.13	0.11	0.064	0.77	

表 5-37　原矿主要矿物组成及含量

矿物	铁锂云母	锂云母	绢云母	伊利石	高岭石	锂绿泥石	锂辉石	钽铌锰矿	细晶石	锡石
含量/%	5.92	1.62	8.14	3.51	1.94	0.34	0.009	0.014	0.008	0.001
矿物	石英	钠长石	钾长石	黄玉	黄铁矿	毒砂	闪锌矿	方铅矿	其他	合计
含量/%	42.92	19.31	12.48	3.23	0.011	0.13	0.041	0.063	0.313	100.00

5.4.1.2　主要矿物嵌布粒度

测定地表手拣块矿和岩芯钻孔块矿中主要矿物的嵌布粒度，结果见表 5-38。两个样品中石英的嵌布粒度均较粗，主要分布于 0.04~1.28 mm 粒级范围内；地表手拣块矿样品钠长石化强烈，长石的嵌布粒度较粗，主要分布于 0.04~1.28 mm 粒级范围内，岩心钻孔块矿样品钠长石化较弱，长石基本处于细粒或微细粒嵌布。值得注意的是，样品中部分长石发生绢云母化、高岭石化蚀变，矿物之间呈复杂嵌布，嵌布粒度较细。

表 5-38　原矿中主要矿物的嵌布粒度测定

粒级	地表手拣样			岩芯钻孔样		
	云母	石英	长石	云母	石英	长石
-2.56+1.28 mm	0	3.04	2.51	4.56	2.12	0
-1.28+0.64 mm	8.14	25.07	14.23	11.39	13.26	0
-0.64+0.32 mm	12.49	24.94	23.64	17.09	23.60	0
-0.32+0.16 mm	16.42	21.59	22.70	17.66	19.75	7.29
-0.16+0.08 mm	23.83	15.26	21.44	21.65	19.95	15.19
-0.08+0.04 mm	21.36	7.57	11.32	14.88	14.02	37.97
-0.04+0.02 mm	10.33	1.85	3.06	7.19	5.19	22.93
-0.02+0.01 mm	6.48	0.67	1.07	4.68	2.10	16.24
-0.01 mm	0.95	0.01	0.03	0.90	0.01	0.38
合计	100.00	100.00	100.00	100.00	100.00	100.00

5.4.1.3 主要矿物物化特征和嵌布状态

A 铁锂云母

铁锂云母化学式为 $K\{LiFeAl[AlSi_3O_{10}]F_2\}$，化学成分变化较大，该矿样中铁锂云母以 Si∶Al 比值较高和铁含量较高为特征。矿样中铁锂云母呈片状集合体嵌布于长石、石英之间，或见与锂云母交代连生；常见被钠长石交代，钠长石发生绢云母化蚀变，铁锂云母、钠长石、绢云母呈复杂嵌布；部分铁锂云母蚀变为绢云母、锂绿泥石；少量铁锂云母呈细粒片状包含于石英、长石、黄玉等脉石矿物中。

B 锂云母

锂云母化学式为 $K\{Li_{2-x}, Al_{1+x}[Al_{2x}Si_{4-2x}O_{10}](F, OH)_2\}$，$Li_2O$ 含量一般为 3.5%~7.0%，硅铝比、铁含量、氟含量较铁锂云母有所降低。该原矿中由于锂云母含铁高，而含锂较低，呈现褐灰色、灰白色，锂云母片理较薄，柔软。锂云母具弱电磁性，可在一定场强下进入磁性产品中。

原矿中锂云母与铁锂云母含量比例约为1∶3.7，常见呈片状集合体嵌布，或呈鳞片状与铁锂云母交代连生形成云母共生体，被钠长石交代发生绢云母化蚀变，部分蚀变为绢云母、伊利石、锂绿泥石和高岭石。

C 绢云母-伊利石

绢云母化学式为 $K\{(Al, Li)_2[AlSi_3O_{10}](OH, F)_2\}$，相对铁锂云母和锂云母，矿物硅铝比、铁含量、氟含量较低。矿物磁性较弱，基本富集于1.0 T 非磁产品中。原矿中绢云母主要为长石蚀变产物，常见呈微细粒鳞片状嵌布于长石中，部分为铁锂云母、锂云母蚀变形成，与其呈紧密连生，少量绢云母形成鳞片状集合体沿矿物间隙充填。

伊利石化学式为 $K_{<1}(Al, Fe)_2(OH)_2[AlSi_3O_{10}] \cdot nH_2O$，是一种类似云母的层状结构黏土矿物，与白云母不同的是，层间 K^+ 的数量比白云母少，而且有水分子存在，也被称为水白云母。钾含量相对绢云母有所降低。矿石中的伊利石主要由云母风化形成，常见呈不规则鳞片状集合体嵌布于高岭石中，两者呈复杂连生，或见与铁锂云母、锂云母、绢云母呈连生嵌布，少数与石英、长石等脉石矿物连生。复杂的连生关系导致伊利石与绢云母、高岭石难以有效解离。

D 锂绿泥石

锂绿泥石化学式为 $LiAl_2(OH)_6\{Al_2[AlSi_3O_{10}](OH)_2\}$，矿物中含钾、钠、镁、钙等杂质。该样品中锂绿泥石为云母的蚀变产物，常见呈片状或鳞片状集合体与云母交代连生，或与绢云母呈复杂连生体嵌布，少量呈鳞片状集合体与石英、长石等脉石矿物连生。

　　E　高岭石

　　高岭石化学式为 $Al_4[Si_4O_{10}](OH)_8$，原矿中的高岭石含钾、铁、镁、钙、钠等杂质。该样品中高岭石为长石和云母的蚀变产物，常见呈细鳞片状或土状集合体嵌布于原生矿物周围或包含于矿物颗粒内部。

　　F　长石

　　原矿中长石以钠长石和钾长石为主，钠长石矿物含量为 19.31%，钾长石矿物含量为 12.48%。钾长石平均含 K_2O 14.79%、Na_2O 0.15%、Rb_2O 0.59%；钠长石平均含 Na_2O 10.56%，并含少量钾。

　　矿石中钾长石发生绢云母化、高岭石化蚀变，呈板状残余结构，表面浑浊，双晶不明显，少数见卡氏双晶，与石英、云母连生嵌布，可见钠长石交代钾长石。矿石中钠长石常呈板状自形晶，聚片双晶发育，因蚀变表面浑浊，常见与云母、石英连生或交代钾长石、云母，部分发生绢云母化、高岭石化蚀变，少数钠长石呈细粒板状包含于石英或云母中。

　　G　石英

　　石英化学式为 SiO_2，矿物含量为 42.92%。混入少量绢云母和长石。该样品中常见呈他形粒状嵌镶于其他矿物间隙中，部分石英中包含长石或云母。

　　H　黄玉

　　黄玉化学式为 $Al_2[SiO_4](F,OH)_2$，是气成热液矿物，在强钠化花岗岩中含量较高。该样品中的黄玉常见呈不规则粒状嵌布高岭石中，或与石英、长石、云母等矿物连生，可见颗粒间隙被绢云母充填。

　　5.4.1.4　锂的赋存状态

　　原矿中锂的赋存状态见表 5-39。赋存于云母（铁锂云母-锂云母）中的 Li_2O 占原矿总含量的 82.58%，以绢云母-伊利石、锂绿泥石和锂辉石矿物形式存在的 Li_2O 分别占原矿总含量的 9.85%、2.18% 和 0.27%。因此，从原矿中回收铁锂云母-锂云母，云母精矿 Li_2O 品位为 2.85%，锂的理论回收率约为 82%，绢云母、伊利石、锂绿泥石与铁锂云母-锂云母嵌布关系密切，形成云母连生体跟随进入云母精矿中，可提高精矿中锂的回收率，但同时会降低锂品位（精矿 Li_2O 品位为 1.26%，锂的回收率约为 94%）。

表 5-39　原矿中锂的平衡分配表

矿物	含量/%	Li_2O 品位/%	Li_2O 占有率/%
铁锂云母-锂云母	7.54	2.85	82.58
绢云母-伊利石	11.65	0.22	9.85
锂绿泥石	0.34	1.67	2.18

续表 5-39

矿物	含量/%	Li$_2$O 品位/%	Li$_2$O 占有率/%
锂辉石	0.009	7.80	0.27
黄玉	3.23	0.05	0.62
石英	42.92	0.008	1.32
长石	31.79	0.026	3.18
其他	2.521	—	—
合计	100.00	0.26	100.00

注：表中所列均为单矿物分析结果。

5.4.1.5　磁性分析

为探索磁选对于锂矿物的分选效果，采用磁力分析仪对原矿粒级产品进行磁性分析，结果见表5-40。磁选对于含锂云母具有较好的富集效果，0.88 T 磁性产品 Li$_2$O 品位为 2.48%，锂的回收率约为 88%，1.06 T 磁性产品 Li$_2$O 品位为 2.31%，锂的回收率约为 90%。

表 5-40　原矿磁性分析结果

磁场强度/T	产率/%	Li$_2$O 品位/%	Li$_2$O 回收率/%
0.60	6.25	2.87	65.64
0.60~0.88	3.54	1.78	23.06
0.88~1.06	0.94	0.60	2.07
1.06~1.50	0.65	0.063	0.15
1.50 非磁	88.62	0.028	9.08
合计	100.00	0.273	100.00

注：试验样品为原矿-0.3 mm 磨矿细度下-0.2+0.1 mm 粒级产品。

5.4.2　选别工艺分析

5.4.2.1　原则流程的确定

原矿中主要可回收有价金属为锂，锂矿物主要为含锂云母，包括铁锂云母、锂云母和绢云母-白云母，少量为锂绿泥石和锂辉石；钽铌矿物为钽铌锰矿和细晶石，锡矿物为锡石。绢云母-白云母、伊利石与铁锂云母-锂云母嵌布关系密切，形成云母连生体易跟随进入云母精矿中，影响锂云母精矿的品位。

由于锂的主要赋存矿物铁锂云母和锂云母均具磁性，磁选分析也表明该矿中云母磁性较好，而角闪石、石榴石、电气石等磁性脉石矿物含量极少，采用磁选可有效实现其与脉石矿物之间的分离。可考虑磁选—浮选流程，磁选抛尾后，对磁选精矿进行浮选精选，也可考虑工业上常见的锂云母回收脱泥—浮选工艺，针对两种流程开展详细的条件试验，在确定最佳条件的基础上开展全流程试验，并对比两种流程的选别效果，推荐合理的选别工艺。

5.4.2.2　脱泥—浮选工艺

对影响浮选效果的关键因素开展系统的试验研究，考察磨矿细度、脱泥量、调整剂种类及用量、捕收剂种类及用量等条件。在磨矿细度为 $-0.3\ mm$、脱泥量约为 7%、调整剂六偏磷酸钠用量为粗选 80 g/t+精选 80 g/t、捕收剂采用复配云母捕收剂的条件下，开展一次粗选、两次扫选、两次精选浮选闭路试验，并考察捕收剂用量对试验结果的影响，试验流程如图 5-20 所示，试验结果见表 5-41。由试验结果可知，随着粗选捕收剂用量的增大，回收率有所升高，但是品位下降明显，而且捕收剂加多了之后泡沫会难以控制，建议粗选捕收剂用量为 700 g/t，锂云母精矿品位为 2.03%，回收率为 73.43%。

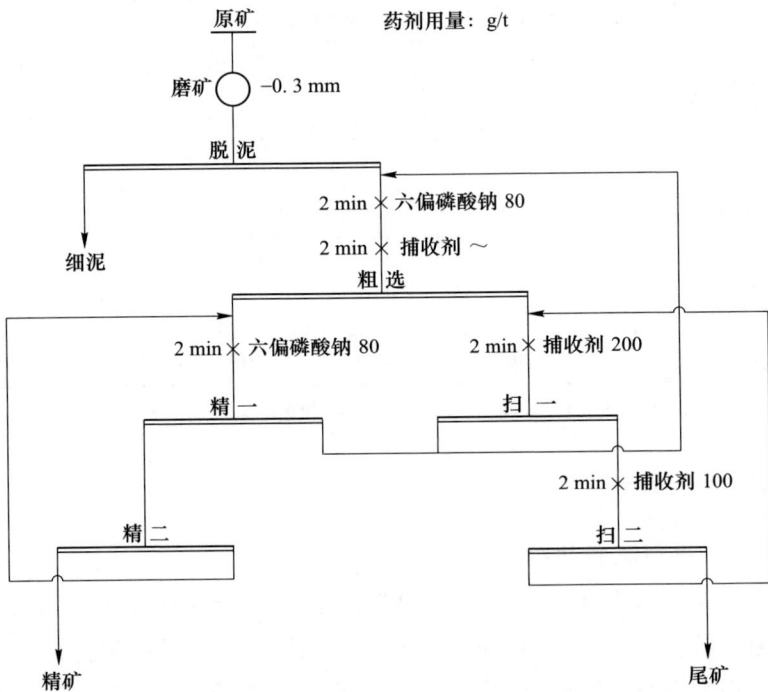

图 5-20　脱泥—浮选工艺试验流程

表 5-41 脱泥—浮选工艺试验结果

粗选捕收剂用量 /g·t⁻¹	产品名称	产率/%	Li₂O 品位/%	回收率/%
600	细泥	7.77	0.20	6.43
	精矿	7.88	2.12	69.02
	尾矿	84.35	0.070	24.55
	原矿	100.00	0.24	100.00
700	细泥	7.43	0.20	5.92
	精矿	9.07	2.03	73.43
	尾矿	83.50	0.062	20.65
	原矿	100.00	0.25	100.00
800	细泥	7.53	0.20	6.20
	精矿	10.48	1.80	76.50
	尾矿	81.99	0.052	17.30
	原矿	100.00	0.25	100.00

5.4.2.3 磁选—浮选工艺

A 磁选试验

在磨矿细度为-0.5 mm、磁场强度为 1.0 T 的条件下生产磁选粗精矿样品，试验流程如图 5-21 所示，试验结果见表 5-42。从试验结果可知，磁选粗精矿中 Li₂O 品位为 1.67%、回收率为 77.81%。

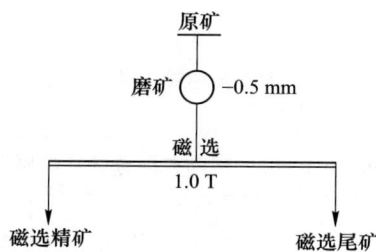

图 5-21 磁选试验流程

表 5-42 磁选试验结果

产品名称	产率/%	Li₂O 品位/%	回收率/%
磁选精矿	11.52	1.67	77.81
磁选尾矿	88.48	0.062	22.19
给矿	100.00	0.25	100.00

B　浮选试验

磁选粗精矿再磨至-0.3 mm 脱泥后开展一次粗选、两次扫选、两次精选浮选闭路试验，并考察捕收剂用量对浮选效果的影响，浮选试验流程如图 5-22 所示，试验结果见表 5-43。磁选粗精矿再磨至-0.3 mm 脱泥后，经一次粗选、两次扫选、两次精选浮选闭路试验，得到对原矿产率为 6.90% 的锂云母精矿，Li_2O 品位为 2.56%，作业回收率为 91.56%，对原矿回收率为 71.24%。

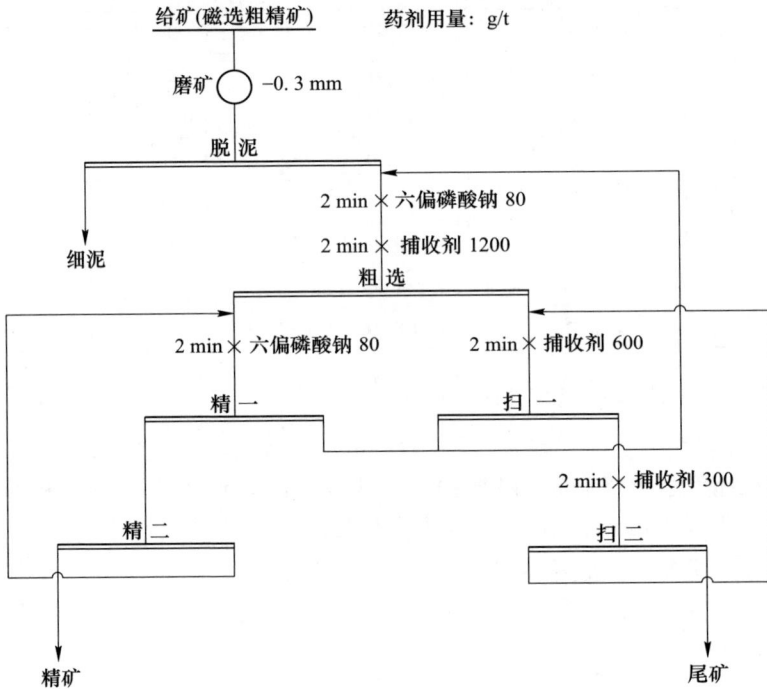

图 5-22　磁选粗精矿浮选试验流程

表 5-43　磁选粗精矿浮选试验结果

产品名称	产率/%		Li_2O 品位/%	回收率/%	
	作业	对原矿		作业	对原矿
细泥	5.76	0.66	0.90	3.10	2.41
精矿	59.86	6.90	2.56	91.56	71.24
尾矿	34.38	3.96	0.26	5.34	4.15
给矿	100.00	11.52	1.67	100.00	77.81

5.4.2.4　不同工艺流程对比

脱泥—浮选和磁选—浮选两种工艺流程指标对比见表 5-44，采用脱泥—浮选

流程获得精矿产品 Li_2O 品位为 2.03%，回收率为 73.35%，采用磁选—浮选流程获得产品 Li_2O 品位为 2.56%，回收率为 71.24%。

表 5-44 不同工艺流程对比

工艺流程	Li_2O 品位/%	回收率/%
脱泥—浮选	2.03	73.35
磁选—浮选	2.56	71.24

根据脱泥—浮选和磁选—浮选两种流程指标对比结果可知，回收率相近，磁选—浮选流程获得的锂精矿品位更高，同时磁选可以抛掉 85% 左右的尾矿，大大减少了浮选给矿量，降低成本，因此该流程更适合此矿石中铁锂云母的选别。

5.5 伴生资源综合回收

5.5.1 伴生钽铌资源综合回收

某矿为锂钽铌多金属矿资源，原矿中主要有价元素为锂、钽、铌，伴生锡、钨等，锂主要赋存于云母中，以铁锂云母为主，其次为白云母。原矿以回收锂为主，同时综合回收钽铌，在工艺矿物学研究的基础上，通过磁选、浮选和重选试验，开展了锂钽铌的综合回收研究。原矿磨至-0.8 mm 磁选抛尾后，针对磁选粗精矿对比了磁选精选和浮选精选对锂的回收效果，并考察了锂和钽、铌的回收顺序对锂钽铌综合回收指标的影响，综合考虑锂钽铌品位和回收率，推荐采用磁选—浮选—重选流程。

5.5.1.1 原则流程的确定

该矿石为云英岩化蚀变花岗岩和钠长石化蚀变花岗岩型锂钽铌矿石，主要有用矿物为铁锂云母、钽铌铁矿和锡石。主要有价元素为锂、钽、铌，还伴生有锡和钨，铁锂云母为最主要的含锂矿物，白云母含锂较低，富集铁锂云母可实现锂的有效回收，但部分铁锂云母与白云母密切连生，或者内部包含钠长石等细粒包裹体，这是影响云母精矿品位提高的主要因素，锂精矿产品品质取决于铁锂云母和白云母的含量比例。从原矿中回收云母，精矿产品的 Li_2O 平均品位为 2.21%，锂的理论回收率约为 98%。

该锂钽铌多金属矿以回收锂为主，综合回收钽铌。磁选可有效富集铁锂云母，进而获得含锂较高的云母精矿，另外，由于云母具有较好的可浮性，也可以对磁选粗精矿开展浮选试验研究，通过浮选得到锂云母精矿产品。故针对该锂钽铌多金属矿开展了磁选流程、磁选—浮选—重选流程及磁选—重选—浮选流程的方案对比，考察锂的回收效果，同时对钽铌进行综合回收。

5.5.1.2　磁选—浮选—重选工艺

A　磁选试验

按照该方案磁选流程确定的磁选条件生产磁选粗精矿，试验结果见表5-45。

表 5-45　磁选试验结果

产品名称	产率/%	Li₂O		Ta₂O₅		Nb₂O₅	
		品位/%	回收率/%	品位/%	回收率/%	品位/%	回收率/%
磁选精矿	18.02	1.45	91.67	0.053	79.61	0.098	87.75
磁选尾矿	81.98	0.029	8.33	0.003	20.39	0.003	12.25
给矿	100.00	0.29	100.00	0.012	100.00	0.020	100.00

B　浮选试验

对磁选粗精矿再磨后开展浮选试验研究，考察了再磨细度、捕收剂类型及用量、调整剂用量等参数对浮选效果的影响，确定再磨细度为-0.3 mm，脱除7%左右的细泥，调整剂六偏磷酸钠用量为粗选 160 g/t+精选 80 g/t，云母捕收剂用量等浮选条件，并在条件试验的基础上开展了浮选闭路试验，试验流程如图5-23

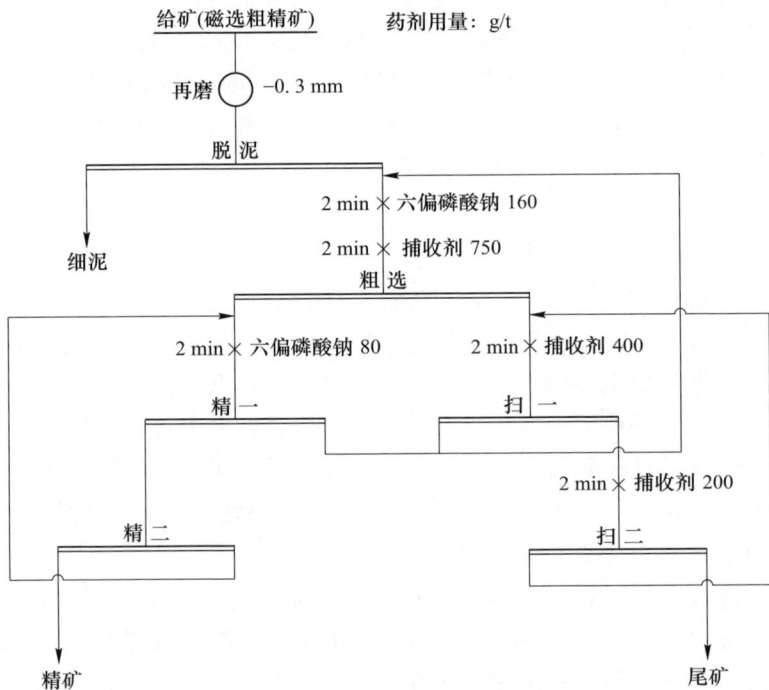

图 5-23　浮选闭路试验流程

所示，试验结果见表 5-46。由试验结果可知，磁选精矿再磨脱泥后通过一次粗选、两次扫选、两次精选的浮选闭路试验可以得到 Li_2O 品位为 2.32%、对原矿回收率为 84.44% 的锂云母精矿。钽铌主要在浮选尾矿中，可通过重选回收。

表 5-46　浮选闭路试验结果

产品名称	产率/%		Li_2O			Ta_2O_5			Nb_2O_5		
	作业	对原矿	品位/%	回收率/%		品位/%	回收率/%		品位/%	回收率/%	
				作业	对原矿		作业	对原矿		作业	对原矿
细泥	7.28	1.31	0.80	4.02	3.68	0.028	3.83	3.05	0.037	2.75	2.42
精矿	57.62	10.38	2.32	92.11	84.44	0.014	15.14	12.05	0.017	10.02	8.79
尾矿	35.10	6.33	0.16	3.87	3.55	0.123	81.03	64.51	0.243	87.23	76.54
给矿	100.00	18.02	1.45	100.00	91.67	0.053	100.00	79.61	0.098	100.00	87.75

C　重选试验

对浮选尾矿开展重选试验回收钽铌，试验流程如图 5-24 所示，试验结果见表 5-47。通过磁选—浮选—重选流程试验，得到的锂云母精矿品位为 2.32%，对原矿回收率为 84.44%；钽铌粗精矿中钽品位为 3.59%，对原矿回收率为 37.03%，铌品位为 8.42%，对原矿回收率为 52.12%。钽铌粗精矿需要进一步精选。

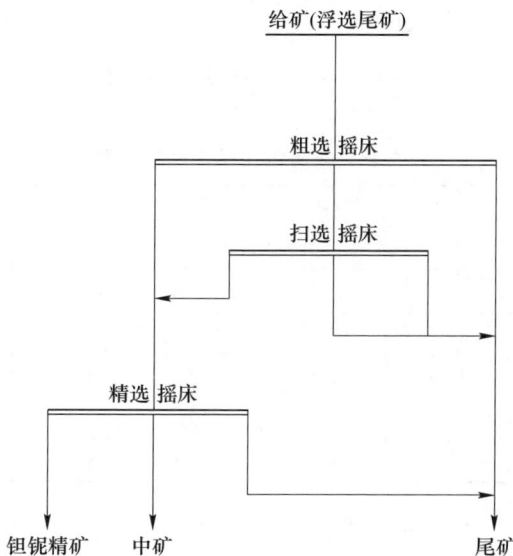

图 5-24　重选试验流程

表 5-47　重选试验结果

产品名称	产率/%		Li₂O			Ta₂O₅			Nb₂O₅		
	作业	对原矿	品位/%	回收率/%		品位/%	回收率/%		品位/%	回收率/%	
				作业	对原矿		作业	对原矿		作业	对原矿
精矿	1.96	0.13	0.015	0.18	0.006	3.59	57.40	37.03	8.42	68.09	52.12
中矿	5.67	0.36	0.045	1.58	0.054	0.27	12.46	8.03	0.46	10.75	8.22
尾矿	67.67	4.28	0.11	46.16	1.64	0.038	20.91	13.49	0.053	14.76	11.30
溢流	25.70	1.56	0.34	52.07	1.85	0.046	9.23	5.96	0.063	6.40	4.90
给矿	100.00	6.33	0.16	100.00	3.55	0.123	100.00	64.51	0.243	100.00	76.54

　　由于磁选—浮选—重选流程中得到的钽铌精矿品位略低，因此采用摇床对钽铌粗精矿进一步精选，试验流程如图 5-25 所示，试验结果见表 5-48。钽铌粗精矿采用摇床精选可得到钽铌精矿和钽铌次精矿，钽铌精矿 Ta₂O₅ 品位为 8.86%，对原矿回收率为 21.47%，Nb₂O₅ 品位为 17.65%，对原矿回收率为 25.67%；钽铌次精矿 Ta₂O₅ 品位为 3.94%，对原矿回收率为 10.56%，Nb₂O₅ 品位为 10.30%，对原矿回收率为 16.57%。

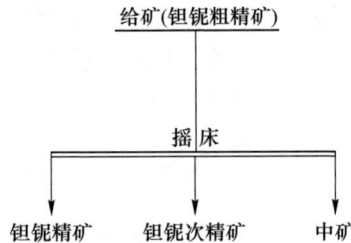

给矿(钽铌粗精矿)

摇　床

钽铌精矿　　　钽铌次精矿　　　中矿

图 5-25　钽铌摇床精选试验流程

表 5-48　钽铌摇床精选试验结果

产品名称	产率/%	Ta₂O₅			Nb₂O₅		
		品位/%	回收率/%		品位/%	回收率/%	
			作业	对原矿		作业	对原矿
钽铌精矿	23.50	8.86	57.98	21.47	17.65	49.25	25.67
钽铌次精矿	25.99	3.94	28.52	10.56	10.30	31.79	16.57
中矿	50.51	0.96	13.50	5.00	3.16	18.95	9.88
给矿	100.00	3.59	100.00	37.03	8.42	100.00	52.12

5.5.1.3　磁选—重选—浮选工艺

A　磁选试验

按照 5.5.1.2 节中磁选试验生产磁选粗精矿，试验结果见表 5-49。

表 5-49 磁选试验结果

产品名称	产率/%	Li₂O		Ta₂O₅		Nb₂O₅	
		品位/%	回收率/%	品位/%	回收率/%	品位/%	回收率/%
磁选精矿	18.02	1.45	91.67	0.053	79.61	0.098	87.75
磁选尾矿	81.98	0.029	8.33	0.003	20.39	0.003	12.25
给矿	100.00	0.29	100.00	0.012	100.00	0.020	100.00

B 重选试验

磁选粗精矿再磨至−0.3 mm 后开展重选试验，试验流程如图 5-26 所示，试验结果见表 5-50。通过重选可得到 Ta₂O₅ 品位为 2.87%、对原矿回收率为 26.98%，Nb₂O₅ 品位为 6.78%、对原矿回收率为 39.37% 的钽铌粗精矿。

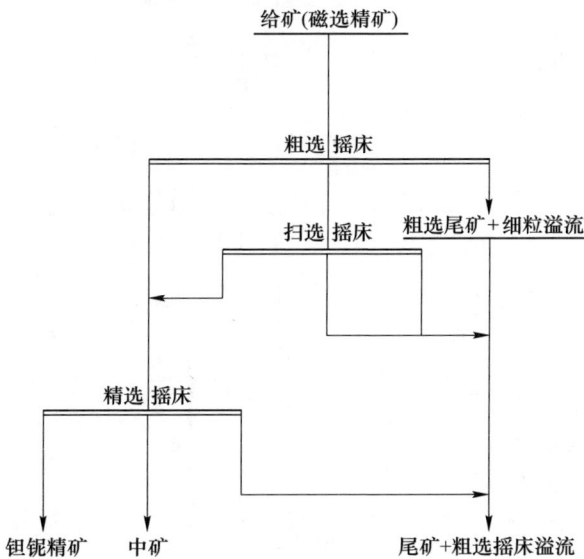

图 5-26 重选试验流程

表 5-50 重选试验结果

产品名称	产率/%		Li₂O			Ta₂O₅			Nb₂O₅		
	作业	对原矿	品位/%	回收率/%		品位/%	回收率/%		品位/%	回收率/%	
				作业	对原矿		作业	对原矿		作业	对原矿
精矿	0.63	0.11	0.43	0.19	0.17	2.87	33.78	26.98	6.78	44.96	39.37
中矿	4.05	0.73	0.83	2.33	2.14	0.32	24.04	19.19	0.61	25.81	22.60
尾矿	79.65	14.42	1.54	85.28	78.16	0.022	32.57	26.01	0.026	21.68	18.98
溢流	15.67	2.84	1.12	12.20	11.18	0.033	9.61	7.68	0.046	7.55	6.61
给矿	100.00	18.10	1.44	100.00	91.65	0.054	100.00	79.86	0.096	100.00	87.56

C　浮选试验

　　将重选尾矿和溢流合并后开展了脱泥—浮选试验，采用一次粗选、两次扫选、两次精选闭路流程，试验流程如图 5-27 所示，试验结果见表 5-51。通过磁选—重选—浮选流程试验，得到的锂云母精矿品位为 2.33%，对原矿回收率为 81.47%。

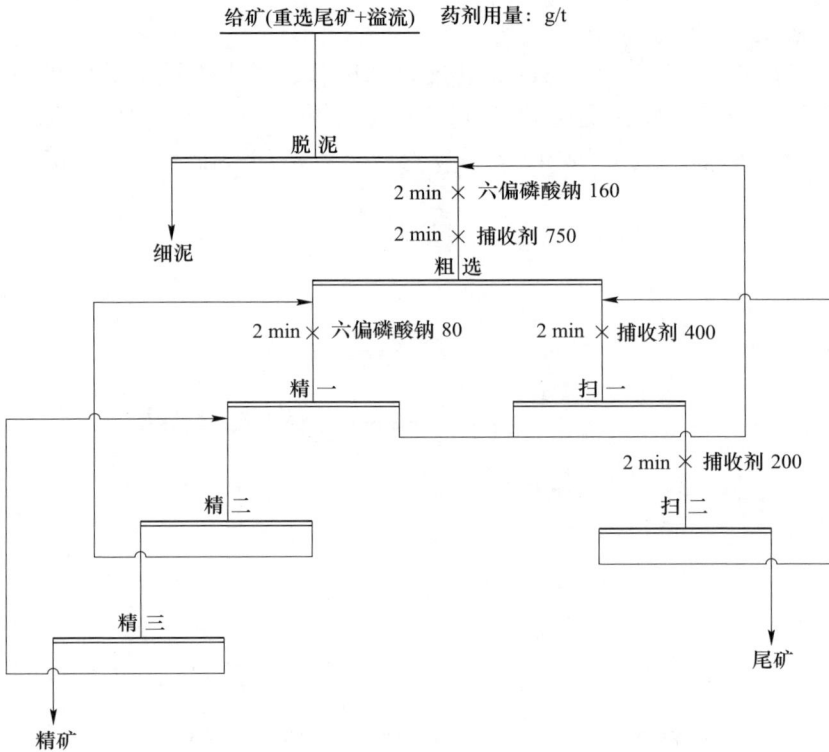

图 5-27　浮选试验流程

表 5-51　浮选试验结果

产品名称	产率/%		Li₂O 品位/%	回收率/%	
	作业	对原矿		作业	对原矿
细泥	9.63	1.39	0.93	5.94	5.31
精矿	58.99	8.51	2.33	91.15	81.47
尾矿	31.39	4.53	0.14	2.91	2.60
给矿	100.00	14.42	1.51	100.00	89.38

5.5.1.4　不同方案对比

针对本锂钽铌多金属矿开展了磁选—浮选—重选和磁选—重选—浮选两种方案综合回收锂钽铌对比试验，不同方案指标对比见表5-52，综合考虑锂钽铌品位和回收率，推荐采用磁选—浮选—重选流程。

表 5-52　不同方案指标对比

工艺流程	品位/%			对原矿回收率/%		
	Li_2O	Ta_2O_5	Nb_2O_5	Li_2O	Ta_2O_5	Nb_2O_5
磁选—浮选—重选	2.32	8.86	17.65	84.44	21.47	25.67
磁选—重选—浮选	2.33	2.87	6.78	81.47	26.98	39.37

5.5.2　伴生非金属资源回收

目前云母浮选尾矿，多采用磁选提高白度后分级为一级长石和二级长石销售，未进行长石与石英分离提高产品质量研究。随着宁德时代、国轩高科千万吨/年云母回收项目的推进，未来宜春地区将产生大量长石尾矿，冲击目前的长石销售市场。为提高产品品质与竞争力，需针对云母浮选尾矿开展长石与石英分离研究。

云母浮选尾矿磁选后得到的长石初品实际为长石和石英的混合物，铝含量较低，硅含量高，难以用于高端陶瓷的制造。部分企业针对该磁选尾矿，开展了长石与石英分离试验研究，但均停留在实验室探索阶段。

目前长石与石英分离多在酸性条件下进行，采用胺类捕收剂进行长石的浮选，浮选尾矿为石英。此外，部分企业采用碱法进行石英的浮选，浮选尾矿为粗粒长石产品，浮选泡沫为石英粗精矿。再针对此泡沫，在酸性条件下进行石英的精选，得到石英产品和细粒长石产品。

5.5.2.1　酸法工艺

以宜春某一矿区锂云母资源浮选尾矿为例，介绍该类锂云母尾矿的工艺矿物学性质及综合回收工艺。宜春地区锂云母属大型花岗伟晶岩矿床，伴生非金属矿物主要为长石、石英，锂云母尾矿中 K_2O、Na_2O 和 Al_2O_3 含量较高，是较优的陶瓷原料。该锂云母矿浮选尾矿化学多元素分析和粒度分析结果见表5-53和表5-54。浮选尾矿中 K_2O+Na_2O 含量达到 9.01%，Al_2O_3 含量为 10.63%，粒级以-0.2+0.045 mm 为主，是较优的陶瓷原料，可考虑回收长石、石英。

表 5-53　锂云母尾矿化学多元素分析

元素	Li_2O	Rb_2O	Cs_2O	Sn	K_2O	Na_2O	MgO
含量/%	0.022	0.04	0.009	0.021	3.46	5.55	0.012

元素	Fe$_2$O$_3$	CaO	TiO$_2$	Al$_2$O$_3$	Ta$_2$O$_5$	Nb$_2$O$_5$	SiO$_2$
含量/%	0.20	0.42	<0.005	10.63	0.001	<0.001	79.48

表 5-54　锂云母尾矿粒度组成分析

粒级	产率/%		Li$_2$O 品位/%	分布率/%	
	个别	累计		个别	累计
+0.2 mm	2.59	2.59	0.022	2.66	2.66
−0.2+0.1 mm	28.04	30.63	0.018	23.51	26.17
−0.1+0.074 mm	24.07	54.70	0.018	20.18	46.34
−0.074+0.045 mm	25.72	80.42	0.017	20.37	66.71
−0.045+0.038 mm	5.21	85.63	0.019	4.61	71.33
−0.038+0.025 mm	5.20	90.83	0.025	6.05	77.38
−0.025 mm	9.17	100.00	0.053	22.62	100.00
合计	100.00	—	0.021	100.00	—

采用高梯度磁选机磁选除去云母和铁杂质后，浮选分离长石和石英。锂云母浮选尾矿综合利用试验流程如图 5-28 所示，试验结果见表 5-55。长石产品中 K$_2$O 和

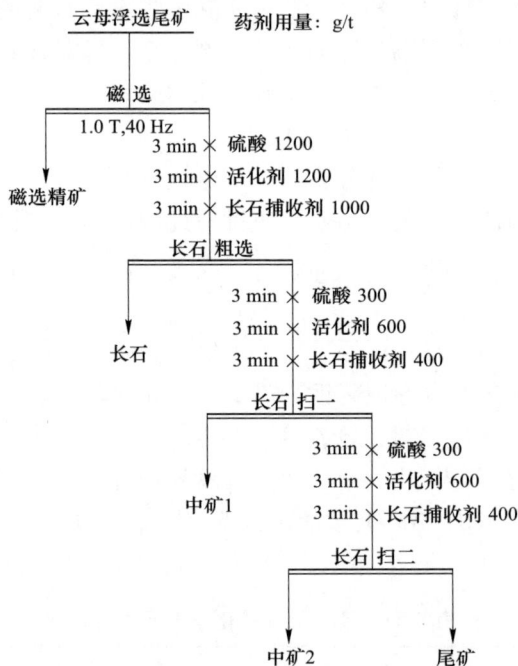

图 5-28　锂云母浮选尾矿综合利用试验流程

Na_2O 含量分别为 3.20% 和 6.32%、Al_2O_3 含量为 15.92%、烧白度为 59.7%；石英产品中 SiO_2 含量为 99.50%、Fe_2O_3 含量为 0.0089%，自然白度为 89.8%。

表 5-55 锂云母浮选尾矿综合利用试验结果

产品名称	产率/%		品位/%								白度/%
	浮选	磁选	Al_2O_3	SiO_2	Fe_2O_3	CaO	MgO	K_2O	Na_2O	TiO_2	
长石	30.74		15.92	73.06	0.14	0.43	0.06	3.20	6.32	0.01	59.7
中矿1	20.24		16.46	72.3	0.05	0.23	0.04	4.25	6.06	0.01	73.6
中矿2	26.19		12.21	79.15	0.04	0.22	0.05	3.17	4.49	0.01	73.4
石英	22.84		0.15	99.50	0.0089	0.0036	0.0014	0.048	0.062	0.001	89.8
磁选尾矿	100.00	97.54	12.92	76.96	0.41	0.73	0.15	3.87	3.74	0.007	72.4
磁选精矿		2.46	13.13	68.92	2.65	7.00	0.12	2.86	3.05	0.03	
给矿		100.00									49.4

5.5.2.2 碱法工艺

宜春某锂钽铌选厂尾矿粗长石粉化学多元素分析和粒度组成分析结果见表 5-56 和表 5-57。

表 5-56 粗长石粉化学多元素分析

元素	Ta_2O_5	Nb_2O_5	K_2O	Na_2O	CaO
含量/%	0.003	0.002	3.37	4.02	0.25
元素	Fe_2O_3	TiO_2	Al_2O_3	SiO_2	MgO
含量/%	0.10	0.008	14.20	76.57	0.02

表 5-57 粗长石粉粒度组成分析

粒级	产率/%	Li_2O 品位/%							
		Al_2O_3	SiO_2	Fe_2O_3	CaO	MgO	K_2O	Na_2O	TiO_2
+0.4 mm	9.56	12.79	78.21	0.27	0.16	0.01	4.87	2.35	0.02
-0.4+0.3 mm	18.04	12.80	78.44	0.20	0.21	0.01	4.47	2.68	0.02
-0.3+0.2 mm	18.78	13.43	77.43	0.23	0.18	0.01	4.33	3.19	0.02
-0.2+0.1 mm	32.51	13.86	76.58	0.19	0.19	0.01	4.01	4.06	0.02
-0.1+0.075 mm	10.28	15.33	74.89	0.16	0.22	0.01	3.5	4.73	0.02
-0.075 mm	10.83	15.76	73.70	0.23	0.31	0.02	3.37	5.47	0.02
合计	100.00	13.84	76.75	0.21	0.20	0.01	4.11	3.71	0.02

采用周期式高梯度磁选机除杂后，碱性条件下进行石英粗选，得到石英粗精矿和长石精矿 1，实现石英与长石的初步分离，酸性条件下进行石英精选，实现石英与长石的高效分离，获得高品位石英精矿和长石产品，试验流程如图 5-29 所示，试验结果见表 5-58，最终获得产率为 34.65%、SiO_2 含量为 95.04%、白度为 94.6% 的石英精矿；产率为 26.15%、Al_2O_3 含量为 15.56%、白度为 76.8% 的长石精矿 1；产率为 29.14%、Al_2O_3 含量为 15.76%、白度为 76.4% 的长石精矿 2。

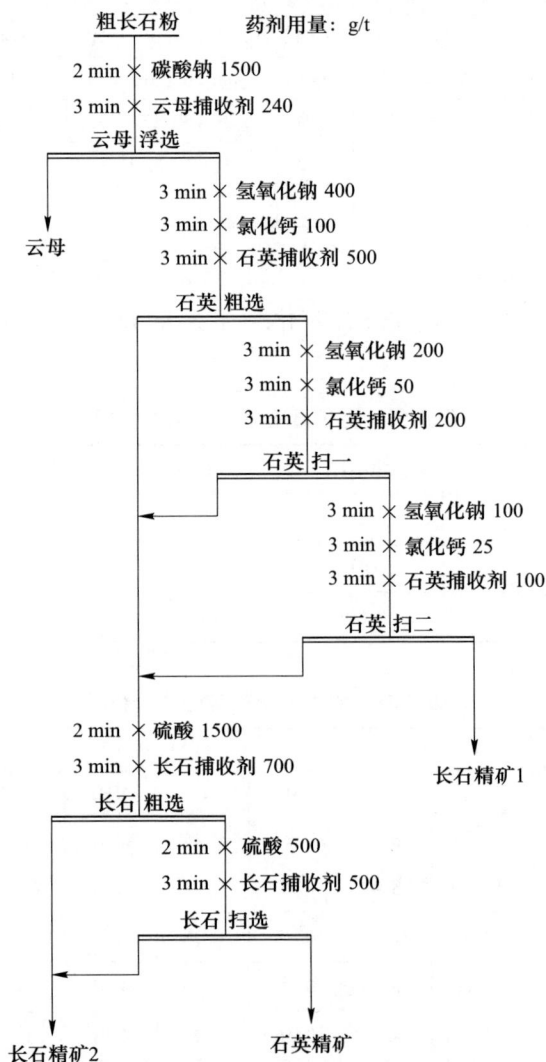

图 5-29　石英粗精矿酸性精选试验流程

表 5-58 石英粗精矿酸性精选试验结果

产品名称	产率/%	品位/%								白度
		Al_2O_3	SiO_2	Fe_2O_3	CaO	MgO	K_2O	Na_2O	TiO_2	
云母	10.06	29.71	57.58	0.09	0.45	0.05	5.02	2.72	0.02	
长石精矿 1	26.15	15.56	73.65	0.04	0.15	0.01	3.76	6.27	0.01	76.8
长石精矿 2	29.14	15.76	72.89	0.05	0.13	0.01	4.62	5.89	0.01	76.4
石英精矿	34.65	2.45	95.04	0.007	0.076	0.002	0.98	0.86	0.001	94.6
合计	100.00	12.50	79.22	0.04	0.13	0.01	3.17	3.93	0.01	

6 其他锂矿物选矿实例

6.1 磷锂铝石浮选回收工艺

由于现阶段磷锂铝石的探明储量相对较小，独立矿床很少，几乎没有在工业上开采，因此关于其选矿分离和提锂工艺方面的研究较少。但在对不同矿区锂矿石进行选矿试验开发研究的过程中，发现部分矿石中含有一定含量的羟磷锂铝石，矿物中锂的占有率可达10%。当磷锂铝石与锂辉石伴生且具有一定回收价值时，即需要采用对应的磷锂铝石捕收剂对原矿中的磷锂铝石进行浮选回收，因此，对于此类矿石，一般采用（脱泥）磷锂铝石浮选—锂辉石浮选的工艺流程，即可获得合格的锂精矿产品。

6.1.1 工艺矿物学分析

6.1.1.1 原矿化学组成

原矿多元素化学分析结果见表6-1。

表6-1 原矿多元素化学分析结果

元素	Li_2O	Ta_2O_5	Nb_2O_5	Sn	Al_2O_3	SiO_2	BeO	Rb_2O	Cs_2O	K_2O
含量/%	1.08	0.006	0.010	0.11	17.59	73.01	0.028	0.16	0.043	2.61

元素	Na_2O	CaO	MgO	Fe_2O_3	TiO_2	P_2O_5	S	F	Cl	As
含量/%	4.20	0.47	0.09	0.61	0.01	1.05	0.017	0.17	0.005	0.029

6.1.1.2 原矿矿物组成

采用矿物自动定量检测系统（MLA）测定原矿矿物组成及含量，结果见表6-2。原矿中锂矿物以锂辉石为主，其次为羟磷锂铝石和含锂云母，少量为锂绿泥石和透锂长石等锂矿物和含锂矿物；锡矿物以锡石为主，钽铌矿物主要为钽铌铁矿。脉石矿物主要为石英、钠长石、钾长石和白云母，少量为磷灰石和黏土类矿物，包括高岭石、伊利石、绿泥石等。

表 6-2 原矿矿物组成及含量

矿物	含量/%	矿物	含量/%	矿物	含量/%
锂辉石	10.719	石英	29.210	高岭石	1.274
羟磷锂铝石	1.278	钠长石	32.072	绿泥石	0.053
白云母	6.571	钾长石	11.947	磷灰石	0.772
锂云母	0.252	钽铌铁矿	0.024	其他	2.586
锂绿泥石	1.658	锡石	0.141	合计	100.000
透锂长石	0.273	伊利石	1.170		

6.1.1.3 主要矿物的嵌布状态

A 锂辉石

原矿中锂辉石 $LiAl[Si_2O_6]$ 化学成分能谱分析结果见表 6-3。矿物中含有少量铁、钠、铷、锰等杂质。锂辉石单矿物分析含 Li_2O 7.88%。锂辉石常见呈柱状、板状或粒状，与石英密切连生，或见与长石、云母、黏土矿物连生，部分蚀变为锂绿泥石。

表 6-3 锂辉石化学成分能谱（平均元素含量）分析结果

元素种类	Al_2O_3	SiO_2	Na_2O	FeO	MnO	Rb_2O
元素含量/%	29.81	69.84	0.08	0.21	0.04	0.02

注：能谱无法检测到 Li_2O，表中数值为除 Li_2O 之外各组分相对含量。

B 羟磷锂铝石

磷锂铝石成分中 F 与 OH 可形成完全类质同象，可分为富氟的磷锂铝石和富羟基的羟磷锂铝石 $Li\{Al[PO_4](OH,F)\}$ 两个亚种。磷锂铝石理论化学成分为：Li_2O 10.10%，Al_2O_3 34.46%，P_2O_5 48.00%，F 12.85%。样品中磷锂铝石化学成分能谱分析结果见表 6-4。磷锂铝石含氟较低，属于羟磷锂铝石，呈柱状晶体，颜色呈微带黄的灰白色，玻璃光泽，沿 $\{100\}$ 和 $\{110\}$ 解理完全，硬度为5.5~6，密度为 2.92~3.15 g/cm^3，随着 OH 含量增加密度减少。

原矿中含有一定量的羟磷锂铝石，常见呈柱状或粒状颗粒，与磷灰石密切连生，或与长石、云母、石英、锂绿泥石、高岭石等矿物连生。

表 6-4 羟磷锂铝石化学成分能谱（平均元素含量）分析结果

元素种类	Al_2O_3	SiO_2	P_2O_5	F	Na_2O	CaO
元素含量/%	40.73	1.20	56.92	0.91	0.12	0.12

注：能谱无法检测到 Li_2O，表中数值为除 Li_2O 之外各组分相对含量。

6.1.1.4　原矿中主要元素的赋存状态

A　锂元素在矿石中的赋存状态

根据原矿矿物定量检测结果和各矿物的含锂量，进行锂的平衡计算，结果见表 6-5。以锂辉石矿物形式存在的锂占原矿总氧化锂量的 77.07%，赋存于羟磷锂铝石中的氧化锂占原矿总氧化锂量的 11.98%；赋存于云母、锂绿泥石、透锂长石和钠锂磷石中的氧化锂分别占原矿总氧化锂量的 1.73%、4.85%、1.23% 和 0.19%；分散于石英、长石中的氧化锂分别为 2.04% 和 0.91%。因此，从原矿中回收锂辉石，氧化锂的理论回收率为 77% 左右，回收羟磷锂铝石，氧化锂的理论回收率为 12% 左右。

表 6-5　锂在矿石中的平衡分配表

矿物	含量/%	Li_2O 品位/%	Li_2O 占有率/%
锂辉石	10.619	7.88	77.07
羟磷锂铝石	1.288	10.10	11.98
云母	6.958	0.27	1.73
锂绿泥石	1.668	3.16	4.85
透锂长石	0.273	4.90	1.23
钠锂磷石	0.009	22.65	0.19
石英	29.110	0.076	2.04
长石	45.029	0.022	0.91
高岭石等黏土	3.076	0.00	0.00
其他	1.970	—	—
合计	100.000	1.09	100.00

B　磷元素在矿石中的赋存状态

根据原矿矿物定量检测结果和各矿物的含磷量，进行磷的平衡计算，结果见表 6-6。以羟磷锂铝石矿物形式存在的磷占原矿总含量的 62.55%；赋存于磷灰石、纤磷钙铝石、磷铝锶石、磷铝锰矿、磷铁锰矿和钠锂磷石等磷酸盐矿物中的磷分别为 29.52%、1.33%、2.76%、0.31%、0.57% 和 0.45%，合计为 34.93%；有少量磷分散于锂辉石中，磷的占有率为 1.64%。

表 6-6　磷在矿石中的平衡分配表

矿物	含量/%	P_2O_5品位/%	P_2O_5占有率/%
锂辉石	10.619	0.17	1.64
羟磷锂铝石	1.288	53.41	62.55
磷灰石	0.772	42.06	29.52
纤磷钙铝石	0.041	35.81	1.33
磷铝锶石	0.099	30.71	2.76

矿物	含量/%	P_2O_5品位/%	P_2O_5占有率/%
磷铝锰矿	0.011	30.69	0.31
磷铁锰矿	0.018	34.53	0.57
云母	6.958	0.018	0.11
锂绿泥石	1.668	—	—
透锂长石	0.273	—	—
钠锂磷石	0.009	53.75	0.45
石英	29.110	0.021	0.56
长石	45.029	0.005	0.20
高岭石等黏土	3.076	0.00	0.00
其他	1.029	—	—
合计	100.000	1.10	100.00

6.1.2 选别工艺分析

6.1.2.1 选矿原则流程

原矿矿物组成复杂，嵌布粒度较细，且存在部分易泥化的黏土矿物，对磨矿产品进行预先脱泥，可得到较高品位的锂精矿产品，同时改善浮选泡沫现象。

矿石中的磷锂铝石和磷灰石这类含磷高的易浮矿物，可通过浮选预先回收，降低锂辉石精矿中 P_2O_5 含量。

此次试验重点考察原矿脱泥—磷锂铝石浮选—锂辉石浮选工艺对锂回收的影响，原则流程如图 6-1 所示。

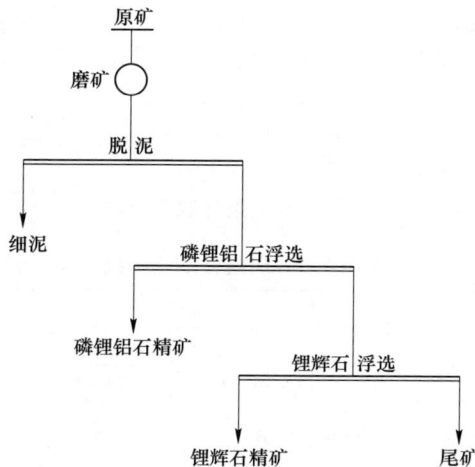

图 6-1 试验原则流程

6.1.2.2　脱泥工艺参数

脱泥工艺试验流程如图 6-2 所示，试验结果见表 6-7。在一定范围内，随着脱泥量的增加，磷锂铝石精矿指标无明显变化，锂辉石精矿的 Li_2O 品位和回收率均明显提高，继续增加脱泥量，锂精矿品位略有提高，但回收率有所下降。综合考虑，脱除产率为 10.31% 的细泥较为适宜。

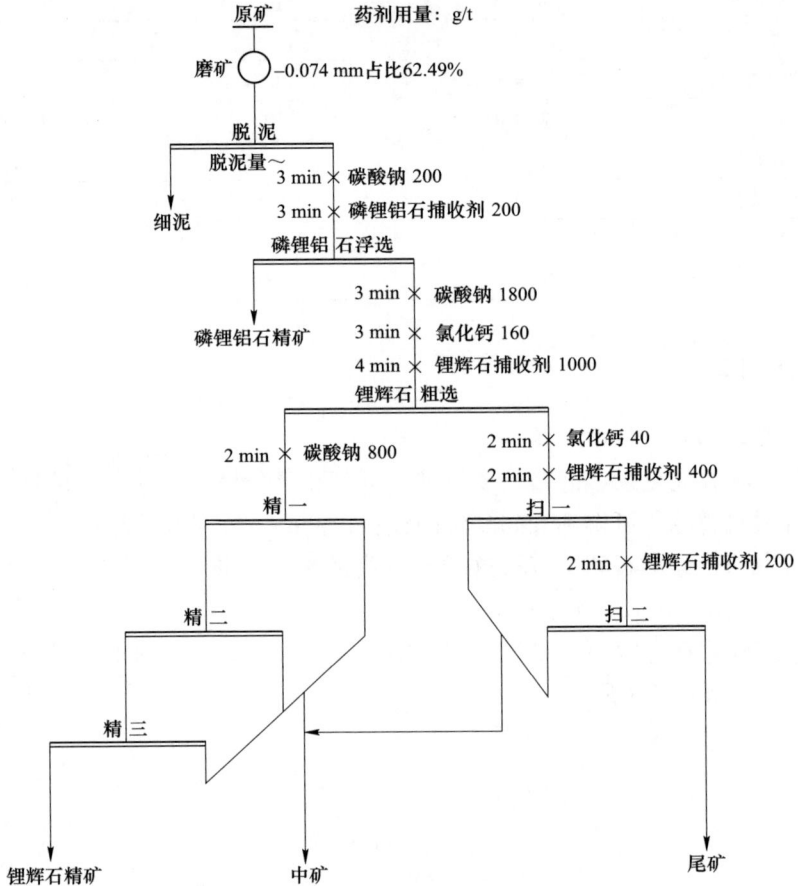

图 6-2　脱泥条件试验流程

表 6-7　脱泥条件试验结果

沉降时间	产品名称	产率/%	品位/%		回收率/%	
			Li_2O	P_2O_5	Li_2O	P_2O_5
	磷锂铝石精矿	2.01	4.49	27.44	8.40	56.97
	锂辉石精矿	9.63	4.76	1.60	42.68	15.92
不脱泥	中矿	13.19	1.59	0.85	19.53	11.58
	尾矿	75.17	0.42	0.20	29.39	15.53
	原矿	100.00	1.07	0.97	100.00	100.00

沉降时间	产品名称	产率/%	品位/%		回收率/%	
			Li₂O	P₂O₅	Li₂O	P₂O₅
16 min/3 次	细泥	6.64	0.63	0.77	3.97	5.34
	磷锂铝石精矿	1.79	4.47	28.33	7.59	52.90
	锂辉石精矿	10.39	5.01	1.66	49.38	17.99
	中矿	12.07	1.58	0.80	18.09	10.07
	尾矿	69.11	0.32	0.19	20.98	13.70
	原矿	100.00	1.05	0.96	100.00	100.00
12 min/3 次	细泥	10.31	0.75	0.81	7.17	8.67
	磷锂铝石精矿	1.56	4.67	30.44	6.75	49.31
	锂辉石精矿	10.79	5.28	1.64	52.81	18.37
	中矿	12.03	1.68	0.97	18.74	12.12
	尾矿	65.31	0.24	0.17	14.53	11.53
	原矿	100.00	1.08	0.96	100.00	100.00
8 min/3 次	细泥	14.51	0.87	0.93	11.78	14.12
	磷锂铝石精矿	1.38	4.88	33.78	6.29	48.77
	锂辉石精矿	9.89	5.45	1.47	50.32	15.21
	中矿	11.14	1.85	0.86	19.24	10.02
	尾矿	63.08	0.21	0.18	12.37	11.88
	原矿	100.00	1.07	0.96	100.00	100.00

6.1.2.3 磷锂铝石浮选工艺

磨矿产品脱泥后，预先进行磷锂铝石浮选作业，脱除原矿中的磷锂铝石和部分磷灰石，磷锂铝石浮选作业精矿作为产品单独处理，磷锂铝石浮选的尾矿作为锂辉石浮选给矿，磷锂铝石采用一次粗选、一次精选、一次扫选的工艺流程，如图6-3所示，试验结果见表6-8。在开路磷锂铝石浮选中，当碳酸钠和磷锂铝石

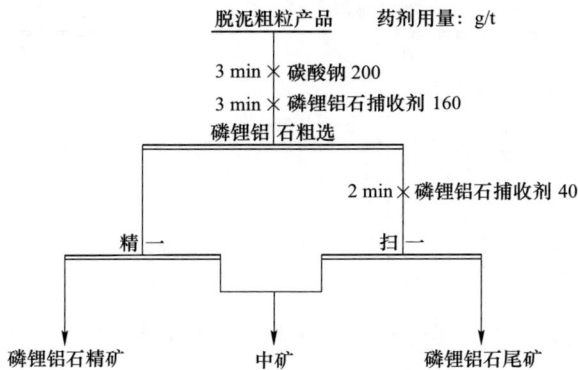

图6-3 磷锂铝石浮选工艺流程

捕收剂用量分别为 200 g/t 和 160 g/t 时，原矿经过脱磷浮选工艺流程处理后，尾矿中 P_2O_5 含量仅为 0.35%，磷锂铝石得到了较好回收，能够有效消除原矿中磷矿物对后续锂辉石浮选的影响。

表 6-8　磷锂铝石浮选工艺试验结果

产品名称	产率/%	品位/%		回收率/%	
		Li_2O	P_2O_5	Li_2O	P_2O_5
磷锂铝石精矿	1.58	4.96	32.48	6.99	52.30
中矿	2.27	1.87	5.79	3.79	13.40
脱磷尾矿	96.15	1.04	0.35	89.22	34.30
脱泥粗粒产品	100.00	1.12	0.98	100.00	100.00

6.1.2.4　锂辉石浮选工艺

锂辉石浮选给矿为磷锂铝石尾矿，采用一次粗选、两次扫选、三次精选的常规浮选流程开展锂辉石开路条件试验，试验流程如图 6-4 所示，结果见表 6-9。

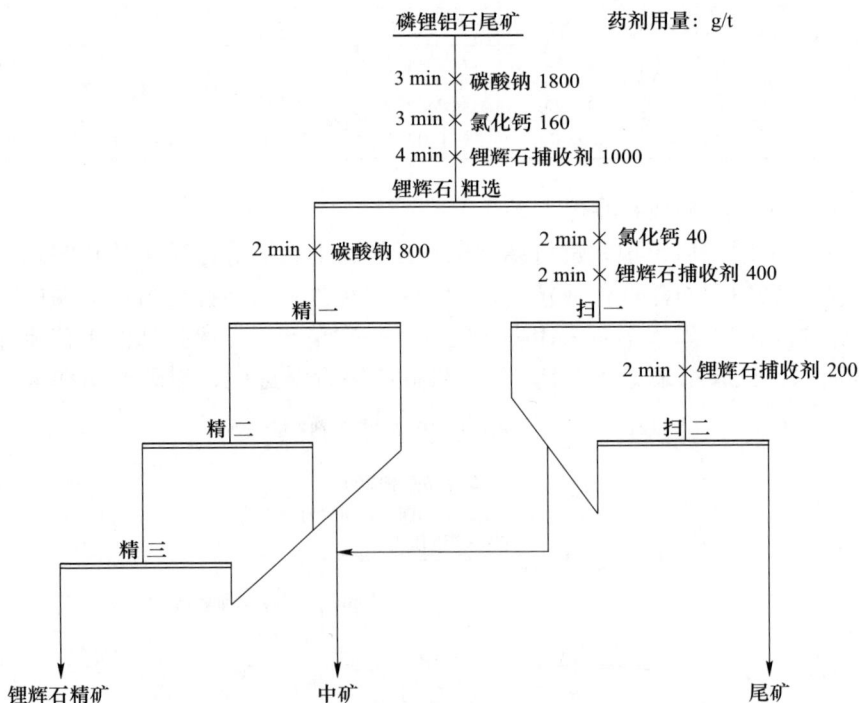

图 6-4　锂辉石浮选工艺流程

表 6-9 锂辉石浮选试验结果

产品名称	产率/%	Li$_2$O 品位/%	Li$_2$O 回收率/%
锂辉石精矿	12.11	5.33	62.03
中矿	13.07	1.65	20.72
尾矿	74.82	0.24	17.25
磷锂铝石尾矿	100.00	1.04	100.00

6.1.2.5 全流程闭路浮选试验

根据条件试验确定脱泥沉降时间、磨矿细度、药剂制度等工艺参数，开展原矿脱泥—磷锂铝石浮选—锂辉石浮选闭路试验。磨矿产品采用沉降脱泥的方式进行预处理，脱泥后的粗粒产品采用一次粗选、一次扫选、一次精选，中矿顺序返回的工艺流程进行磷锂铝石浮选闭路试验，浮选精矿作为磷锂铝石精矿产品，浮选尾矿采用一次粗选、三次精选、两次扫选，中矿顺序返回的工艺流程进行锂辉石浮选闭路试验，浮选精矿为最终的锂辉石精矿产品。

试验工艺流程如图 6-5 所示，试验结果见表 6-10。原矿脱泥—磷锂铝石浮

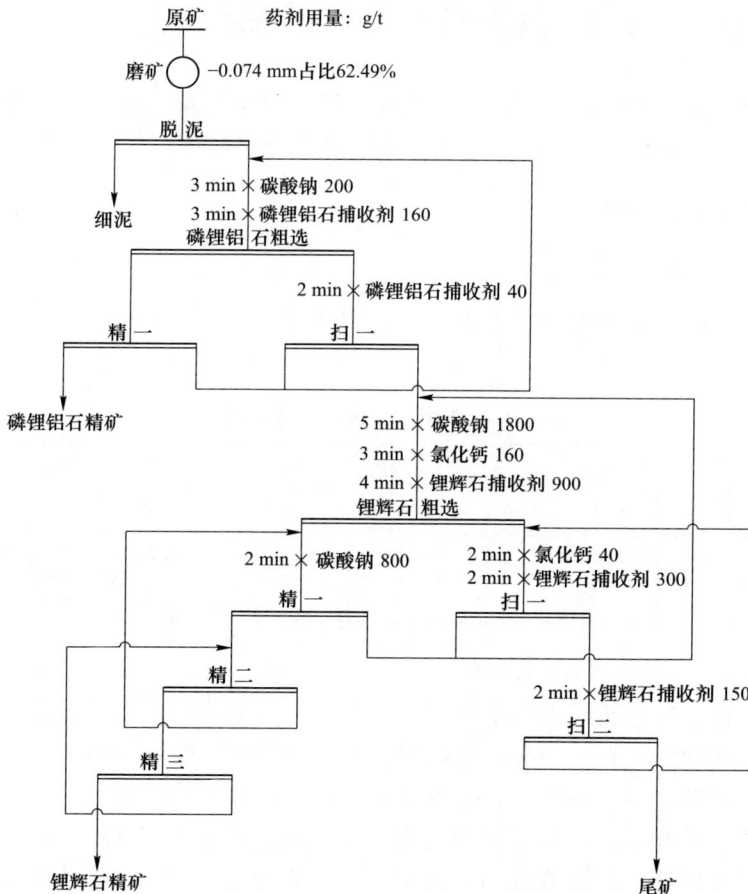

图 6-5 脱泥—磷锂铝石浮选—锂辉石浮选方案闭路试验工艺流程

选—锂辉石浮选方案可获得 Li_2O 品位为 4.04%、回收率为 7.10%的磷锂铝石精矿和 Li_2O 品位为 4.95%、回收率为 68.37%的锂辉石精矿产品。锂辉石精矿中 P_2O_5 含量为 1.43%。

表 6-10 脱泥—磷锂铝石浮选—锂辉石浮选方案闭路试验结果

产品名称	产率/%	品位/%		回收率/%	
		Li_2O	P_2O_5	Li_2O	P_2O_5
细泥	10.31	0.75	0.81	7.12	8.68
磷锂铝石精矿	1.91	4.04	27.88	7.10	55.38
锂辉石精矿	15.01	4.95	1.43	68.37	22.32
尾矿	72.77	0.26	0.18	17.41	13.62
原矿	100.00	1.09	0.96	100.00	100.00

6.2 透锂长石重介质选矿工艺

由于透锂长石和脉石矿物的密度差异，目前选矿工业实践中主要通过重介质选矿实现透锂长石和脉石矿物的分离，最终获得合格的透锂长石精矿。

6.2.1 工艺矿物学分析

6.2.1.1 原矿化学组成

原矿多元素化学分析结果见表 6-11，原矿中 Li_2O 含量为 1.28%，锂为主要可回收元素。

表 6-11 原矿化学多元素分析结果

元素	Li_2O	Rb_2O	Sn	Ta_2O_5	Nb_2O_5	BeO	MgO	Fe_2O_3
含量/%	1.28	0.12	0.21	0.004	0.017	0.10	0.12	0.42
元素	Al_2O_3	SiO_2	K_2O	Na_2O	CaO	P_2O_5	MnO_2	S
含量/%	16.11	71.32	2.49	3.60	0.22	1.90	0.058	0.045

6.2.1.2 原矿矿物组成分析

原矿矿物组成分析结果见表 6-12。矿石中的锂矿物以透锂长石为主，其次为羟磷锂铝石和锂绿泥石，并有少量透锂铝石、锂辉石、锂蒙脱石、块磷锂矿和锰磷锂矿等，此外，云母中也含有极少量锂；铍矿物主要是绿柱石；锡和钽铌矿物主要为钽铌铁矿和锡石；脉石矿物主要是长石（钠长石和微斜长石）、石英、云母等。易泥化矿物包括锂绿泥石、锂蒙脱石、高岭石、绿泥石、纤磷钙铝石等，总量达到 5%左右。

表 6-12 原矿矿物组成分析结果

矿物	含量/%	矿物	含量/%	矿物	含量/%
钽铌铁矿	0.0253	微斜长石	12.5386	磷灰石	0.1768
锡石	0.2802	钠长石	30.9839	淡磷钙镁石	0.1957
透锂长石	14.7375	白云母	6.4416	磷镁石	0.1278
锂辉石	0.0125	黑云母	0.0545	磷钙铁锰矿	0.0327
透锂铝石	0.1261	钙铁榴石	0.0487	钙铝黄长石	0.0547
锂蒙脱石	0.0781	绿泥石	0.187	黄铁矿	0.1052
锂绿泥石	2.6248	高岭石	1.2575	闪锌矿	0.0405
羟磷锂铝石	2.0796	蒙脱石	0.8367	尖晶石	0.0083
块磷锂矿	0.2546	方解石	0.0084	其他	0.1767
锰磷锂矿	0.0745	菱铁矿	0.156	合计	100.0000
绿柱石	0.4091	菱锰矿	0.0052		
石英	25.6479	纤磷钙铝石	0.2133		

6.2.1.3 主要矿物的嵌布粒度分析

拣取块矿样品磨制薄片，采用显微镜测定薄片中透锂长石、羟磷锂铝石、钽铌铁矿和锡石的嵌布粒度，分析结果见表 6-13。原矿中的透锂长石粒度较粗，其次为羟磷锂铝石和锡石，透锂长石的嵌布粒度基本上大于 0.08 mm，其中约 85% 的透锂长石粒度大于 0.64 mm；羟磷锂铝石中嵌布粒度大于 0.08 mm 的颗粒占 94%，锡石中嵌布粒度大于 0.04 mm 的颗粒约占 90%；钽铌铁矿晶体形状多呈片状、薄片状，颗粒短径主要分布在 0.01~0.16 mm，其中短径粒度大于 0.04 mm 的颗粒约占 35%，粒度略偏细。

表 6-13 主要矿物的嵌布粒度（短径）测定结果

粒级	嵌布粒度分布/%			
	透锂长石	羟磷锂铝石	钽铌铁矿	锡石
+10.24 mm	16.34			
−10.24+5.12 mm	20.43			
−5.12+2.56 mm	18.39			
−2.56+1.28 mm	15.32	5.74		11.39
−1.28+0.64 mm	14.30	23.93		17.09
−0.64+0.32 mm	7.41	27.75		19.94
−0.32+0.16 mm	5.49	24.64		21.36
−0.16+0.08 mm	1.47	12.20	15.24	12.11

粒级	嵌布粒度分布/%			
	透锂长石	羟磷锂铝石	钽铌铁矿	锡石
-0.08+0.04 mm	0.54	4.31	19.81	7.83
-0.04+0.02 mm	0.21	1.20	38.10	6.94
-0.02+0.01 mm	0.08	0.21	20.57	2.49
-0.01 mm	0.02	0.02	6.28	0.85
合计	100.00	100.00	100.00	100.00

6.2.1.4　主要锂矿物的嵌布状态

透锂长石与长石一样属于架状铝硅酸盐矿物，但晶体结构更类似层状硅酸盐，透锂长石晶体结构中 [SiO_4] 四面体构成 [Si_4O_{10}] 层，层间为 [AlO] 四面体连接成架，Li 位于其中，为四次配位，也可视为层状硅酸盐。透锂长石的理论化学组成为：Li_2O 4.88%、Al_2O_3 16.65%、SiO_2 78.47%。自然界中大多数透锂长石与理论组成 Li[$AlSi_4O_{10}$] 相比会有锂的缺少、铝的过量和富羟基等偏离标准成分的现象，并有少量钾、钠、钙等碱金属和碱土金属代替 Li，Fe^{3+} 代替 Al。原矿中透锂长石微区化学成分见表 6-14，基本不含钠，个别含微量铁，但透锂长石中多含石英包裹体，单矿物分析为 Li_2O 占 4.51%。

表 6-14　透锂长石化学成分能谱（平均元素含量）检测结果

元素种类	Al_2O_3	SiO_2
元素含量/%	17.57	82.43

注：能谱无法检测到 Li_2O，表中数值为除 Li_2O 之外各组分相对含量。

透锂长石常呈块状、板状或针状产出，呈无色、白色、灰色或黄色，条痕无色，透明至半透明，玻璃光泽，次贝壳状断口，性脆，莫氏硬度为 6~6.5，密度为 2.3~2.5 g/cm^3。

原矿中透锂长石大多数呈粒状集合体，块状产出，内包含少量白云母、石英等，少数透锂长石可见板状晶，同时可见钠长石交代透锂长石，形成交代蠕虫状结构，或见透锂长石残晶包含于钠长石和石英中。部分透锂长石具有一定程度的蚀变，蚀变为锂绿泥石、绢云母、锂蒙脱石和高岭石等。

6.2.1.5　锂的赋存状态

原矿中锂的平衡分配结果见表 6-15。锂主要赋存于透锂长石中，其次赋存于羟磷锂铝石和块磷锂矿中，透锂长石、羟磷锂铝石、块磷锂矿和锂绿泥石中的锂分别占原矿总锂含量的 53.39%、16.66%、7.92%、6.03%，少量锂赋存于锂辉石、透锂铝石、云母、锰磷锂矿、锂蒙脱石中，分别占原矿总锂含量的 0.08%、

0.66%、0.63%、0.57%、0.29%，以锂矿物包裹体形式分散于长石和石英中的锂分别占原矿总锂含量的8.74%和4.12%。从原矿中分离富集透锂长石，Li_2O理论品位为4.51%，理论回收率为53.39%；从原矿中分选羟磷锂铝石和块磷锂矿，精矿Li_2O理论品位为13%左右，理论回收率为24.58%，此次试验研究主要针对透锂长石的回收问题开展试验。

表 6-15 锂在各矿物中的平衡分配表

矿物	含量/%	Li_2O/%	Li_2O 分布率/%
钽铌铁矿	0.0253	—	—
锡石	0.2802	—	—
透锂长石	14.7375	4.51	53.39
羟磷锂铝石	2.0796	9.97	16.66
块磷锂矿	0.2546	38.74	7.92
锂绿泥石	2.6248	2.86	6.03
锂辉石	0.0125	8.07	0.08
透锂铝石	0.1261	6.55	0.66
云母	6.4961	0.12	0.63
锰磷锂矿	0.0745	9.46	0.57
锂蒙脱石	0.0781	4.70	0.29
绿柱石	0.4091	—	0.00
长石	43.5225	0.25	8.74
石英	25.6479	0.20	4.12
黏土矿物	2.4945	0.45	0.91
其他	1.1367	—	—
合计	100.00	0.125	100.00

6.2.2 选矿工艺分析

6.2.2.1 选矿原则流程

原矿中锂的赋存状态较复杂，锂主要赋存于透锂长石中，透锂长石粒度较粗，考虑透锂长石密度比石英和其他长石略小，适宜采用重介质选矿方法回收透锂长石。

首先对-8 mm的正式样开展了浮沉试验及重介质旋流器试验，在此基础上，对破碎到-10 mm的样品开展粒度放粗试验，在保证透锂长石产品品质的前提下，尽可能提高其回收率。

6.2.2.2　矿物颗粒密度性质试验

为了考察该矿样重介选矿可行性及重介质密度对透锂长石分选的影响，对 -8+0.5 mm 粒级开展了浮沉试验研究。试验流程如图 6-6 所示，试验结果见表 6-16。-8+0.5 mm 粒级中小于 2.5 g/cm³ 的产品 Li$_2$O 品位为 3.47%，作业回收率为 47.64%，表明采用重介质分选可以使 Li$_2$O 得到富集。

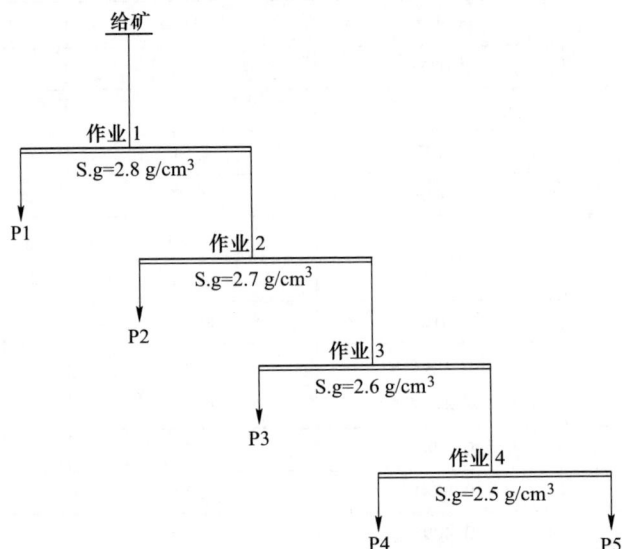

图 6-6　密度试验流程

表 6-16　密度试验结果

产品名称	产率/%		Li$_2$O 品位/%	回收率/%	
	作业	对原矿		作业	对原矿
P1	1.53	1.24	3.21	4.01	3.29
P2	2.92	2.35	1.19	2.83	2.32
P3	30.67	24.73	0.66	16.51	13.53
P4	48.04	38.73	0.74	29.00	23.77
P5	16.83	13.57	3.47	47.64	39.06
给矿	100.00	80.62	1.23	100.00	81.98

6.2.2.3　原矿破碎筛分结果

一般情况下，粗粒级重介质分选效果好于细粒级，故考虑把重介质旋流器分选给矿粒度放粗到 -10+1 mm 进行试验。对原矿破碎至 -10 mm 后，通过筛分分

为 −10+1 mm 和 −1 mm 两个粒级，采用 −10+1 mm 粒级开展重介质试验，筛分结果见表 6-17。

表 6-17　筛分试验结果

粒级	产率/%	Li$_2$O 品位/%	分布率/%
−10+1 mm	78.55	1.32	80.65
−1 mm	21.45	1.16	19.35
合计	100.00	1.29	100.00

6.2.2.4　一级重介质旋流器分选工艺

一级重介质选矿试验流程如图 6-7 所示，结果见表 6-18。采用重介质旋流器一段分级选矿即可获得 Li$_2$O 品位为 3.67%、回收率为 18.22% 的合格透锂长石精矿。

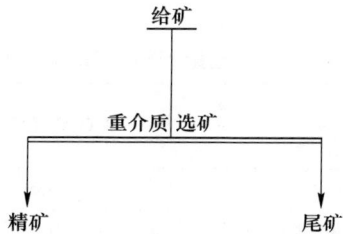

给矿

重介质选矿

精矿　　　　尾矿

图 6-7　一级重介质选矿试验流程

表 6-18　一级重介质选矿试验结果

重介质密度 /g·cm^{-3}	产品名称	产率/%		Li$_2$O 品位/%	回收率/%	
		作业	对原矿		作业	对原矿
1.81	精矿	8.11	6.37	3.67	22.59	18.22
	尾矿	91.89	72.18	1.11	77.41	62.43
	给矿	100.00	78.55	1.32	100.00	80.65

6.2.2.5　二级重介质旋流器分选工艺

针对 −10+1 mm 粒级开展了一粗、一精的二级重介质选矿试验研究，并在粗选重介密度为 1.87 g/cm^3 的条件下考察了重介质密度对精选分选效果的影响，流程如图 6-8 所示，试验结果见表 6-19。采用二级重介质选矿分选流程，能够获得 Li$_2$O 品位为 3.65%、回收率为 20.55% 的透锂长石精矿，与一段重介质分选工艺相比，回收率较高，因此，在实际应用中，采用多段重介质旋流器分选工艺更容易获得高回收率的合格透锂长石精矿。

给矿

一段 重介质

二段 重介质　　　　尾矿

精矿　　　　　　　　中矿

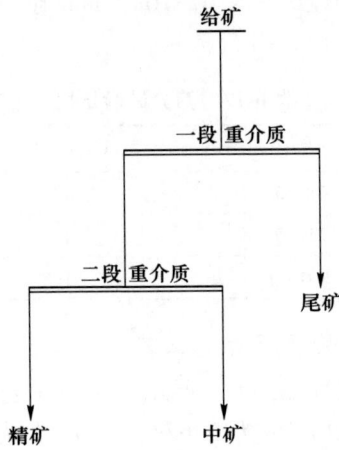

图 6-8　二级重介质选矿试验流程

表 6-19　二级重介质选矿试验结果

重介质密度 /g·cm⁻³	产品名称	产率/%		Li₂O 品位/%	回收率/%	
		作业	对原矿		作业	对原矿
1.87	精矿	9.21	7.23	3.65	25.47	20.55
	中矿	39.58	31.09	1.32	39.60	31.93
	（粗选精矿）	48.79	38.32	1.76	65.07	52.48
	尾矿	51.21	40.23	0.90	34.93	28.17
	给矿	100.00	78.55	1.30	100.00	80.65

7　锂矿选矿厂实例

7.1　格林布什锂矿选厂

7.1.1　矿床类型与矿石性质

格林布什矿（Greenbushes）位于西澳大利亚西南部，距佩斯（Perth）市南部约 300 km，距 Bunbury 港口约 80 km，锂矿生产时间超过 30 年，被认为是西部澳洲连续运营时间最长的锂矿，是世界主要的锂辉石精矿生产商。格林布什矿是世界上最大的稀有金属花岗岩带，是世界上最大和品位最高的锂矿。据报道，格林布什的矿石量超过 3000 万吨，其中至少有 700 万吨氧化锂含量超过 4% 的矿石。

7.1.2　选矿方法与工艺

矿山高品质锂辉石精矿（$Li_2O \geq 7.5\%$、$Fe_2O_3 \leq 0.1\%$）生产流程如图 7-1 所示。原矿经三段一闭路破碎流程破碎至 -16 mm 后，进入球磨机磨矿，磨矿产品采用振动筛筛分分级，-0.25 mm 粒级进入旋流器脱除 -0.02 mm 细泥后进入锂辉石浮选作业，经调浆—粗选—精选作业，得到浮选锂辉石精矿，浮选锂辉石精矿在经过螺旋和摇床抛除掉重矿物后，再经过高梯度磁选作业，脱除含铁杂质，最终得到高品质锂辉石精矿。$+0.25$ mm 粒级经分配器调节后，继续筛分，$+0.82$ mm 粒级物料返回磨机再磨，-0.82 mm 物料经过磁选除铁，得到玻璃级锂辉石精矿。

7.1.3　伴生钽铌的回收

格林布什矿除以锂为主的矿体外，部分风化的黏土伟晶岩，钽铌和锡的含量较高，原矿锡石含量为 250 g/m^3，钽铁矿含量为 60 g/m^3。锡钽的选矿分粗选、精选两部分。粗选包括风化伟晶岩冲积黏土粗选厂、原生伟晶岩粗选车间和尾矿再选车间。粗精矿集中由精选车间处理。

选矿厂年处理矿量为 350 万吨。粗选选矿流程如图 7-2 所示。

三个粗选厂生产的高品位粗精矿含 Sn 40%、Ta_2O_5 8%，低品位粗精矿含 Sn 5%、Ta_2O_5 2%。两种粗精矿送精选车间进行多段湿式和干式精选。精选流程如图 7-3 所示，最终得到含 Sn 72%、Ta_2O_5 3%、Sb 1% 的锡精矿；含 Ta_2O_5 40%~42%、

原矿破碎至 -16 mm

球磨 ◯

筛　分
+0.25 mm　　　　　　　　-0.25 mm

筛　分　　　　　　　脱泥 旋流器
+0.82 mm　　　　-0.82 mm

细泥

锂辉石 浮选

磁选

磁性物　　　玻璃级锂精矿　　　　　　尾矿

重选

钽铌、锡等

磁选

磁性物　　高品质锂辉石精矿

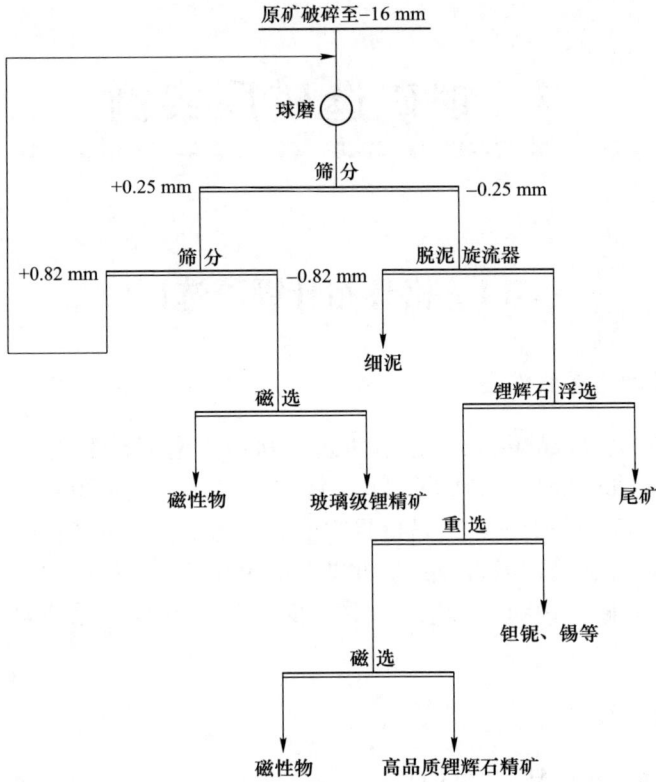

图 7-1　格林布什锂矿选厂生产流程

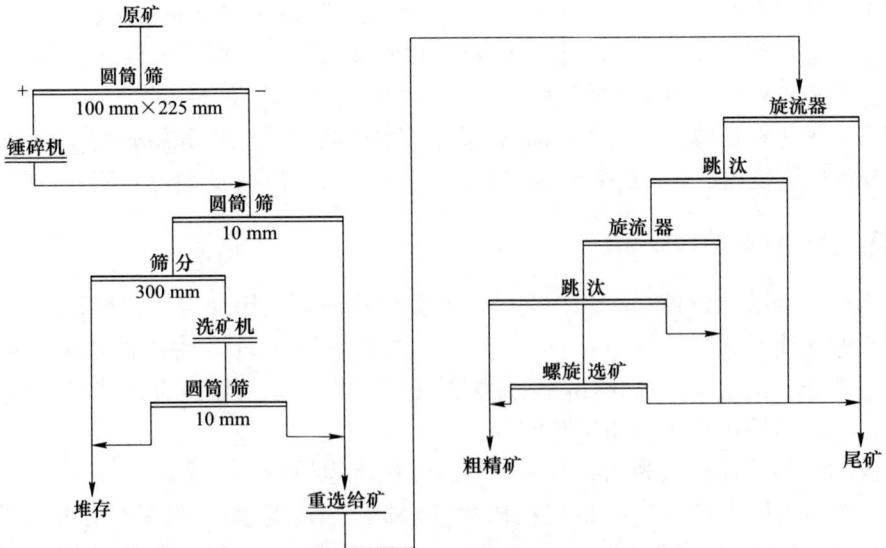

原矿

圆筒 筛
+　100 mm×225 mm　-

锤碎机

圆筒 筛
10 mm

筛分
300 mm

洗矿机

圆筒 筛
10 mm

旋流器

跳 汰

旋流器

跳 汰

螺旋 选矿

堆存　　　　　重选给矿　　　　粗精矿　　　　　　尾矿

图 7-2　格林布什矿风化伟晶岩黏土矿粗选流程

Nb_2O_5 25%~28%、Sn 3%~5%、Sb 0.5%~1%的钽精矿。锡精矿中的锑先在1000℃温度下，用硫化焙烧方法挥发锑，再经电炉熔炼得锡锭和含钽锡渣，钽铁矿中的锑锡采用1000℃还原焙烧方法使其生成锑锡合金予以分离。锑钽铁矿精矿用熔炼方法可得锑锡合金和含钽锑渣。

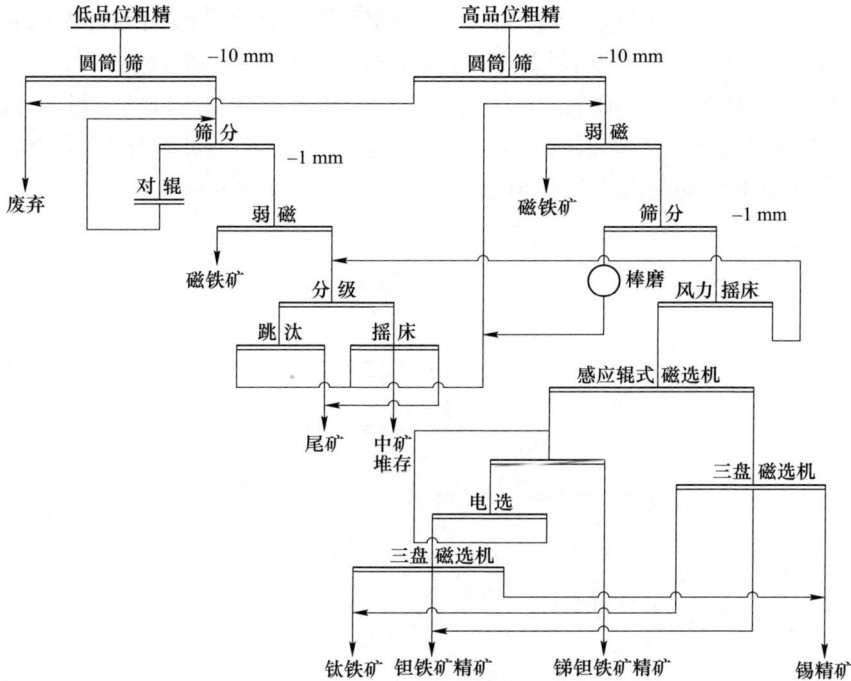

图7-3 格林布什矿精选流程

7.2 新疆可可托海锂选厂

7.2.1 矿床类型与矿石性质

新疆可可托海矿区的锂辉石贫矿中，主要有用矿物为锂辉石（含量占9%），其次为锰钽铁矿（含量占0.065%）和绿柱石（含量占0.6%）；主要的脉石矿物为长石（含量占56.2%）、石英（含量占13.8%）、云母（含量占13.1%）与石榴子石（含量占0.03%）等。矿石 Li_2O 品位为0.63%~0.8%，$(Ta,Nb)_2O_5$ 品位为0.0568%；其中85%以上的锂赋存于锂辉石中，矿石中锂辉石呈较大的柱状和板柱状，嵌布粒度较粗。

7.2.2 选矿方法与工艺

可可托海选厂采用高碱不脱泥的正浮选工艺，选别流程如图7-4所示。原矿经过破碎和棒磨后进行钽铌的一段重选，一段重选尾矿（轻质部分）再进行球磨，磨至-0.2 mm（其中-74 μm 占 45%~50%）的细度后，进入钽铌的二段重选，二段重选尾矿（轻质部分）进入锂辉石的高碱性浮选作业。锂辉石的高碱性浮选所采用的调整剂为碳酸钠（加入棒磨机，药剂用量为 800 g/t）和氢氧化钠（加入球磨机，药剂用量为 1400 g/t），捕收剂为氧化石蜡皂和环烷酸皂（用量为 2000 g/t+500 g/t）及用量为 150 g/t 的柴油，在第一次精选加入 30 g/t 的氯化钙。当入选原矿的 Li_2O 品位为 0.8% 时，锂辉石浮选精矿的 Li_2O 含量为 6.12%，回收率为 67.75%。根据文献报道，阿勒泰地区（可可托海锂矿所在地）的地面水和地下水的硬度平均值分别为 228 mg/L 和 209 mg/L。

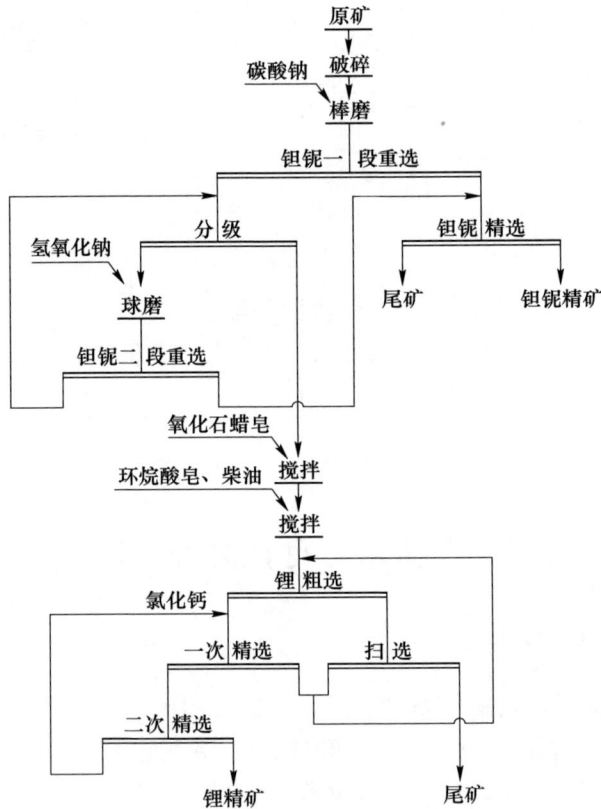

图 7-4　可可托海锂选厂锂辉石选别流程

7.2.3　伴生钽铌回收

可可托海矿位于新疆维吾尔自治区境内，是一处花岗伟晶岩锂、铍、钽铌铷多金属矿床。共有 4 条矿脉，其中以 3 号脉为最大。可可托海选矿厂设计规模为

750 t/d，分3个系统：1号系统处理铍矿石，处理矿石量为400 t/d；2号系统处理锂矿石，处理矿石量为250 t/d；3号系统处理钽铌矿石，处理矿石量为100 t/d。

该矿为花岗伟晶岩锂、铍、钽铌矿床，矿石含（Ta, Nb）$_2$O$_5$ 0.015%（Ta：Nb=1：1）、BeO 0.093%、Li$_2$O 1.29%。钽铌矿物主要是锰钽矿、钽铌锰矿、细晶石；铍矿物主要是绿柱石；锂矿物主要是锂辉石；脉石主要是石英、长石。钽铌矿物晶粒最大可达2 mm，一般粒度为0.3~0.08 mm。

选厂3号钽铌矿石处理系统选矿流程如图7-5所示，采用两段磨矿的重—磁—

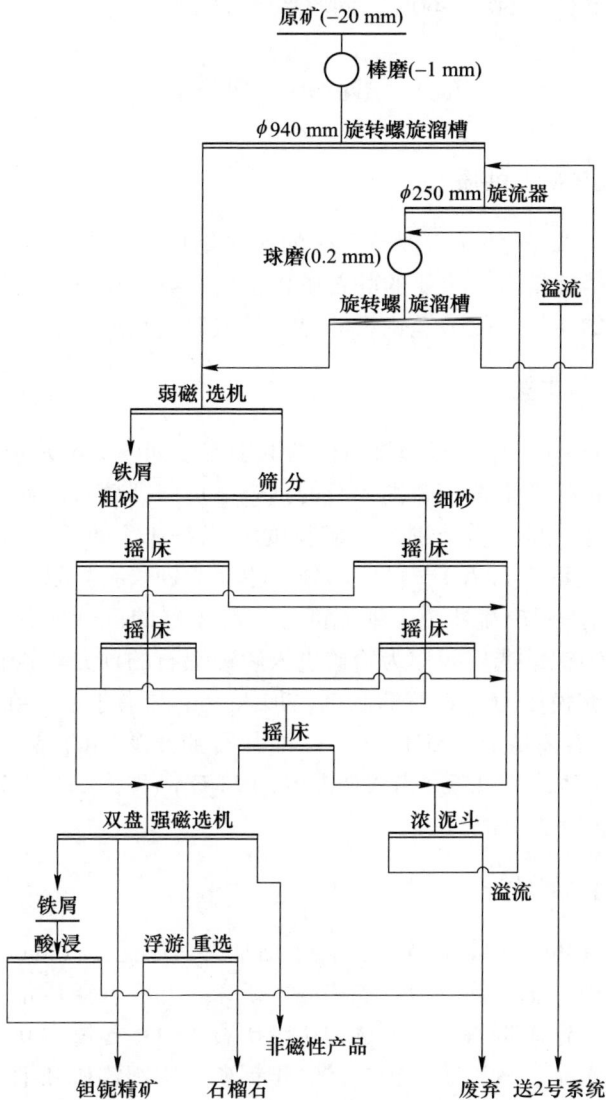

图 7-5 可可托海选矿厂3号脉钽铌选矿流程

浮流程。第一段棒磨，磨矿粒度为-1 mm。第二段球磨，磨矿粒度为-0.2 mm。磨矿产品用 ϕ940 mm 旋转螺旋溜槽（螺距为 500 mm，转速为 12~16 r/min）粗选；旋转螺旋溜槽尾矿经过 ϕ250 mm 旋流器分级，旋流器溢流送 2 号系统浮锂。旋转螺旋溜槽精矿先经弱磁场磁选机除铁，然后分级摇床，摇床尾矿返回球磨机。摇床精矿给入双盘磁选机选出铁屑、钽铌精矿、钽铌中矿和非磁性物料（尾矿）四种产品。磁选钽铌中矿（钽铌-石榴石），采用浮游重选，分选出钽铌和石榴石，铁屑则需经过酸浸、过滤，滤渣即为钽铌精矿。选矿总指标：钽铌精矿（Ta,Nb）$_2$O$_5$ 品位为 50%~60%，回收率为 62%。

7.3　Bernic 湖选厂

7.3.1　矿床类型与矿石性质

加拿大 Bernic Lake 伟晶岩锂辉石矿的矿物组成较复杂，其中主要的锂矿物除了锂辉石还有磷锂铝石，主要的脉石矿物包括石英、长石和云母。因为杂质磷影响锂辉石精矿的质量，故磷锂铝石的存在是该矿选别的难点。

7.3.2　选矿方法与工艺

加拿大 Bernic Lake 伟晶岩锂辉石矿的选别流程如图 7-6 所示，包括重介质选别、弱磁选、钽铌矿的重选、磷锂铝石的预先浮选、锂辉石的浮选和锂辉石精矿的进一步精选作业。重介质选别的给矿粒度为-12+0.5 mm，以硅铁和磁铁矿混合物为重介质（比重为 2.70），轻质部分（主要为钾长石）被排出，重质部分磨矿至-0.25 mm 后采用旋流器脱去细泥部分；旋流器的沉砂部分经弱磁选除铁后进行钽铌重选，钽铌重选尾矿作为给矿进入磷锂铝石的预先浮选作业；在磷锂铝石的浮选中，以淀粉作为锂辉石抑制剂，加入少量的塔尔油。在锂辉石浮选中，以 Na$_2$CO$_3$ 为 pH 值调整剂，LR19（塔尔油与石油磺酸钠的混合物）为捕收剂，粗选和精选矿浆 pH 值为 9.5。当入选原矿的 Li$_2$O 品位为 3.22%时，锂辉石浮选精矿的 Li$_2$O 含量为 7.2%。

7.3.3　伴生钽铌的回收

伯尼克湖矿（Bernic Lake Mine）位于加拿大马尼托巴（Manitoba）省伯尼克湖，是一处大型锂、铷、铯、钽、铍伟晶岩矿床。共有九条矿带，其中钽矿带两条，锂矿带一条，铯矿带一条。所选钽矿带矿石 Ta$_2$O$_5$ 含量为 0.13%，矿石中钽矿物主要有锡锰钽矿、重钽矿、钽锆矿、钽锡矿、铌钽锑矿和细晶石。

选矿厂规模为 830 t/d，采用三段闭路破碎，一段闭路磨矿的重选—浮选流程如图 7-7 所示。原矿粒度为 330 mm，经颚式破碎机、标准圆锥破碎机、短头圆

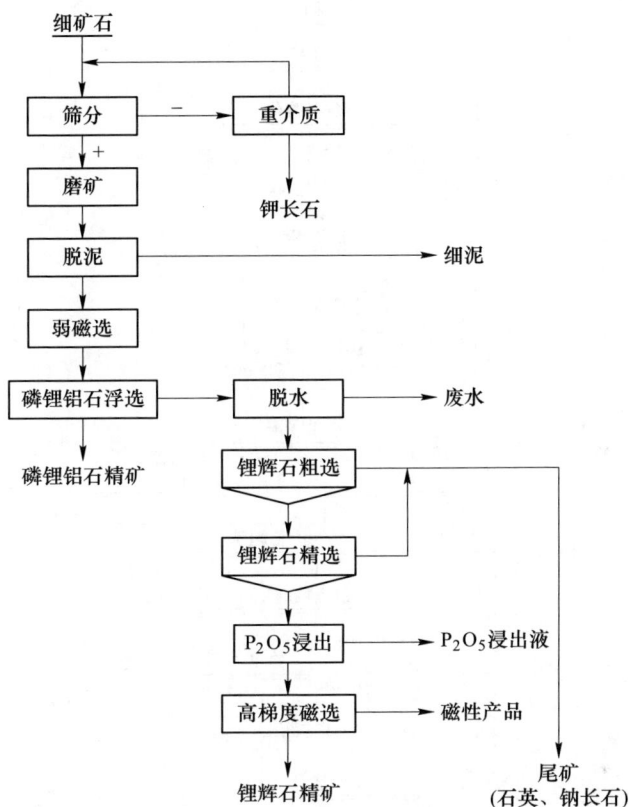

图 7-6 Bernic Lake 选厂生产流程简图

锥破碎机破碎至-9.5 mm，给入筛孔 2.5 mm 的泰勒筛，筛上物料进入球磨机，球磨机排矿与 A. C. 筛构成闭路。小于 2.5 mm 的物料过 210 μm 的德里克筛后，+210 μm 物料经过螺旋选矿机和摇床精选后得到精矿，螺旋尾矿返回球磨机。

　　-210 μm 的物料给入 φ150 mm 初次脱泥旋流器脱除 20 μm 以下的细泥，旋流器底流用三层挂式砂矿摇床粗选，用精选摇床精选，粗选摇床尾矿则给入 φ150 mm 二次脱泥旋流器，旋流器溢流给入 φ50 mm 旋流器脱泥（-7 μm），旋流器底流给入 40 μm 的二次德里克筛，筛上物料（+40 μm）送入扫选螺旋回路，筛下物料（-40 μm）给入浓缩机，浓缩机沉砂用烷基磺化琥珀酸作捕收剂，硅酸钠和草酸作调整剂，在 pH 值为 2~3 的条件下浮选钽矿物，浮选精矿用霍尔曼摇床-(一号)横流皮带溜槽精选，摇床尾矿经二次浮选，浮选精矿用（二号）横流皮带溜槽选出钽精矿。生产指标为：钽精矿 Ta_2O_5 品位为 38.55%，回收率为 73%。

原矿

粗碎

双层 筛分

中碎　　　　　细碎

−9.5 mm

泰勒 筛

+2.5 mm　　　−2.5 mm

磨矿

A.C. 筛

+2.5 mm　　−2.5 mm

德里克筛　　−210 μm

+210 μm　　150 mm 旋流器

螺旋　　初次 脱泥

摇床　　摇床 粗选

摇床 精选　　150 mm 旋流器

二次 脱泥

50 mm 旋流器

德里克筛　　螺旋

−40 μm　　+40 μm

浓缩

浮选 粗选

摇床

皮带 溜槽　　浮选 精选1

浮选 精选2

皮带 溜槽

精矿　　　　　　　　尾矿

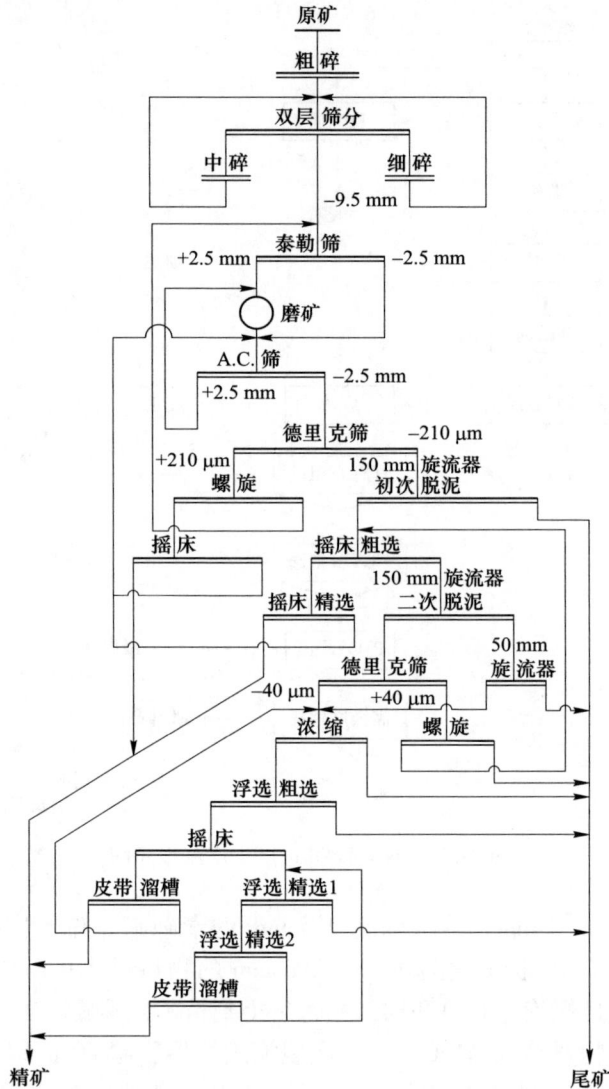

图 7-7　Bernic Lake 选厂钽铌回收生产流程

7.4　甲基卡锂多金属矿选厂

7.4.1　矿床类型与矿石性质

四川呷基卡 134 号脉属于富锂-花岗伟晶岩型钽、铌、锂、铷多金属矿，有价金属品种多，有价矿物种类多，各矿物物理和化学性质变化大，导致选矿流程较复杂。锂储量可观，目前为我国最大的锂矿床，也是亚洲最大的锂矿床。

矿石中主要锂矿物为锂辉石，90%以上锂赋存于锂辉石中，并伴生少量锰磷锂矿-铁磷锂矿、羟磷锂铝石、锂硬锰矿；主要铌、钽类矿物为钽铌锰矿，并有与钽铌锰矿数量相当的含钽锡石，钽铌嵌布粒度较细；脉石矿物主要是长石和石英，其次是云母，还有少量高岭土、电气石、石榴石、方解石、磷灰石、蓝晶石、角闪石等。

7.4.2 选矿方法与工艺

选矿厂初始规模为 800 t/d，采用两段磨矿，一段开路，二段闭路，浮选作业一粗、二扫、一精。生产过程中，处理量增大，经优化改造后，增加了粗颗粒预先筛分再磨和预先浮选易浮物作业（药剂脱除细泥），有效降低了尾矿中粗颗粒的损失，同时提高了锂辉石精矿品质。磨矿分级—浮选流程如图7-8所示。

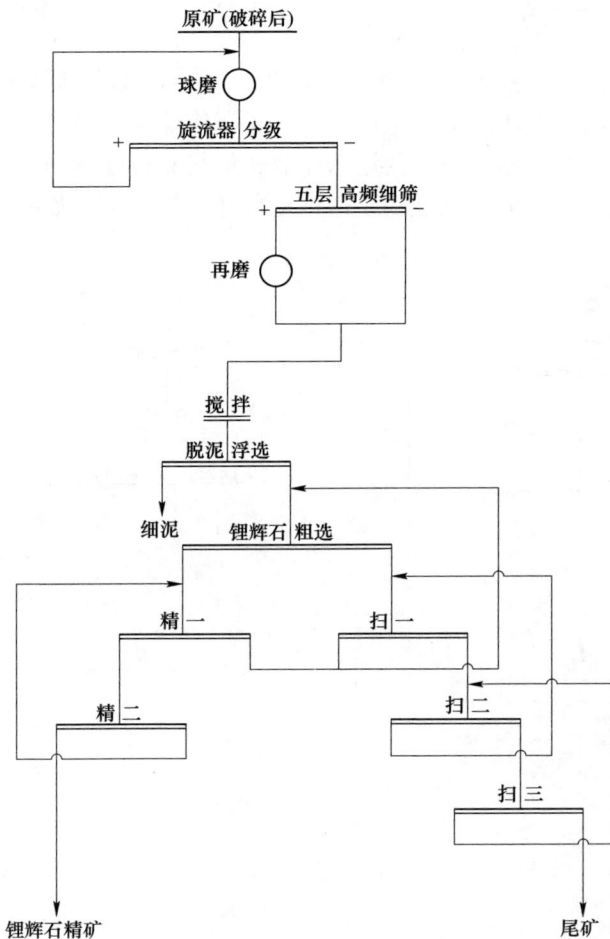

图 7-8　甲基卡矿山生产流程简图

7.5　北美锂业选厂

7.5.1　矿床类型与矿石性质

北美锂业 AML 矿山位于加拿大魁北克省 La Corne 小镇附近，为北美地区最大的花岗伟晶岩型锂矿，其矿区由 42 个矿权组成，占地 1493 公顷，截至 2023 年底，已探明矿石储量折合 Li_2O 约 108 万吨。

矿床中主要锂矿物为锂辉石，少量锂元素赋存于锂云母和锂绿泥石中；主要脉石矿物为钠长石、石英和钾长石；其次为绿帘石、角闪石和锰铝榴石等；同时含有少量的磁铁矿等磁性脉石矿物。

7.5.2　选矿方法与工艺

选矿厂采用三段开路破碎，粗碎后在 20~75 mm 的粒度下开展粗粒色选抛废，棒磨和球磨闭路磨矿后的合格产品进入脱泥作业，粗粒沉砂经过磁选后进入一次粗选、三次精选、两次扫选的浮选作业，最终获得浮选锂辉石精矿，浮选尾矿、粗粒色选尾矿、细泥、磁性物泵送至尾矿库。选厂流程如图 7-9 所示。

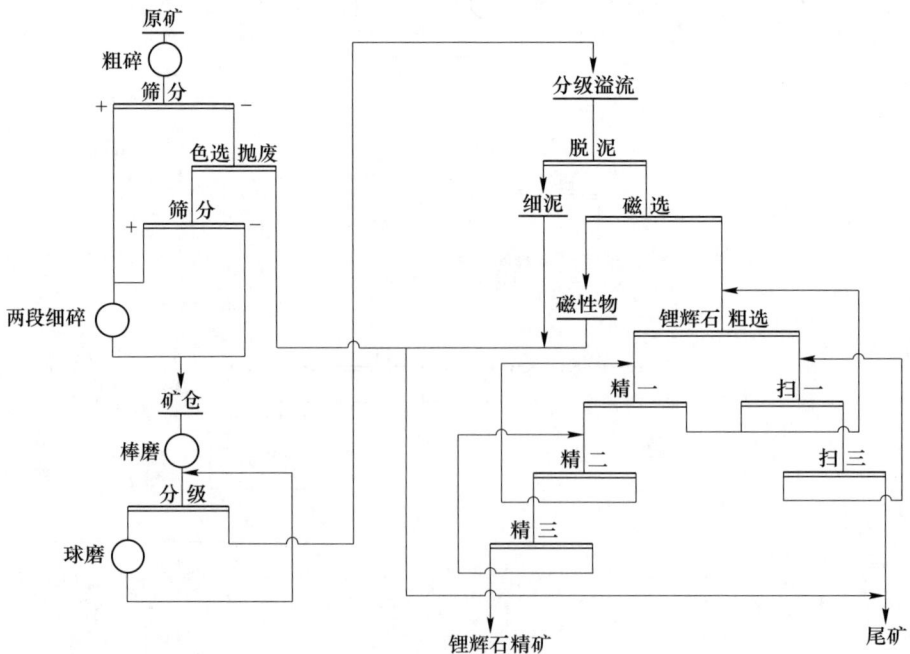

图 7-9　北美锂业魁北克选厂生产流程简图

7.6 金斯山选厂

7.6.1 矿床类型与矿石性质

美国境内的北卡罗来纳州金斯山花岗伟晶岩型锂矿，曾是世界上锂辉石产量最高的锂矿山，其数百条花岗伟晶岩矿脉平均长度为 $500 \sim 550$ m，厚度约为 120 m，矿石储量约为 7000 万吨，折合 Li_2O 储量 151.7 万吨。

原矿中锂矿物以锂辉石为主，含量为 $19\% \sim 22\%$；脉石矿物以钾长石、钠长石和石英为主，含量分别为 $16\% \sim 18\%$、$12\% \sim 15\%$ 和 $25\% \sim 35\%$；还有少量的白云母、角闪石及黏土矿物，总含量为 $5\% \sim 15\%$。

7.6.2 选矿方法与工艺

金斯山选厂是较早期的锂辉石选厂，自 20 世纪 50 年代开始生产锂辉石，前期主要以重选—反浮选联合工艺为主，随着锂辉石选别技术的不断改进，后来改为正浮选流程，也是目前锂辉石选别工艺中最普遍的工艺流程。

早期金斯山选厂采用反浮选工艺获得锂辉石精矿，如图 7-10 所示，原矿经过碎磨筛分至 -0.40 mm 以下，先进入一段脱泥旋流器脱除矿浆中的细泥，沉砂再次经过二段旋流器，溢流采用摇床重选获得部分锂辉石精矿，沉砂和重选尾矿合并后加入石灰调节矿浆 pH 值至碱性，再加入糊精和淀粉等大分子抑制锂辉石的上浮，最后加入胺类捕收剂使原矿中的长石、云母等脉石矿物上浮，槽内产品为锂辉石精矿，针对金斯锂矿，采用反浮选工艺，能够获得 Li_2O 品位大于 6%、回收率约为 70% 的锂辉石精矿。

后来随着锂辉石选别工艺的不断发展，金斯山选厂从反浮选工艺改造为正浮选流程，如图 7-11 所示，破碎后的原矿经过旋流器和球磨组成的闭路磨矿—分级系统处理后，-0.25 mm 的矿浆经过两段旋流器脱泥脱除 -0.015 mm 的矿泥，沉砂进入搅拌桶在 55% 固体浓度下加入塔尔油、脂肪酸、乙二醇等药剂作为锂辉石捕收剂，然后稀释至 30% 的固体浓度开展锂辉石浮选，最终能够获得 Li_2O 品位为 6.34%、回收率为 93.5% 的锂辉石精矿。

原矿

破碎 ◯

砾磨 ◯

+0.4 mm　　　筛　分　　　−0.4 mm

一段 脱泥

细泥　　　二段 脱泥

摇床

重矿物
(送冶炼厂)　　　　分 级

石灰调整剂
糊精和淀粉等抑制剂　　　搅 拌

胺类捕收剂

反浮 选

精选

摇床

脉石矿物

尾矿

磁选

磁性物　　　锂辉石精矿

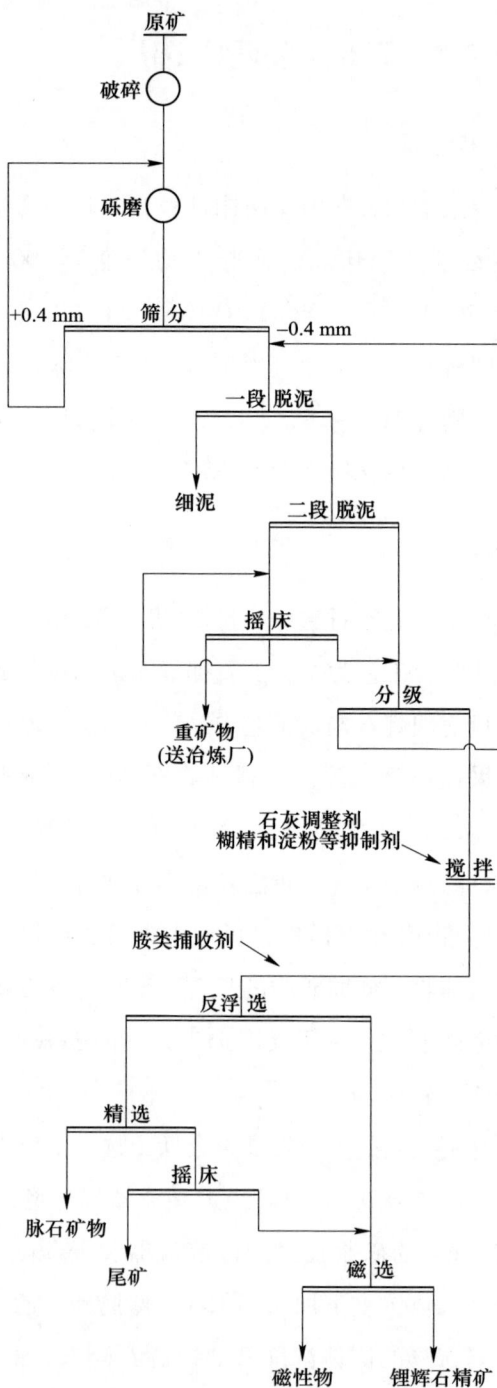

图 7-10　早期金斯山选厂反浮选流程

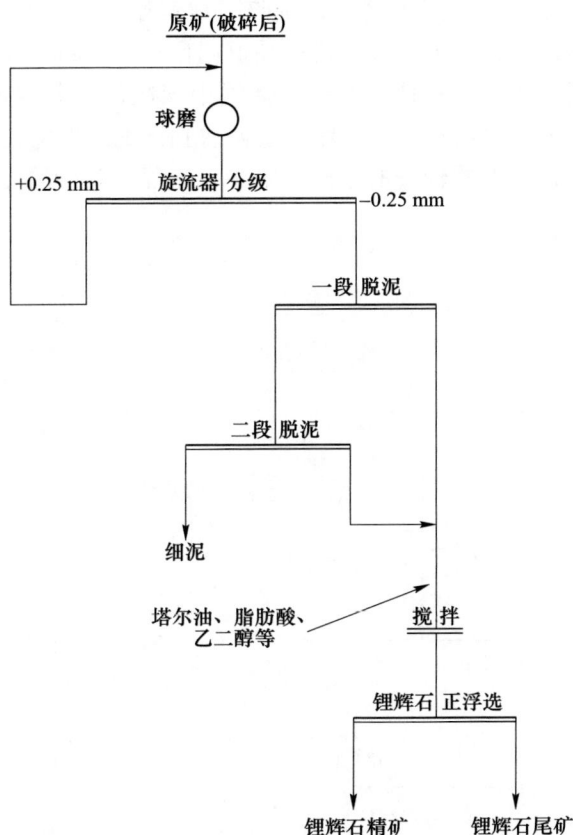

图 7-11 金斯山选厂改造后正浮选工艺流程

7.7 Sarbi Star 选厂

7.7.1 矿床类型与矿石性质

非洲萨比星锂钽铌多金属矿区位于津巴布韦共和国东马绍纳兰省，距离首都哈拉雷市区约 240 km，距离莫桑比克共和国贝拉港约 360 km，矿区拥有 40 个金属矿块的采矿权证，面积为 2637 公顷。

原矿中主要锂矿物为锂辉石，含有部分云母；钽铌矿物以细晶石和钽铌锰（铁）矿为主，其次为钽锑矿和锑线石；脉石矿物主要以钠长石、钾长石和石英为主。

7.7.2 选矿方法与工艺

如图 7-12 所示，原矿经过粗碎后进入两层筛分，+20 mm 粒级产物进入中碎圆锥破碎机，−20+12 mm 粒级产物进入细碎圆锥破碎机，−12 mm 粒级产物通过皮带运输机进入粉矿仓，中细碎破碎机产品返回振动筛；粉矿仓中的物料经过球磨和旋流器分级后，进入搅拌桶，并在搅拌桶中依次加入分散剂、pH 值调整剂和捕收剂，然后进入一次粗选、三次精选、两次扫选的闭路浮选流程，最终获得锂辉石精矿，针对这种品质较好的原矿，采用该流程，获得的锂辉石精矿选别指标优异。

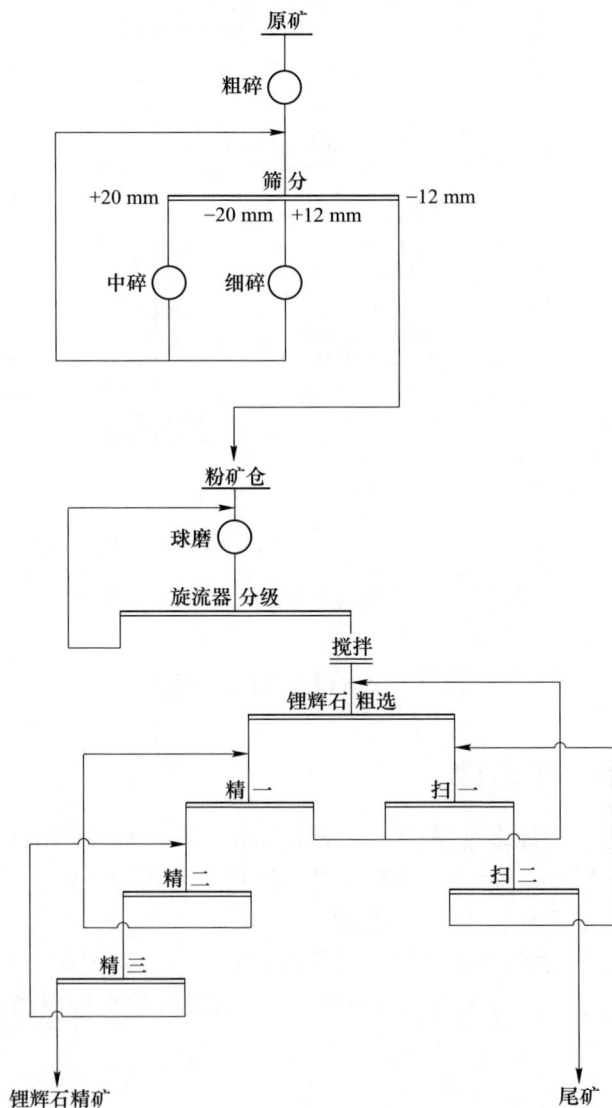

图 7-12 Sribi Star 选厂工艺流程简介

7.8 Bald Hill 选厂

7.8.1 矿床类型与矿石性质

位于西澳大利亚东部金矿区的 Bald Hill 锂钽矿于 2018 年初开始生产锂辉石精矿，Bald Hill 的锂矿储量估计为 1830 万吨，Li_2O 含量为 1.18%。该矿山在 2023 年 11 月被 MinRes 全资收购，目前年产量约为 15 万吨碳酸锂。

7.8.2 选矿方法与工艺

如图 7-13 所示，原矿经过破碎作业至 −12 mm 后，根据物料粒度不同被分为三种产品：−1 mm 粒级的物料进入螺旋选矿作业回收钽铌等重矿物；−5+1 mm 粒级的物料通过浮选法除去原矿中的细泥和云母等矿物，然后进入两段细粒重介质旋流器作业，获得锂辉石精矿；−12+5 mm 粒级的物料直接进入两段粗粒重介质旋流器作业，获得锂辉石精矿。

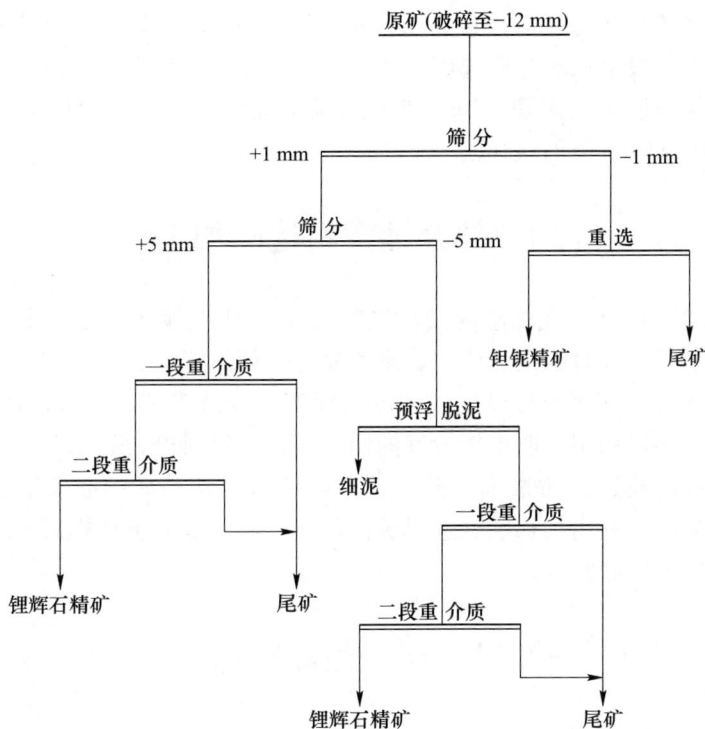

图 7-13 Bald Hill 选厂重选工艺流程简介

7.9　Sigma 锂业巴西选厂

7.9.1　矿床类型与矿石性质

Sigma 锂业公司拥有巴西米纳斯吉拉斯州的 NEZINHO DO CHICAO、Xuxa、Barreiro、Murial、Lavra do Melo 五个锂矿山的 27 个矿产权，总面积为 1.91 平方公里，是世界上最大的伟晶岩锂矿生产商之一，目前已探明资源储量为 1.09 亿吨，平均 Li_2O 含量为 1.40%，矿山一期项目已于 2023 年投产，年产锂精矿 27 万吨。

7.9.2　选矿方法与工艺

该矿山目前已投产项目采用与 Bald Hill 选厂类似的加工流程，主要以 DMS（重介质选矿）为主，矿石经过三段一闭路破碎至 -9.5 mm 以下后分为四个粒级产品：-0.5 mm 粒级的产品直接作为尾矿抛废；$-1.7+0.5$ mm 粒级的产品进入二段超微细粒重介质选矿作业，轻产品作为尾矿抛废，重产品经过干式磁选除杂后为最终锂辉石精矿；$-6.3+1.7$ mm 粒级的产品进入二段微细粒重介质选矿作业，轻产品作为尾矿抛废，重产品为最终锂辉石精矿；$-9.5+6.3$ mm 粒级的产品进入二段粗粒重介质选矿作业，轻产品作为尾矿抛废，重产品为最终锂辉石精矿，采用该工艺流程，Xuxa 矿山工业试验能够获得 Li_2O 品位 6.41%、回收率为 73.1% 的锂辉石精矿。

7.10　部分锂辉石选矿加工厂

2017—2023 年间，我国沿海及内陆靠近陶瓷加工地区，建设了一批锂辉石矿来料加工选厂。针对四川、南非德班等易选锂辉石资源，选厂多采用预先脱除易浮物（包含锂绿泥石或云母）或细泥后锂辉石浮选工艺，浮选尾矿干排外运，选矿水选厂内循环利用，取得了较好的回收指标。针对巴西热基蒂尼奥尼亚河谷地区钽锡的尾矿或重介质选别尾矿，含铁杂质对浮选精矿的品质造成了较大影响，四川部分选厂利用高梯度磁选脱除该部分脉石，然后进行锂辉石的选别，同样取得了较好的回收指标。

7.11　宜春钽铌矿选厂

7.11.1　矿床类型与矿石性质

宜春钽铌矿位于江西省宜春市境内，选矿厂始建于 1970 年，1976 年建成试生产，由于关键作业设备不过关，生产不正常，一直未能达到设计指标。经技术攻关，于1982年开始技术改造，1984年改造工程完成，1985年5月开始全面流程调试，然后转入正式生产，生产规模为1500 t/d。

2004年进行了扩产改造，经过两年的调试，流程日趋稳定，产能稳步提高，生产能力已基本达到2500 t/d，年产钽铌精矿实物量可达150 t、锂云母精矿45 kt、锂长石粉400~450 kt。

宜春钽铌矿是钠长石化-云英岩化-锂云母化花岗岩型，含钽、铌、锂、铷、铯、铍多种稀有金属的大型矿床。主矿体的矿石有残坡积型表土矿风化型、半风化矿及原生矿三种矿石类型。矿石的变化按矿体由上往下钠化程度逐渐减弱，有用元素钽、铌、锂、铷、铯的含量逐渐下降，有用矿物的嵌布粒度逐渐变细，矿石硬度逐渐变硬，共生矿物相对复杂，主要有用元素钽、铌的分散率增加。钽铌矿物主要有富锰钽铌铁矿、细晶石、含钽锡石。锂矿物主要是锂云母。铍矿物主要是绿柱石、磷钠铍石。铷、铯绝大部分赋存于锂云母中。脉石矿物以长石、石英为主。其他少量矿物有黄玉、磁铁矿、赤铁矿、钛铁矿、锰矿物、磷灰石等。

其中，主要矿物的选矿工艺特性如下：

（1）富锰铌钽铁矿为斜方晶系，多呈板状晶形或呈粒状星散嵌布于锂云母、长石和石英之中，与含钽锡石紧密共生，与细晶石、锆石嵌布密切，嵌布粒度一般为0.3~0.1 mm，破碎至0.4 mm时开始出现单体，0.1 mm时单体解离率达95%。

（2）细晶石为等轴晶系，多呈不规则粒状晶形，分布在长石和锂云母之间，与富锰铌钽铁矿、含钽锡石紧密共生，有的颗粒表面为细鳞云母包裹。嵌布粒度一般为0.2~0.8 mm，破碎至0.3 mm时开始出现单体，0.1 mm时单体解离率达95%。细晶石单矿物分析中U_3O_8含量为3.28%。

（3）含钽锡石为正方晶系，以不规则粒状或四方双锥晶形为主，主要呈不规则粒状分散嵌布于长石、石英中，其次分布于锂云母中，与富锰铌钽铁矿、细晶石共生紧密。嵌布粒度一般为0.3~0.8 mm，0.4 mm出现单体，0.1 mm时单体解离率为95%。

（4）锂云母为单斜晶系，呈叶片状、鳞片状集合体。产于长石、石英之间，其层理间常嵌布有细微的铌钽矿物颗粒。原矿碎至0.4 mm时单体解离已达85%，0.1 mm时锂云母单体解离率达99%。

该矿山是含钽、铌、锂、铷、铯、铍等多种稀有金属矿物的共生矿床，脉石矿物以长石、石英为主，是玻璃、陶瓷工业的理想原料，具有较高的综合利用价值。充分发挥其资源优势，做好综合回收是该矿的重点工作。目前生产中除产出钽铌精矿外，还生产锂云母精矿、长石粉和高岭土产品。

7.11.2　选矿方法与工艺

原矿洗矿采用振动给矿筛分洗矿机、重型振动筛、单轴振动筛、高频细筛脱水脱泥的联合多层次洗矿工艺流程。实践证明该流程适用于原矿含水含泥量变化幅度大的矿石，洗矿脱泥效率高，矿泥（-0.2 mm）洗出率达88%以上。

棒磨机与高频细筛组成闭路，螺旋分级机二次分级的磨矿分级工艺流程可提高磨矿效率，降低有用矿物过磨损失。有用矿物充分解离和分级入选，对重力选矿至关重要。原用弧形筛与棒磨机组成闭路，筛分效率仅为35%～56%，而且操作麻烦，改用高频细筛后，筛分效率达80%以上，棒磨机磨矿效率提高5.4%，处理量提高7%～8%。二段球磨采用水力旋流器与螺旋分级机（或细筛）联合脱水、脱细（-0.2 mm）工艺，小于0.2 mm的合格粒级入磨占有率由50%下降至36.5%，球磨机单位处理量由0.405 t/($m^3 \cdot h$) 提高到0.54 t/($m^3 \cdot h$)。选矿工艺流程如图7-14所示。

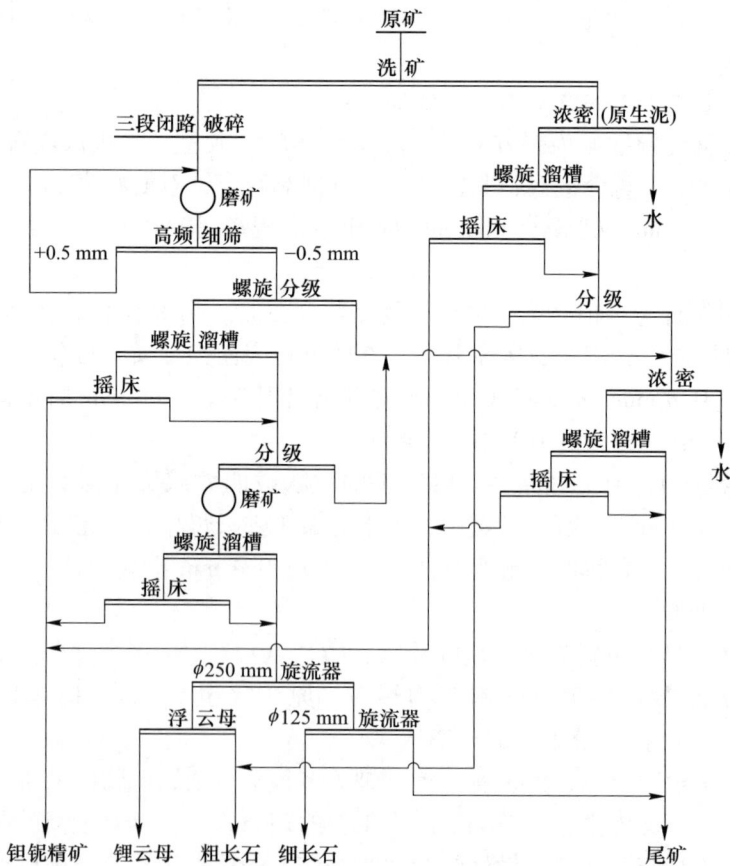

图 7-14　宜春钽铌矿选矿原则流程

　　强化分选前物料的分级、脱泥和脱铁，对重力选矿各段作业至关重要。分层次地分级、脱细，能缩小分选物料级别，加强矿泥集中，提高选别效果。一次分级脱细-0.038 mm 粒级归队率达 70%以上。入选物料在加工过程中有相当数量含铁 0.13%~0.15%的铁质混入，铁质易于沉积氧化而黏结于选别设备的表面，破坏正常分选过程，影响选矿效果，选用性能适合的磁选设备置于流程的合理部位并及时脱出铁质，对方便操作管理和提高选矿指标均有利。粗选设备采用螺旋溜槽，可丢弃产率为 60%~80%的尾矿，富集比为 3~6，从而大量减少占地面积大的摇床使用。

　　近几年选矿厂的生产指标为：原矿（Ta,Nb)$_2$O$_5$ 品位为 0.023%、Li$_2$O 品位为 0.75%；精矿（Ta,Nb)$_2$O$_5$ 品位为 44%~47%、Li$_2$O 品位为 3.0%~4.5%；回收率（Ta,Nb)$_2$O$_5$ 为 46.5%、Li$_2$O 为 41%。

　　生产工艺流程的主要特点有：（1）破碎前洗矿、洗出的原生细泥单独处理；（2）阶段磨矿、阶段选别；（3）泥砂分选；（4）综合回收效益好；（5）矿物组成简单，钽铌精矿直接从摇床接取，不需要单独处理。

参 考 文 献

[1] 王宝瑄. 元素名称考源（续）[J]. 中国科技术语, 2007, 9（6）: 53.

[2] 燕冰, 袁振东, 王菲菲. 从叶长石到锂同位素: 锂元素的发现及其内涵的发展 [J]. 化学教育, 44（16）: 125-129.

[3] BO Z, BIN-SHI X, YI X, et al. Present status of research on Micro-Nano lubricating materials in lubricant [J]. Tribology, 2011, 31（2）: 194-204.

[4] PAWLOWSKI M. 從中世紀醫學到公共衛生 [M]. Cambridge Stanford Books.

[5] 任贝贝, 刘亚鑫, 黄欣, 等. $Li_2O-Al_2O_3-SiO_2$ 系微晶玻璃的研究进展 [J]. 硅酸盐通报, 2024, 43（4）: 1181-1196.

[6] 黄彦瑜. 锂电池发展简史 [J]. 物理, 2007, 36（8）: 643-651.

[7] 王鹏博, 郑俊超. 锂离子电池的发展现状及展望 [J]. 自然杂志, 2017, 39（4）: 283-289.

[8] 黄学杰, 赵文武, 邵志刚, 等. 我国新型能源材料发展战略研究 [J]. 中国工程科学, 2020, 22（5）: 60-67.

[9] 艾新平, 杨汉西. 电动汽车与动力电池 [J]. 电化学, 2011, 17（2）: 123.

[10] 许梦清, 邢丽丹, 李伟善. 锂离子电池界面膜形成功能分子的研究现状 [J]. 化学进展, 2009, 21（10）: 2017.

[11] 刘晋, 徐俊毅, 林月, 等. 全固态锂离子电池的研究及产业化前景 [J]. 化学学报, 2013, 71（6）: 869-878.

[12] 杨卉芃, 柳林, 丁国峰. 全球锂矿资源现状及发展趋势 [J]. 矿产保护与利用, 2019, 39（5）: 26-40.

[13] 邢凯, 朱清, 任军平, 等. 全球锂资源特征及市场发展态势分析 [J]. 地质通报, 2023, 42（8）: 1402-1421.

[14] 马培华, 张彭熹. 中国盐湖锂资源的可持续开发 [J]. 中国科学院院刊, 1999, 3: 210-213.

[15] 黄学武. 锂云母—石灰石焙烧法生产 $LiOH \cdot H_2O$ 对工艺中浸出熟料浆分离洗涤工艺改造 [J]. 新疆有色金属, 1996（1）: 110-111.

[16] 王登红, 孙艳, 刘喜方, 等. 锂能源金属矿产深部探测技术方法与找矿方向 [J]. 中国地质调查, 2018, 5（1）: 1-9.

[17] 尚玺, 孟宇航, 张乾, 等. 富锂矿物的锂提取与战略性应用 [J]. 矿产保护与利用, 2019, 39（6）: 152-158.

[18] 杨洁, 徐龙华, 王周杰, 等. 锂辉石浮选尾矿制备建筑装饰陶瓷材料及其性能 [J]. 化工进展, 2020, 39（9）: 3777-3785.

[19] 蒋明俊, 郭小川, 付洪瑞. 影响复合锂基润滑脂性能的因素探讨 [J]. 石油炼制与化工, 2011, 42（2）: 73.

[20] 宁兴龙. 最轻的金属结构材料——镁锂合金 [J]. 稀有金属快报, 2002（10）: 17-18.

[21] 张文亮, 丘明, 来小康. 储能技术在电力系统中的应用 [J]. 电网技术, 2008, 32（7）: 9.

[22] 文图，王登红，吴西顺. 21 世纪的能源金属——锂的奥秘 [J]. 自然资源科普与文化，2017，12（4）：22.

[23] 康玉国，匡安仁，陈森. 碳酸锂在 131 I 治疗 Graves 病中的应用 [J]. 同位素，2004，17（1）：59-61.

[24] 王秋舒，元春华. 全球锂矿供应形势及我国资源安全保障建议 [J]. 中国矿业，2019，28（5）：1-6.

[25] 王秋舒，元春华，许虹. 全球锂矿资源分布与潜力分析 [J]. 中国矿业，2015，24（2）：10-17.

[26] 美国地质调查局. Minera Commodity Summaries 2025 [M]. 2025.

[27] CABELLO J. Lithium brine production, reserves, resources and exploration in Chile：An updated review [J]. Ore Geology Reviews，2021，128：103883.

[28] 陈仰，李欢，顾升波，等. 盐湖锂资源现状及提锂技术研究进展 [J]. 工程科学学报，2024，46（9）：1659-1670.

[29] 王卓，黄冉笑，吴大天，等. 盐湖卤水型锂矿基本特征及其开发利用潜力评价 [J]. 中国地质，2023，50（1）：102-117.

[30] 蒋晨啸，陈秉伦，张东钰，等. 我国盐湖锂资源分离提取进展 [J]. 化工学报，2022，73（2）：481-503.

[31] 王核，黄亮，白洪阳，等. 中国锂资源的主要类型、分布和开发利用现状：评述和展望 [J]. 大地构造与成矿学，2022，46（5）：848-866.

[32] 曹苗. 伟晶岩型锂辉石矿的浮选基础与应用研究 [D]. 长沙：中南大学，2023.

[33] 大中矿业股份有限公司. 关于全资孙公司《湖南省临武县鸡脚山矿区通天庙矿段锂矿勘探报告》矿产资源储量通过评审备案的公告 [EB/OL]. （2024-12-09）[2025-03-06]. https://baijiahao.baidu.com/s?id=1817965837697250695&wfr=spider&for=pc.

[34] 刘雪，王春连，刘学龙，等. 中国锂矿床主要类型特征、分布情况及开发利用现状 [J]. 中国地质，2024，51（3）：811-832.

[35] 陈衍景，薛莅治，王孝磊，等. 世界伟晶岩型锂矿床地质研究进展 [J]. 地质学报，2021，95（10）：2971-2995.

[36] 程仁举，李成秀，刘星，等. 澳大利亚锂矿山开发利用现状及对中国的启示 [J]. 中国矿业，2021，30（9）：49-53.

[37] 永兴特种材料科技股份有限公司. 关于宜丰县花桥矿业有限公司取得矿产资源储量评审意见书的公告 [EB/OL]. （2025-02-10）[2025-03-06]. https://money.finance.sina.com.cn/corp/view/vCB_AllBulletinDetail.php?stockid=002756&id=8515924.

[38] 中矿资源集团股份有限公司. 关于公司 TANCO 矿山锂辉石采选系统技改恢复项目正式投产的公告 [EB/OL]. （2021-10-15）[2025-03-06]. https://business.sohu.com/a/495361613_115433.

[39] 江西赣锋锂业集团股份有限公司. 关于公司 Goulamina 锂辉石项目一期正式投产的公告 [EB/OL]. （2024-12-15）[2025-03-06]. https://finance.eastmoney.com/a/202412153268587496.html.

[40] 四川雅化实业集团股份有限公司. 关于津巴布韦 Kamativi 锂矿资源量更新的公告 [EB/OL]. （2024-02-28）[2025-03-06]. https://business.sohu.com/a/781978553_120988533.

［41］中矿资源集团股份有限公司．关于 Bikita 矿山锂矿产资源量更新的公告［EB/OL］.
　　　（2024-04-02）［2025-03-06］. https：//mp. weixin. qq. com/s？＿＿biz＝MjM5NDEyMD2Nw＝＝
　　　&mid＝2650252968&idx＝2&sn＝9f8dedf02186e4123b4bbfb21950058c&chksm＝
　　　bf7c0e497e65000f15d6564669bbb7eca877cbde0fe499297eab0a5878c5d8caf21f84131b31&scene＝27.

［42］浙江华友钴业股份有限公司．关于收购津巴布韦前景锂矿公司股权的公告［EB/OL］.（2021-
　　　12-23）［2025-03-06］. https：//q. stock. sohu. com/cn，gg，603799，8404179477. shtml.

［43］TADESSE B，MAKUEI F，ALBIJANIC B，et al. The beneficiation of lithium minerals from
　　　hard rock ores：A review［J］. Minerals Engineering，2019，131：170-184.

［44］何金祥，郭娟，徐曙光，等．澳大利亚锂矿业发展简况［J］. 自然资源情报，
　　　2022（7）：1-4.

［45］KARRECH A，AZADI M A，ELCHALAKANI M，et al. A review on methods for liberating
　　　lithium from pegmatites［J］. Minerals Engineering，2020，145：106105.

［46］中华人民共和国国土资源部．稀有金属矿产地质勘查规范：DZ/T 0203—2002［S］. 北
　　　京：中国标准出版社，2002：12.

［47］陈振宇，李建康，周振华，等．硬岩型锂-铍-铌-钽资源工艺矿物学评价指标体系［J］.
　　　岩石学报，2023，39（7）：1887-1907.

［48］全国有色金属标准化技术委员会．锂辉石精矿：YS/T 261—2011［S］. 北京：中国标准
　　　出版社，2011：12.

［49］中华人民共和国工业和信息化部．锂云母精矿：YS/T 236—2009［S］. 北京：中国标准
　　　出版社，2009：12.

［50］中华人民共和国国家质量监督检验检疫总局，中国国家标准化管理委员会．锂长石：
　　　YS/T 722—2009［S］. 北京：中国标准出版社，2009：4.

［51］冯博，柯珍，阳栩生．微细粒矿物浮选研究进展：机理、技术、设备及检测方法［J］.
　　　有色金属（选矿部分），2023（5）：1-34.

［52］杨志兆，张博远，朱光杰，等．金属离子对微细粒锂辉石与长石浮选矿浆流变性的影响
　　　［J］. 金属矿山，2023（8）：104-110.

［53］谢贞付．不同粒度锂辉石浮选特性及矿泥影响的研究［D］. 长沙：中南大学，2014.

［54］夏自发，邓朝安，邹毅仁，等．提高锂辉石矿选矿指标的工程化关键技术研究［J］. 中
　　　国矿山工程，2022，51（3）：68-72.

［55］陈家灵，谢海云，柳彦昊，等．锂辉石的选矿研究进展［J］. 矿冶，2022，31（3）：
　　　112-118.

［56］王泽雷．光电拣选设备研究与应用进展［J］. 化工矿物与加工，2023，52（5）：51-
　　　57，65.

［57］刘广学，彭团儿，刘磊，等．重色浮联合选矿工艺回收某花岗岩型锂辉石中的锂［J］.
　　　金属矿山，2021（3）：124-129.

［58］梁雪峰，黄杰，吴国富，等．某地锂辉石矿重介质选矿扩大连续试验［J］. 现代矿业，
　　　2017，33（11）：132-134.

［59］陶家荣．锂辉石矿重介质选矿工业试验与研究［J］. 有色金属（选矿部分），2002（2）：
　　　13-16.

［60］熊涛，陈禄政，谢美芳，等．某锂辉石矿 SLon 磁选机除铁提锂试验研究及应用［J］．非金属矿，2020，43（6）：67-69.

［61］戴艳萍，王全亮，赵建湘，等．某伟晶岩型锂辉石矿石中锂的高效回收试验［J］．金属矿山，2021（9）：107-112.

［62］张杰，王维清，董发勤，等．锂辉石矿浮选试验研究［J］．矿物学报，2013，33（3）：423-426.

［63］杨金山，卿林江，张建刚，等．某锂辉石矿选矿试验研究［J］．矿业工程，2022，20（1）：29-33.

［64］骆洪振，高春庆，沈进杰．某伴生钽铌锂辉石矿选矿试验研究［J］．金属矿山，2022（8）：101-107.

［65］项华妹．锂辉石电子结构及其可浮性的量子化学研究［D］．赣州：江西理工大学，2014.

［66］项华妹，何芮，张海天．基于锂辉石纯矿物的浮选研究［J］．中国科技信息，2015（5）：64-66.

［67］XU L, HU Y, WU H, et al. Surface crystal chemistry of spodumene with different size fractions and implications for flotation［J］. Separation and Purification Technology, 2016, 169：33-42.

［68］胡阳．不同捕收剂体系中有机抑制剂对锂辉石及脉石矿物浮选行为影响研究［D］．北京：中国矿业大学，2023.

［69］冯海强，王毓华．锂辉石浮选捕收剂及其构效关系研究综述［J］．稀有金属，2022，46（8）：1083-1096.

［70］MOON K S, FUERSTENAU D W. Surface crystal chemistry in selective flotation of spodumene（$LiAl[SiO_3]_2$）from other aluminosilicates［J］. International Journal of Mineral Processing, 2003, 72（1/2/3/4）：11-24.

［71］YU F, WANG Y, ZHANG L, et al. Role of oleic acid ionic-molecular complexes in the flotation of spodumene［J］. Minerals Engineering, 2015, 71：7-12.

［72］RAI B, SATHISH P, TANWAR J, et al. A molecular dynamics study of the interaction of oleate and dodecylammonium chloride surfactants with complex aluminosilicate minerals［J］. Journal of colloid and interface science, 2011, 362（2）：510-516.

［73］ZHU G, ZHAO Y, ZHENG X, et al. Surface features and flotation behaviors of spodumene as influenced by acid and alkali treatments［J］. Applied Surface Science, 2020, 507：145058.

［74］FILIPPOV L, FARROKHPAY S, LYO L, et al. Spodumene flotation mechanism［J］. Minerals, 2019, 9（6）：372.

［75］MOON K S. Surface and crystal chemistry of spodumene and its flotation behavior［M］. University of California, Berkeley, 1985.

［76］YU F, WANG Y, ZHANG L. Effect of spodumene leaching with sodium hydroxide on its flotation［J］. Physicochemical Problems of Mineral Processing, 2015, 51（2）：123-135.

［77］印万忠，孙传尧．硅酸盐矿物可浮性研究及晶体化学分析［J］．有色金属（选矿部分），1998（3）：1-6.

[78] 李光音. 硅酸盐矿物浮选过程中胺类捕收剂捕收性能的量子化学分析研究 [D]. 郑州: 郑州大学, 2018.

[79] 蒋巍. 锂辉石吸附药剂分子的动力学模拟 [D]. 赣州: 江西理工大学, 2015.

[80] 刘方, 孙传尧. 无机阴离子与十二胺捕收剂添加顺序对硅酸盐矿物浮选的影响 [J]. 中国矿业, 2011, 20 (5): 71-74.

[81] 谢瑞琦, 朱一民, 韩旭倩, 等. 新型锂辉石捕收剂 DRQ-3 的浮选性能及作用机理研究 [J]. 金属矿山, 2019 (2): 97-101.

[82] 苗泽坤. 锂辉石抑制剂对含磷锂矿浮选分离研究 [D]. 长沙: 中南大学, 2023.

[83] XIE R Q, ZHU Y M, LIU J, et al. Differential collecting performance of a new complex of decyloxy-propyl-amine and α-bromododecanoic acid on flotation of spodumene and feldspar [J]. Minerals Engineering, 2020, 153: 106123.

[84] XIE R Q, ZHU Y M, LIU J, et al. A self-assembly mixed collector system and the mechanism for the flotation separation of spodumene from feldspar and quartz [J]. Minerals Engineering, 2021, 171: 107082.

[85] 徐龙华, 田佳, 巫侯琴, 等. 某锂辉石矿强化浮选及综合利用试验研究 [J]. 非金属矿, 2017, 40 (4): 16-19.

[86] XU L, PENG T, TIAN J, et al. Anisotropic surface physicochemical properties of spodumene and albite crystals: Implications for flotation separation [J]. Applied Surface Science, 2017, 426: 1005-1022.

[87] 刘若华, 孙伟, 冯木, 等. 新型捕收剂浮选锂辉石的作用机理研究 [J]. 有色金属 (选矿部分), 2018 (2): 87-90, 8.

[88] 何桂春, 项华妹, 蒋巍, 等. 四川某低品位锂辉石矿选矿工艺试验研究 [J]. 非金属矿, 2014, 37 (1): 48-50.

[89] 费敖翔, 谢瑞琦, 赵志辉. 锂辉石调整剂及其作用机理研究进展 [J]. 化工矿物与加工, 2024, 53 (10): 74-82.

[90] 李明曦, 田小松, 王飞旺, 等. 锂辉石晶体结构与浮选药剂之间的作用机理研究现状 [J]. 矿产综合利用, 2024, 45 (4): 27-34.

[91] 朱加乾, 黄丽亚, 陈波. 澳洲某锂辉石选矿试验研究及生产实践 [J]. 有色金属 (选矿部分), 2018 (6): 51-56, 81.

[92] 赵开乐, 王昌良, 邓伟, 等. 四川某锂辉石矿选矿试验研究 [J]. 非金属矿, 2014, 37 (2): 48-51.

[93] 陈少学. 某锂辉石矿选矿工艺流程改造 [J]. 金属矿山, 2015 (S1): 59-61.

[94] 周贺鹏, 雷梅芬, 吕玲芝, 等. 某低品位难选锂辉石矿选矿工艺研究 [J]. 非金属矿, 2012, 35 (5): 28-30, 65.

[95] 于福顺, 蒋曼, 王建磊, 等. 澳大利亚某锂辉石矿预先脱泥——浮选试验研究 [J]. 有色金属 (选矿部分), 2019 (6): 69-72, 110.

[96] 杨思琦. 锂云母与石英浮选分离过程分子动力学模拟研究 [D]. 赣州: 江西理工大学, 2023.

[97] 张慧婷. 十二胺和油酸组合捕收剂在锂云母表面吸附的分子动力学模拟 [D]. 长沙: 中

南大学，2017.

[98] 李少平，张俊敏，迪里努尔·阿不都卡得，等. 锂云母浮选捕收剂研究现状及展望 [J]. 矿产保护与利用，2020，40（6）：77-82.

[99] 刘勇，黄霞光，陈果. 锂云母浮选药剂研究现状与思考 [J]. 中国非金属矿工业导刊，2015（5）：11-12.

[100] 帅淑祎. 双子星座 Gemini 型表面活性剂对锂云母矿的浮选性能与作用机理研究 [D]. 广州：华南理工大学，2023.

[101] LIU Z, SUN Z, YU J G. Investigation of dodecylammonium adsorption on mica, albite and quartz surfaces by QM/MM simulation [J]. Molecular Physics, 2015, 113 (22): 3423-3430.

[102] 刘跃龙，王林林，刘够生. 十二胺捕收剂在三种不同矿物表面吸附的分子动力学模拟 [J]. 有色金属工程，2020，10（7）：82-87.

[103] 秦伍，李同其，王念峰，等. 提高锂云母精矿品位及回收率的浮选工艺研究 [J]. 佛山陶瓷，2018，28（8）：27-31.

[104] HUANG Z, SHUAI S, WANG H, et al. Froth flotation separation of lepidolite ore using a new Gemini surfactant as the flotation collector [J]. Separation and Purification Technology, 2022, 282: 119122.

[105] VIECELI N, DURÃO F O, GUIMARÃES C, et al. Grade-recovery modelling and optimization of the froth flotation process of a lepidolite ore [J]. International Journal of Mineral Processing, 2016, 157: 184-194.

[106] 龙运波，朱昌洛，杨磊. 甘肃某铷多金属矿浮选锂云母选矿试验研究 [J]. 矿产综合利用，2016（4）：74-77，69.

[107] 周贺鹏，张永兵，雷梅芬，等. 江西宜春高铁锂云母矿浮选分离试验研究 [J]. 非金属矿，2019，42（4）：64-67.

[108] 胡晖，张政军. 某锂云母矿石综合回收试验研究 [J]. 现代矿业，2023，39（6）：190-192，7.

[109] 李宏，孙金龙，谭秀民，等. 某含铷花岗岩矿石中伴生钽铌锂的综合回收试验研究 [J]. 金属矿山，2022（11）：126-133.

[110] 邹耀伟，张洁，丁勇. 江西某低品位铁锂云母矿综合回收工艺研究 [J]. 有色金属（选矿部分），2019（5）：85-89.

[111] 周贺鹏，张永兵，雷梅芬，等. 磁选尾矿综合回收钽铌锂及长石选矿工艺研究 [J]. 非金属矿，2018，41（3）：69-71.

[112] 吕子虎，卫敏，吴东印，等. 提高铁锂云母精矿产品质量的试验研究 [J]. 中国矿业，2012，21（4）：98-99，111.

[113] ZHOU J, CHEN Y, LI W, et al. Mechanism of modified ether amine agents in petalite and quartz flotation systems under weak alkaline conditions [J]. Minerals, 2023, 13 (6): 825-837.

[114] 李金岩，张力强. 磁铁矿粉粒度级配对重悬浮液特性影响的研究 [J]. 选煤技术，2022，50（6）：35-39.

[115] 邓星星，殷志刚. 非洲某含透锂长石伟晶岩锂辉石矿综合回收锂的选矿试验研究 [J]. 有色金属（选矿部分），2023（5）：87-92.